世界银行贷款山东生态造林项目科技支撑体系创建与应用

刘正臣　王 强　主编

中国环境出版集团・北京

图书在版编目（CIP）数据

世界银行贷款山东生态造林项目科技支撑体系创建与应用/刘正臣，王强主编. —北京：中国环境出版集团，2022.5
ISBN 978-7-5111-5157-5

Ⅰ. ①世… Ⅱ. ①刘…②王… Ⅲ. ①世界银行贷款—应用—生态型—造林—项目—研究—山东 Ⅳ. ①S718.55

中国版本图书馆 CIP 数据核字（2022）第 083555 号

出 版 人　武德凯
责任编辑　周　煜　林双双
责任校对　薄军霞
封面设计　宋　瑞

出版发行　中国环境出版集团
（100062　北京市东城区广渠门内大街 16 号）
网　　址：http://www.cesp.com.cn
电子邮箱：bjgl@cesp.com.cn
联系电话：010-67112765（编辑管理部）
010-67138929（第六分社）
发行热线：010-67125803，010-67113405（传真）

印　　刷　北京中科印刷有限公司
经　　销　各地新华书店
版　　次　2022 年 5 月第 1 版
印　　次　2022 年 5 月第 1 次印刷
开　　本　787×1092　1/16
印　　张　15.25
字　　数　400 千字
定　　价　89.00 元

编写领导小组

组　长：闫金明

副组长：宋　杰　廉　刚　施　军　薛诏玮　刘正臣　于连家

成　员：（按姓氏拼音顺序排列）

陈志坤　冯延宁　黄　剑　乔来秋　王泉宝　王银祥

杨兆勇　于智洲　郑泽玉

编 委 会

序　言

近年来，在习近平生态文明思想指引下，山东省各级林业主管部门及林业工作者、广大林业从业人员，在各级党委政府领导下，坚持走生态优先、绿色发展之路，大力实施林业生态工程项目，加强林业生态建设，在保护和修复自然生态系统、构建生态安全格局、促进绿色发展、建设美丽山东和应对气候变化等方面，发挥了重要作用。在高质量开展林业生态建设工作中，各级高度重视科技支撑体系创建应用，以科技创新推动森林可持续经营和多功能效益发挥，提高森林质量，提升生态系统的质量和稳定性，取得显著成效。同时，当前林业生态建设项目科技支撑能力还存在不少薄弱环节，如科技投入不足、方向分散、理论研究与工程实践一定程度脱节、支撑体系不健全、科技成果转化应用程度低等。对于这些问题，需结合重大林业工程项目实施，整合力量，聚集资源，对科技支撑工作开展深入研究和探索，总结经验，为高质量推进现代林业事业提供有益借鉴。

山东省在实施重大林业工程项目工作中，外资项目发挥了独特作用。山东省在 1980 年成立林业外资项目管理办公室之后，40 余年来陆续实施多个大型外资林业项目，缓解了林业建设资金缺乏的压力，也带来了新思维、新技术以及新的管理模式，推动了林业事业发展和技术理念创新。2010 年启动的世界银行贷款“山东生态造林项目”利用贷款约 6 000 万美元，带动总投资 10.2 亿元，营造生态防护林 100 万亩，获得世界银行“非常满意”的竣工评价，是山东实施外资项目的典型案例之一。在项目实施过程中，科学合理的目标和严格的管理保证了项目的顺利实施，科技支撑体系的创建与应用则为项目目标的实现起到了促进和保障作用，以系统性、整体性、协同性的方式增加了项目的科技含量。

为总结大型林业项目科技支撑工作经验，进一步破解理论研究与工程实践脱节等问题，我们组织力量对山东生态造林项目科技支撑体系的创建和应用效果及经验进行了跟踪研究和系统梳理，从科技成果组装集成、支撑模式优化创新、优良树种汇集、困难立地类型划分和造林模型应用以及项目效果监测评价等方面进行总结，以期为新时代林业生态建设科技支撑工作的创新提供借鉴和参考。

水平所限，书中谬误在所难免，请广大读者、专家提出宝贵意见，以便我们在今后工作中改进。

山东省林业保护和发展服务中心

主任 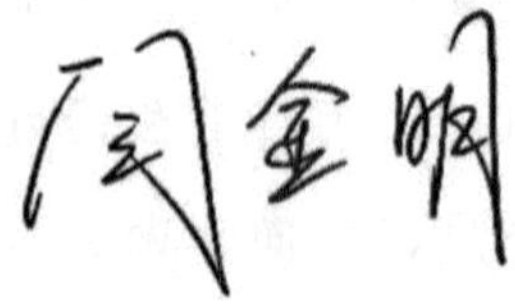

2022 年 5 月

目　录

第1章　引　言

自 21 世纪以来，面对全球气候变化、生态环境恶化和重大自然灾害等全球性问题的严峻挑战，保护生态环境，实现经济、社会可持续发展已成为国际社会的共识和使命，关系到人类命运前景。森林资源是人类生存保护屏障体系的重要组成部分，很多生态脆弱区正是因为缺少森林而灾害频发；营建防护林也几乎成为世界各国应对自然灾害和生态问题时采取的重要对策，我国尤为重视。根据第八次全国森林资源清查结果，我国防护林面积达到 9 967 万 hm^2，占全国森林总面积（20 769 万 hm^2）的 48%，防护林已经成为我国林业的主体[1]。

党的十八大将生态文明建设纳入“五位一体”总体布局，对建设生态文明进行全面部署。在全国生态环境保护大会上，习近平总书记明确指出坚持“人与自然和谐共生”“绿水青山就是金山银山”“良好生态环境是最普惠的民生福祉”“山水林田湖草是生命共同体”等基本原则。林业作为生态建设的主体，在保护和修复自然生态系统、构建生态安全格局、促进绿色发展、建设美丽中国和应对全球气候变化等历史使命中，应该更积极主动地发挥作用，坚持因地制宜、科学绿化、生态绿化。在林业建设过程中，必须更加重视科技支撑的作用，以科技创新推动森林可持续经营和多功能效益发挥，不断提高森林质量，进而不断提升生态系统的质量和稳定性。

山东省高度重视防护林营建工作，2010 年启动的世界银行贷款“山东生态造林项目”利用贷款 6 000 万美元，投资 10.2 亿元，营造生态防护林 100 万亩①，2016 年顺利竣工[2]。

在项目实施过程中，科学合理的目标和严格的管理为项目的顺利实施打下了坚实的基础，科技支撑体系的创建与应用则为项目目标的实现起到了进一步的提升作用，以一种系统性、整体性、协同性的方式增加了项目的科技含量。通过科技支撑，项目实施更加充分地遵循了系统工程学方法、生态学原理，充分运用了新技术，有针对性地实现了培训和推广效果，对项目成效进行了科学监测，能够从各个角度对项目成效进行示范和引领[3-7]。

为总结科技支撑在山东生态造林项目实施中发挥的作用和取得的经验，本课题对科技支撑体系的创建和应用效果进行系统梳理，从科技成果组装集成、支撑模式优化创新、

---

① 1 亩≈0.067 hm^2。

优良树种汇集、困难立地类型划分和造林模型应用，以及项目效果监测和评价等方面进行全面总结，以期为新时代林业生态保护修复项目的实施和科技支撑工作的开展提供借鉴和参考。

1.1 山东生态造林项目简介

1.1.1 利用外资打造“生态山东”“绿色山东”的具体实践

山东省地处我国东部沿海、黄河下游，是人口大省、经济大省和农业大省；同时，也是一个林业基础薄弱、森林资源匮乏、生态环境脆弱的省份。进入 21 世纪后，为加快造林绿化步伐，改善生态环境，为经济社会发展提供更好的屏障，山东省委、省政府认真贯彻《中共中央 国务院关于加快林业发展的决定》，不断强化造林绿化和生态建设工作。

2003 年 12 月 26 日，山东省人民政府印发《山东生态省建设规划纲要》（鲁政发〔2003〕119 号）（以下简称《纲要》）。《纲要》明确指出：“到 2020 年，在全省初步形成以循环经济理念为指导的生态经济体系、可持续利用的资源保障体系、山川秀美的生态环境体系、与自然和谐的人居环境体系、支撑可持续发展的安全体系和体现现代文明的生态文化体系，全面增强经济社会的可持续发展能力，把山东基本建设成为经济繁荣、人民富裕、环境优美、社会文明的生态省。”2004 年 9 月，山东省委、省政府作出《关于加快林业发展建设绿色山东的决定》（鲁发〔2004〕20 号），明确提出：“到 2020 年全省森林覆盖率达到并稳定在 30%以上，实现生态良性循环和人与自然和谐相处，林产品供给水平大大提高，建成比较完备的森林生态体系和比较发达的林业产业体系。”“实现弘扬绿色文明、构筑绿色屏障、保护绿色资源、发展绿色产业、建设绿色山东的宏伟目标。”

山东省是利用外资实施造林绿化、生态保护修复的大省。1982—2009 年，成功实施了联合国粮农组织 2606 项目，世界银行贷款“国家造林项目”“森林资源发展和保护项目”“林业持续发展项目”，累计造林 20 余万 hm^2。这些外资项目的成功实施，增加了山东的森林资源，改善了项目区的生态环境，推动了项目区的经济社会发展，带动了当地群众增收致富，特别是引进的国外先进技术和理念，提高了省内林业项目的管理水平和科技含量，取得了明显的经济效益、社会效益和生态效益[8]。

为进一步发展森林资源，改善森林生态系统结构，提高森林资源质量，充分发挥森林多功能、多效益作用，保障国土生态安全，促进山东生态建设，2006 年，山东省向国家发展和改革委提出了申请利用世界银行贷款开展“山东林业资源可持续发展项目”建设的意向。2007 年，该项目正式列入国家利用世界银行贷款 2008—2010 财年备选项目计划，并于2010年7月正式启动实施。

1.1.2 应对制约山东绿化的困难立地造林问题

2008年调查显示，山东有25万hm^2荒山没有被绿化，还有53.3万hm^2盐碱滩地需要改良，造林绿化的任务还相当艰巨。在这些退化迹地，存在多方面制约造林绿化的因素，如干旱、缺水、土壤贫瘠、盐渍化严重等突出问题。经过林业工作者多年的努力，在困难立地造林技术方面取得了一系列的突破和成就。然而，随着防护林建设工作的不断深入，"硬骨头"越来越多，造林难度越来越大，技术上面临多方面的桎梏。能否突破困难立地的制约，进行高效造林、恢复生态，是事关生态建设持续健康发展的关键性问题。不同的困难立地需要科学地营造不同类型、不同配置的人工林，造林过程中需要更多的优良抗性树种，造林效果也需要更加精准地量化明确。管理方面，传统的造林模式往往具有"弥散型"的特点，造林任务布置下去后可能出现"硬骨头无人啃"的问题；且面上造林工程一般单位面积投资强度不高，也导致基层在困难立地造林方面的意愿不够。

山东生态造林项目的实施，转变了面上造林相对粗放的作业方式，转为按照规划设计进行科学经营。在项目规划布局上，由过去的"遍地开花"式，转向针对退化山地和滨海盐碱地的相对集中造林方式；在造林的投资使用上，由过去的"撒胡椒面"式转向以项目造林为重点突破的方式；在造林技术上，更加重视科技、注重目标的实现；在项目设计上，明确了一系列技术标准，如林木树种结构，由过去以侧柏、黑松、杨树等为主的单一结构，向多树种、低密度、高生态效益方向发展；造林过程中注重适地适树、鱼鳞坑整地、"小坑、小苗、小水"造林等技术，减少工程实施过程对环境的负面影响；针对项目区内的不同立地类型，创建了13种造林模型，并把现有技术优势集成、组装配套，在不同立地类型区的整地方式、造林方式、林种和树种配置、乔灌草比例等关键技术上进行重点突破，推广模型造林这种行之有效的模式。通过科技支撑，有针对性地开展立地类型划分、造林模型优化、优良树种汇集选育、项目效果监测评估等工作，对攻克制约造林困难立地的问题产生了积极的推动作用。

1.1.3 借鉴世界银行理念，打造国内生态造林试验示范区

利用外资实施林业项目，意义不仅在于引进林业建设急需的资金，还在于对先进管理理念和科技成果的吸收和应用。

山东省已经实施多期世界银行贷款林业项目，项目内容一脉相承，实施侧重点随着时代发展而逐步变化，从用材林建设到经济林建设再到当前的生态造林。2008年，世界银行组织专家对山东省造林困难立地进行了多次考察，并概括出退化山地和滨海盐碱地2种区域类型。世界银行专家组与山东省项目组成员经过讨论一致认为，退化山地植被

恢复区干旱瘠薄、植被稀少、植物群落结构单一、生态系统脆弱、水土流失严重；滨海盐碱地改良区土壤含盐量高、地下水位高、蒸降比大、适宜树种少、森林覆盖率低、土壤次生盐渍化严重。两大区域的生态环境与社会经济发展极不协调，为改善脆弱的生态环境，亟待进行生态林建设，并将“山东林业资源可持续发展项目”更名为“山东生态造林项目”(SEAP)。项目总体目标是通过在环境退化地区示范有效的造林模型，支持山东生态造林项目。可见本项目从设计之初，就把应用成果、示范引领等作为重要目标。

为了达到这个目标，项目必须高度重视科技支撑体系的创建与应用，不仅需要系统集成前 30 年世界银行林业项目的经验、技术和成果，也要结合实际吸收当前最新的林业科技成果，以保证项目实施的科学性、合理性；更重要的是，要结合项目实施要求，探索、总结和示范困难立地条件下造林的科技支撑模式、可复制推广的科技成果。而项目实施成效、科技支撑的作用，都需要用数据来说话，需要全面地进行监测和评估。这些工作通过在世界银行平台上开展，充分吸收了来自世界各地的先进理念，为国内生态造林工作的开展提供了很好的借鉴和示范。

1.1.4 提升生态林业项目实施水平，实践目标导向全过程管理

自中华人民共和国成立以来，我国造林绿化大致经历了 3 个阶段，即政策造林、国家补助性质的工程造林和项目造林。这 3 种方式在不同历史阶段各有侧重，没有时间上的清晰节点，但整体体现出不断科学化、精细化的趋势[9]。

政策造林主要指群众或社区响应国家号召进行的造林，此时的造林生产活动带有明显的社会群众自发性，相对处于无系统管理的状况。国家补助性质的工程造林主要指国家或地方有了顶层设计的造林活动，以 1978 年“三北”防护林体系建设工程启动为标志，我国开始探索参照国家基本建设工程进行林业生产的全过程控制。由于有了顶层设计，工程造林在技术措施上优于一般的造林项目，且各环节都有一定的技术标准和操作规程，管理上也有了优化。项目造林是对造林工作的目标、程序等进一步清晰化、精细化的造林活动[10]。自 20 世纪 80 年代以来，我国在林业诸多领域利用世界银行、亚洲银行、欧洲投资银行等国际金融组织的资金成功实施了集约经营人工林、多功能防护林、生物多样性保护、天然林管理、护林防火等建设项目，至此，我国林业工程项目已经步入了一个崭新的发展时期[11]。

在这种背景下，实施了“山东生态造林项目”，在项目设计之初，就明确了挑战困难立地造林，为生态建设提供借鉴和示范的目标。围绕要实现的项目目标，克服种种管理和技术层面的挑战，取得最终成功。在管理层面上，项目涉及 9 市 28 县，需要协调省、市、县各级发改、财政、审计、林业等各部门，同时要做好与世界银行、技术支撑团队的对接，管理过程较为复杂；在技术层面上，项目针对困难立地，应用 13 种造林

模型，并开展苗圃升级、设备采购、技术服务、验收报账等多方面工作，同时监测实施效果、生态社会效益，及时作出必要调整。最终成功贷款 6 000 万美元，并带动了 5 亿多元国内配套资金，超额完成造林任务，取得的经验对山东乃至周边省份造林起到了示范和借鉴作用，达到了预期目标，获得了世界银行执董会“非常满意”的评价。生态造林项目的实施提升了山东省林业项目实施水平，实践了目标导向全过程管理，同时整合了监测评估、科研推广、技术培训、环境保护等多方面的工作，加强了科研与生产的供需对接，增加了科技支撑对大型林业项目生产的有效供给，突显了高校和科研院所对林业发展的服务功能，提高了科技服务效能。

1.2 林业项目科技支撑体系研究进展

科学技术是第一生产力，自主创新是第一推动力，对任何行业都是如此。自中华人民共和国成立以来，科技支撑对林业发展起到了显著推动作用，在创建和完善新中国林业管理体系、加强林业干部队伍建设、确定全国林业规划等领域均作出了重大贡献。当前，在大型林业建设项目规划实施过程中，科技支撑与成果应用也已是常见的组成部分，但科技支撑工作力度和深度与林业事业发展进度不太匹配，部分林业项目或工程存在重面积、重规模、轻科技支撑和科研成果运用的现象[12]；此外，对科技支撑体系的构建、总结和研究也没有跟上，科研工作往往作为一个个独立的课题进行开展，较为孤立，缺乏对应大型林业项目的系统性和整体性的实践，对支撑模式和效果总结得不足导致示范效果的欠缺，科研成果转化为生产力的效能不足。

本课题依托山东生态造林项目的实施，从解决困难立地造林的目标出发，以营造百万亩生态林的具体实践为结果，从项目设计、实施到竣工全过程密切结合科技支撑工作，从科技支撑模式创新与成果集成、造林困难立地类型划分和造林模型应用、优良树种筛选和应用、项目实施效果监测评估四个方面进行深入研究和总结。

1.2.1 林业项目科技支撑模式创新与成果集成

1.2.1.1 林业项目科技支撑研究现状

自中华人民共和国成立后特别是改革开放以来，国家投入巨资实施林业建设和生态保护工程，取得显著成就，森林覆盖率和森林蓄积量实现双增长，荒漠化土地面积持续减少，建设成效明显。通过造林绿化、实施大型林业项目，我们在植树造林和生态保护领域取得了显著成效，但是也存在顶层设计不系统、管理粗放等问题。在科技支撑方面，存在明显的薄弱环节，如林业建设科技投入不足、方向分散不连续、科技支撑体系不健全、科技成果应用程度低、推广范围不足、技术运用不当等问题一直存在[13]。

在实际工作中，国家或省级大型林业项目均需要由基层具体实施，但基层行政资源有限、科研力量薄弱、科研动力不足，难以有效提高项目科技含量；此外，科研院所、高等院校等机构或苦于研究方向与生产脱节形成“空中楼阁”，或苦于研究成果不能用于生产造成“纸上谈兵”。总之，虽然国家和相关部委一直在倡导产学研结合，也有越来越多的科技成果应用于林业项目实施过程中，但林业项目中系统的科技支撑还是有待进一步强化与实践的结合。

1.2.1.2 世界银行贷款林业项目科技支撑模式

世界银行贷款林业项目自20世纪80年代在中国实施以来，一直重视科技支撑在项目执行中的作用，将其作为建设项目的一部分，与造林工程同步设计、同步实施、同步监测与评价[14]。在项目设计阶段，制订科技支撑计划、明确任务和预算经费，通过建立完善的科技推广和培训体系，开展与项目建设紧密结合的课题研究与技术支持，为把科技成果转化为生产力，提高项目科技含量，保证项目目标的实现提供了坚实的保障，是建设现代林业的关键措施。在管理特点方面，项目制由于对基层林业局提供非常规的增量资源，能够快速有效地动员基层单位，实现工作目标[15]。加上外资项目具有其独特的国际视角，在造林理念、营林方法以及造林成本上能更好地与国际接轨，保证质量，在实现项目效果方面有更明显的积极效果。

要保证科技支撑体系有效发挥作用，必须在项目管理机制中有充分的体现，把科技支撑纳入统一的组织和协调中。应结合项目目标，吸收相关领域的机构以及相关专家和技术人员组成完善的科技支撑组织体系，并针对项目建设的目标和内容，对急需的关键技术开展研究。选择最新的科技成果、先进技术和现代管理方法在项目设计、建设施工和运营管理等各个环节进行推广，同时将科研试验和科技示范基地的布局与项目建设内容和地域紧密结合[16]，边实施边探索，结合项目目标开展科学研究，不断地把最新的研究成果组装应用到项目的实施中。

世界银行林业项目科技支撑与林业工程建设内容紧密结合，在项目的准备和规划设计阶段，就选择最新科技成果，用于编制和设计项目总体规划、造林模型、种植材料开发计划、环境保护规程和病虫害综合管理计划等项目技术规范。尽量把新品种和新技术吸收到项目技术标准和管理规程中，为项目目标的实现奠定基础。在项目执行过程中，重视对基层技术人员、林业工人和林农的技术培训，使各项技术措施能真正地为广大项目施工者所掌握，并运用到森林营造和经营管理实践中[14]。

1.2.2 困难立地造林类型划分和造林模型应用

困难立地是制约造林的重要因素，要达到有效的造林绿化和生态恢复，必须对困难立地进行类型划分，应用不同的造林方式进行精准恢复。山东主要困难立地包括干旱瘠薄山地和滨海盐碱地两种类型。

1.2.2.1 干旱瘠薄山地

按照2010年的统计数据，山东省土地总面积为15.7万km^2，山地丘陵占全省土地总面积的近40%，主要分布在鲁中南和鲁东地区。其中，石灰岩面积为150.44万hm^2，占山地丘陵面积的27.75%；砂石山面积为391.68万hm^2，占山地丘陵面积的72.25%。山东省山地丘陵地区每年土壤流失量达2.35亿t，水土资源不断减少，山区丘陵的生态环境不断恶化，导致了土地生产力不断下降。严重的水土流失使土地越种越薄、越种越少，裸岩裸砂面积不断扩大，砂石山区裸砂面积达12.20万hm^2，石灰岩山区裸岩面积达16.13万hm^2，严重制约着区域经济的可持续发展，阻碍了农民的脱贫致富。水土流失、环境恶化已成为山区生态建设和经济可持续发展的主要障碍，开展山东省干旱瘠薄山地的生态治理工作迫在眉睫。据调查，山东省干旱瘠薄山地造林存在两个主要问题：

一是由于山地丘陵立地条件过于严酷，在山地丘陵造林绿化中普遍存在造林模式单一、树种单一、纯林面积大以及造林密度、整地方式和规格、种苗规格质量、造林季节和造林方法不适宜等问题。在生态治理的开发和利用中，缺少乔灌藤植物种的科学构建技术、混交技术、造林技术和抚育管理技术等会导致造林成活率和保存率低、林分生长缓慢、成林年限推迟、森林结构不良、森林生态功能低下，甚至达不到生态治理的目的[17]。

二是对干旱瘠薄山地丘陵的退化生态系统，在人为积极干扰下的自然再生能力与生态修复能力缺乏研究和认识。在以往的生态造林治理项目中，只重视造林树种的成活和生长，却忽视了立地类型、造林密度、混交林的种间关系、造林技术等对新物种增加以及生态稳定性的影响；只片面强调人工造林的作用，而忽视了对生态系统自我修复能力的研究[18]。

因此，干旱瘠薄山地造林模型和树种选择、造林技术集成、人工造林限制因子与林木生长驱动力、植物抗旱机理的研究都是基于此类立地区域造林迫切需要解决的科研命题。

1.2.2.2 滨海盐碱地

盐碱地是自然界中分布最广泛的一种土壤类型，约占世界陆地总面积的25%。山东省盐碱地主要集中在黄河三角洲地区，这里是我国陆域土地面积自动扩展最快的地区，其造陆速度位居全世界河流三角洲之首[19]。黄河携带大量泥沙，每年都会使海岸线向海滩推进0.3 km。1974—1984年，黄河平均每年造陆6 068 hm^2；1984年至今，平均每年造陆 2 300 hm^2。这些陆地由于形成时间较晚，是海陆交互作用形成的退海之地，土壤肥力低，加之气候干旱，地下水矿化度高，极易引起土壤盐渍化[20]。区内盐渍土壤资源丰富，面积达4.43×10^5 hm^2，这些盐渍土壤全部分布在近代黄河三角洲内，主要为氯化物盐土和氯化物潮化盐土。区内土壤的组成以泥沙为主，形成时间短，地下水位浅，土壤养分含量低，容易引起土壤次生盐渍化和沙化。黄河三角洲地下水位一般在2～3 m，距海近的为 0.5～1.5 m，受海水盐分和蒸发浓缩的影响，地下水矿化度高，一般为 10～40 g/L，高的可达 200 g/L；生态系统脆弱，土壤极易返盐退化，开发利用水平低，开发潜力大，改造难度也大[21]。目前，世界各国在盐碱地上进行造林绿化的主要途径有以下两种：

一是“改地适树”。利用工程的或化学的措施，对土壤进行改良，使土壤中的盐碱浓度降低到适宜主要造林树种生存和生长的程度。具体的改良措施有排水、灌溉洗盐、放淤改良、培肥改良、平整土地和化学改良等。近年来，黄河三角洲地区主要采取盲沟改碱、暗管淋盐、铺设隔碱层、竖井联排、开挖避盐沟等多种措施，淋盐改土取得良好的效果。但这种开发利用方式投资大、成本高，在经济不发达地区不适宜进行大面积推广。

二是“选树适地”。利用植物耐盐碱的特性，选择具有不同抗盐碱程度的乔木或灌木树种，栽植在不同盐碱含量的土壤上，实现在盐碱荒地上造林绿化的目的。这种开发利用方式投资小、成本低，易于大面积推广，但是“选树适地”往往适生的树种有限，或很难选择到高耐盐碱的树种[22]。

如何对滨海盐碱地区域的土地类型进行分类，在兼顾“选树适地”的前提下，开展“改树适地”研究，筛选具有优良抗性的树种品系，对盐碱地区域绿化造林意义重大。

1.2.2.3 立地分类和造林模型的应用

在造林与森林经营中，必须把立地条件及林木生长效果近似的地段归并成同一类型，按不同类型进行规划设计，采用不同的造林技术，施用不同的森林经营措施，这样的类型称立地条件类型。造林地立地条件是人工林生存的外界环境，其对了解造林地的环境条件及其变化规律，选择合适的造林树种及拟定合理的造林技术措施具有重要意义[23]。

德国科学家 Karns C A 在 1926 年首次提出多因子森林立地分类研究，目前已逐渐发展成为一种综合地形、土壤、植被和气候等多因子的分类方法[24]。国内外广大林业科技工作者对立地条件类型的划分进行了大量的研究，主要通过编制各种反映立地质量的数表来划分立地类型，如林型表、地位级表、立地条件类型表、立地指数表、数量化得分表等。测定的数表需要予以挖掘提炼有效信息，如采用层次分析法、主成分分析法、数据挖掘等。通过分析，将诸如土层厚度、裸岩（砂）面积比例、植被盖度、坡位、坡向、坡度、海拔等参数纳入分析，结合其对林木生长的影响程度，划分立地等级[25]。

“造林模型”原本是世界银行贷款林业项目中的一种成本管理办法，在不断的发展中，已经成为针对不同立地类型的涉及造林树种、造林方式、造林密度、造林技术的综合集成方式[26]。在多年实践中，山东省针对困难立地已经筛选出若干个适宜干旱瘠薄山地的造林模型和适宜滨海盐碱地不同盐碱含量的造林模型。通过在不同立地条件下应用适宜的造林模型，不仅能更加有效地增加森林资源、蓄水保土、改善生态环境，更能降低造林成本，促进营林区环境、农业、经济高效发展[27]。

虽然国内外对立地类型划分、造林模型的研究取得了一系列成果，但在大规模应用及效果研究方面仍有很大的不足，因此有必要结合实践，对山东省困难立地分类体系进行研究，并对应用不同造林模型后的生态效益进行量化评价。

1.2.3 优良树种筛选和应用

1.2.3.1 优良树种的意义

随着经济社会的发展，森林资源在全球范围内日趋缩减，生物多样性遭受破坏，物种不断消失，必须果断采取有效措施予以应对。林木资源负载着森林植物遗传多样性和基因资源，关系到林业建设的可持续和科学发展，是国家重要的战略资源，同时也是发展林业科技必不可少的物质基础条件。我国大力开展林木遗传资源保护设施建设，建设了长期库、中期库、种质圃、原生境保护点，还有和基因库相结合的国家作物种质资源保护体系，这也为优良树种的保存保护提供了硬件支持。

然而，我国幅员辽阔、树种丰富，要保证生物多样性安全和种质资源安全，完全依靠国家建设种质资源库显然不够，各地必须基于发展现状筛选、选育适宜的种质资源，为林业建设、生物多样性和生态安全服务[28]。

1.2.3.2 山东省优良树种现状和存在问题

山东省为温带季风气候，树木资源比较丰富，共有林木 91 科 276 属 946 种（796 种，150 变种、变型），其中，野生林木树种 59 科 128 属 375 种（298 种，77 变种、变型）；栽培树种 81 科 248 属 697 种（610 种，87 变种、变型）；古树名木 349 606 株，隶属 46 科 99 属 184 种，包括古树 348 806 株，名木 800 株；引进树种 55 科 104 属 214 种[29]。

长期以来，由于在一定程度上忽略了对乡土树种的开发和利用，造成了山东省原有的乡土树种资源急剧减少。造林树种的单一性和部分引进树种的生物入侵性，也给山东森林生态带来隐患，一些乡土树种正在消失。目前，山东省平原地区的主要造林树种为杨树，而山区的造林树种也仅为侧柏、油松、黑松、刺槐等少数几种，树种结构单一，使林业生态系统具有一定的不稳定性，削弱了森林生态系统的多种生态功能，造成功能失调。松材线虫病、美国白蛾、斑衣蜡蝉等病虫害经常集中暴发，更是为我们敲响了警钟。

因此，需要充分考虑地方优势，研究探索适合当地的树种汇集、生物多样性保护与优良树种选育的协同推进模式。

1.2.4 项目实施效果监测和评估

1.2.4.1 林业项目绩效评价

根据《国际金融组织贷款赠款项目绩效评价管理办法》和《国际金融组织贷款项目绩效评价操作指南》的要求，必须在项目实施后对项目的相关性、效率、效果和可持续性进行客观、公正的评价，总结项目实施过程中的经验教训，以进一步提高该类项目的管理和实施水平。

在林业项目的绩效评价中，除了对资金用途、建设内容的评价，项目所发挥的生态和社会效益也是一个重要的评价方面[30]。然而，林业项目的生态和社会效益难以量化，缺乏科学的评价依据，对客观评价林业项目实施效果造成一定的影响。因此，根据林业项目的特点，进一步丰富和完善绩效评价方法体系，是提高评价准确性和科学性必须考虑的问题。

1.2.4.2 森林生态效益监测

自 20 世纪 50 年代以来，学术界开始森林生态效益定位观测和调查研究；进入 90 年代，随着世界范围内对生态环境重视程度的不断提高，森林生态效益计量评价已成为生态、林业以及经济学的研究热点[31]。我国在借鉴国外经验的基础上，结合本国实际，研究提出了森林生态效益的一系列计量评价方法[32]。许多学者先后对森林生态效能中的某一项或某几项进行了森林生态效益的定量研究，还有学者对单项的生态功能价值评价进行了深入研究，主要包括森林碳汇、保土蓄水、土壤结构、理化性质等方面[33-35]。

森林碳汇效益既涉及生态效益，也涉及经济效益[36]。目前大多数国家和环境组织在利用森林的碳汇作用来缓解温室效应以及随之而来的各种生态环境问题。林业所讲的碳汇是指营造的人工林通过吸收大气中的 CO_2 等温室气体，将其固定在植被中或林地土壤层内，从而将大气中的温室气体浓度降低到一定程度，即林分对大气中温室气体的固定能力或吸收能力[37]。

在森林保土效益研究方面，森林保土效益主要包含减少土壤流失、保育土壤、减少泥沙淤积河道等方面[38]。良好的植被覆盖度是森林保育土壤功能的重要前提，当林分郁闭度达到 0.4 时，乔木林分就能发挥较好的保土功能；当草本植物的覆盖度达到 0.9 时，就能很好地防止土壤侵蚀。林下灌草层的植被覆盖度及灌草生物量都处于合适的范围时，森林的保土效应将发挥到最大。

在土壤效益研究方面，森林对土壤中养分含量的调节作用是森林发挥养分效应的主要作用之一，森林类型、林木生长状况等与土壤养分息息相关。森林在生长代谢过程中，大量枯枝落叶覆盖地表，经过土壤内微生物的分解，逐渐转化为土壤有机质及植物营养元素，成为土壤养分的重要来源[39]。有水土保持林覆盖的区域，土壤中的养分就能随着土壤的保留而保存起来，这一作用可以使林内土壤养分状况得到改善，减少人工化肥的施用，降低造林成本。

作为新造林项目，对不同造林模型、不同立地条件下的森林生态效益进行监测和研究，有理论和实践的双重价值。

1.3 项目科技支撑体系创建与应用课题

1.3.1 课题来源及依据

山东生态造林项目的目标是“为环境退化地区展示有效的造林模式，支持山东省造林绿化”。通过在退化山地和沿海地区建立适宜的混交林种植示范模型，可以减少土壤侵蚀和径流，改善土壤质量和降低风速。衡量项目效果和目标实现情况的关键指标包括项目地点植被覆盖率增加百分比、种植植物物种数量增加百分比、项目区环境改善情况等，如减少土壤侵蚀和降低风速等[40]。

为有效提供科技支撑，更好地实现项目成效，山东省林业引用外资项目办公室（简称省项目办）在项目启动之初即与世界银行达成协议，应用有关科研成果、强化技术培训，并设立干旱瘠薄山地造林树种及造林模型选择、优质乡土树种保存与开发利用、黄河三角洲滨海盐碱地生态造林模型研究 3 个科研和项目监测评价课题，有针对性地结合项目实施开展系统科技支撑体系的创建和应用。山东省林业科学研究院、山东农业大学林学院作为咨询顾问，与省项目办签定了课题任务书，并在随后的 6 年间开展了相关研究任务。

山东生态造林项目竣工后，省林业外资与工程项目管理站继续跟踪项目效果，整合项目实施及竣工后 5 年间科研成果组装应用、科技支撑模式效果、科研成果、监测结果等各方面的研究成果形成本课题，是大型林业项目科技支撑体系创建应用的全景画像。

1.3.2 研究目的

总结大型林业项目科技支撑体系创建与应用经验，探索科研与生产密切结合和相互促进的途径，示范困难立地条件下科研成果组装集成、造林模型选择应用、优良树种选择应用、环境保护措施、项目成效监测评估等内容，并明确山东地区相关工作的部分标准，为林业项目科技支撑工作提供借鉴，为林业生态建设工作技术提升内在科技原动力提供示范。

1.3.3 研究意义和创新点

大型林业项目是复杂的系统工程，需要多种因素的集成和共同作用才能成功实施，除资金投入、政策、机制的影响之外，科学技术支撑的影响也是非常重要的因素[41]。林业科技成果、科技支撑团队如何更好地为新时代林业发展提供强大的技术支撑，是林业科技界必须思考的问题[16]。

本课题首次针对大型造林项目系统设计科技支撑内容，并成功实施。研究内容成体系、成建制、贴近生产、结论有效，对林业建设产生了切实的支持作用，对大型林业项目科技支撑配套工作有重要参考价值。

研究结果对指导山东困难立地条件下（特别是干旱瘠薄山地和滨海盐碱地）造林技术选择、适生树种选择、成果配套、监测评价等工作有直接指导作用，对林业生产、生态保护修复工作在更高科技水平上开展具有借鉴意义。

第 2 章　总体思路与技术路线

2.1　总体思路和基本原则

坚持目标导向、问题导向和结果导向相结合，综合创建并应用山东生态造林项目科技支撑体系，整体施策、多措并举，从系统工程和全局角度实现对项目实施的支撑作用。

开展科学生态造林，整合应用成熟的管理、技术成果，及时培训、总结推广经验；尊重自然规律和生态系统内在机理，按立地条件进行分类、分模型进行生态造林、选择优良适生树种，提升造林树种抗逆性，降低困难立地条件下生态林营造难度，促进恢复项目林生态系统自我运行、自我调节、自我完善的能力，精准量化项目实施成效。

课题设计遵循以下基本原则：

——全面支撑与重点突破相结合。既注重现有成果推广应用，又围绕项目建设中急需解决的关键技术进行组织攻关、重点突破，发挥典型示范带动作用，形成可复制、可推广的治理新模式。

——新研发技术与成熟技术相结合。在系统组装应用成熟技术并广泛推广培训的基础上，充分发挥课题产生的新成果在项目建设中的应用。

——科技支撑与项目建设紧密结合。以干旱瘠薄山地和滨海盐碱地生态造林的项目主体为切入点，加强科技支撑作用，努力提高项目工程建设的质量和效益。

2.2　拟解决的关键问题

总结示范大型林业项目实施过程中体系化、全面化的科技支撑体系创建与应用经验，优化科技支撑运作模式，为我国生态建设项目科技支撑体系建设提供借鉴和参考。包括以下四个方面的内容：

——优化科技支撑模式和科研成果组装集成方式；

——困难立地造林地类型划分和造林模型应用；

——优良树种选择汇集和抗逆性提升；

——项目效益精准监测和综合评价。

2.3 技术路线

在项目设计之初即建立科技支撑组织体系，成立科技支撑办公室；制定必要的标准和规程，确保成果顺利组装应用；对造林实体进行技术培训，高质量开展科研课题、监测课题的有关工作，对迫切需要解决的立地类型划分、造林模型应用、优良树种选择选育和抗逆性提升、项目效益监测评价等内容进行重点突破，并总结研究成果，形成可复制、可推广的经验。

根据不同的研究方向和研究内容科学地选择研究方法，总体路线见图 2-1，各部分详细的研究内容与方法见第 3 章。通过对本项目科技支撑体系内各方面的深入研究和汇总，形成科学明确的结论。

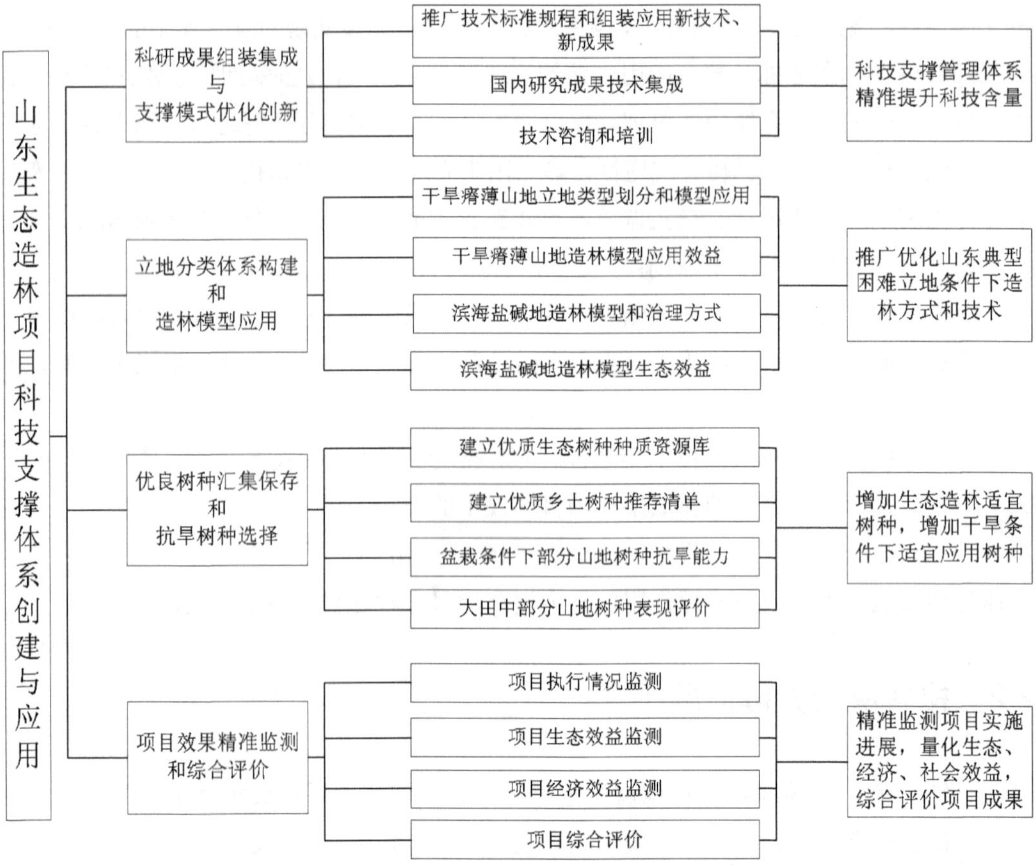

图 2-1　科技支撑体系创建与应用总体技术路线

第 3 章　研究内容与方法

3.1　科研成果组装集成与支撑模式优化创新

在山东省设立省、市、县三级科技支撑办公室，编制《项目科研推广实施方案》，结合山东省实际和项目需求集成技术标准及相关规程，同时将国家和省内已推出的新技术、新成果组装应用于项目的相关环节。《项目科研推广实施方案》规定了必须推广的25项相关技术标准或规程、12项新技术或新成果、33个推广的造林树种以及推广的范围等。推广不局限于项目实施区，根据各项技术的适用性及各树种的生物学特性，可选择立地条件与项目区相同或相似的地区开展各项技术成果及优良树种的推广工作，主要内容见图 3-1。

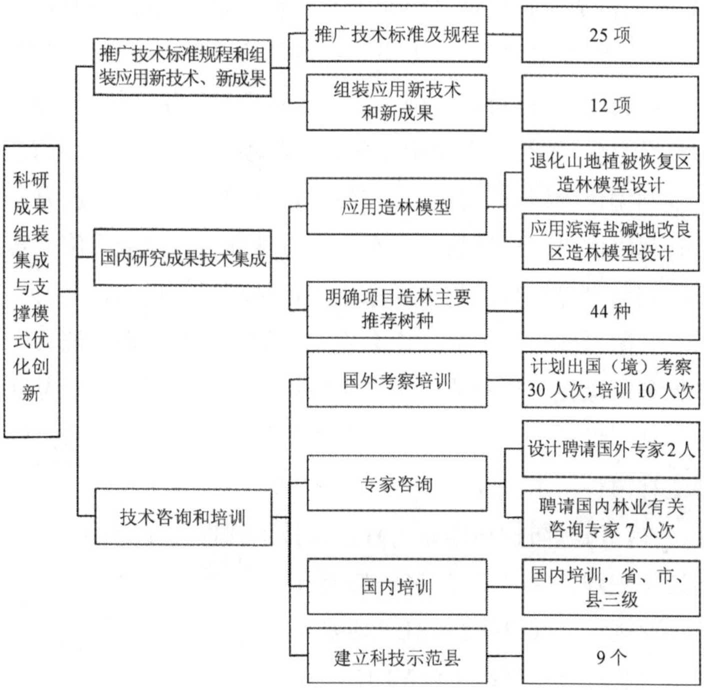

图 3-1　科研成果组装集成与支撑模式优化创新研究内容

为保证科研成果组装集成效果、创新科技支撑模式，需要相应地强化培训工作。编制《山东生态造林项目培训计划》，根据项目需求进行有针对性的技术咨询及培训，量化咨询服务、各级培训内容与培训数量及方式，并在项目实施过程中严格执行，保证标准规程和科研成果能够落到实处，为 SEAP 建设提供有力的支撑和保障。

结合推广和培训工作，选择造林任务大、林业科技力量较强、交通方便的新泰、乳山、莒县、蒙阴、沾化、东营河口、泗水、高密和雪野 9 个地方建立项目科技示范县（区），增强科技措施的说服力，扩大项目实施的影响力。

3.1.1 推广技术标准规程和组装应用新技术、新成果

3.1.1.1 技术标准及规程

根据项目实施目标，在项目启动之初，组织专家编制和选择以下 25 项技术标准及规程，在项目执行过程中遵照实施，并及时进行检查，保证标准和规程得到落实。

（1）生态防护林建设规程；

（2）山东省利用世界银行贷款“山东生态造林项目”造林模型；

（3）《山东省利用世界银行贷款“山东生态造林项目”营造生态林使用良种的通知》；

（4）核桃、板栗、柿树、杏、梨、石榴、茶、枣和桃等经济林栽培技术标准；

（5）《山东省利用世界银行贷款“山东生态造林项目”主要树种苗木标准》；

（6）《山东省利用世界银行贷款“山东生态造林项目”苗圃管理技术规程》；

（7）《山东省利用世界银行贷款“山东生态造林项目”环境保护规程》；

（8）《山东省利用世界银行贷款“山东生态造林项目”主要树种施肥方案》；

（9）《山东省利用世界银行贷款“山东生态造林项目”施工设施方案》；

（10）《山东省利用世界银行贷款“山东生态造林项目”检查验收办法》；

（11）《山东省利用世界银行贷款“山东生态造林项目”监测实施方案》；

（12）《山东省利用世界银行贷款“山东生态造林项目”培训计划》；

（13）《山东省利用世界银行贷款“山东生态造林项目”管理办法》；

（14）《山东省利用世界银行贷款“山东生态造林项目”财务管理办法》；

（15）《山东省利用世界银行贷款“山东生态造林项目”提款报账办法》；

（16）《主要造林树种苗木》（DB 37/T 219—1996）；

（17）《长江、珠江流域防护林体系工程建设技术规程》（LY/T 1760—2008）；

（18）《造林技术规程》（GB/T 15776—1995）；

（19）《森林抚育规程》（GB/T 15781—1995）；

（20）《森林防火工程技术标准》（LYJ 127—1991）；

（21）侧柏、黑松、油松、麻栎、白蜡、榆树、臭椿、苦楝、柽柳、刺槐等主要生态树种造林技术规程；

（22）《杨树人工速生丰产用材林》（ZB/B 64006—1988）；

（23）《山东省利用世界银行贷款“山东生态造林项目”优良种植材料推荐表》；

（24）《山东生态造林项目主要造林树种苗木标准》；

（25）《山东生态造林项目苗圃管理技术规程》。

3.1.1.2　新技术和新成果

除推广技术标准及规程之外，还针对不同项目内容，组装应用 12 项国家或省内已推出的新技术、新成果，提高项目科技含量。

（1）侧柏种源试验；

（2）松树良种选育；

（3）优质乡土树种收集保存和创新利用；

（4）抗寒茶树新品种和类型筛选研究；

（5）果树改土养根技术研究；

（6）盐碱地综合治理技术推广；

（7）黄河三角洲重盐碱地植被恢复技术；

（8）沿海防护林营建技术；

（9）耐盐碱“光兆 1 号”杨的选育；

（10）鲁北冬枣快速繁育技术推广；

（11）植物组培快繁体系技术；

（12）白蛾周氏啮小蜂及生物制剂综合治理林木害虫。

3.1.2　造林模型和树种应用

项目采取模型造林方式，针对不同的立地条件应用不同的造林模型，不同的造林模型对应差异化的科学选择树种，首先按退化山地植被恢复区和滨海盐碱地改良区两大区域进行划分。

3.1.2.1　退化山地植被恢复区造林模型设计方式

退化山地植被恢复区造林模型按照山体位置、土层厚度、坡位坡向等因素进行模型划分，分为石灰岩山地和花岗岩山地两大类，所涉及模型见表 3-1、表 3-2。

表 3-1 退化山地植被恢复区治理模型表（一）

序号	治理区域名称	区位名称	治理目标	林种	主栽树种	伴生树种	混交方式	苗木标准	初植密度/（株/hm^2）	整地方式	整地规格/m	栽植方式
1	石灰岩山地	山体上部	防止水土流失、水源涵养	防护林	侧柏等	保护原有灌木、藤本和草本	乔灌草混交	容器苗Ⅰ级苗	2 000～2 800	穴状	穴径 0.3 深 0.3	植苗
2		山体中部	防止水土流失、水源涵养	防护林	侧柏等	山杏或山桃等，保护原有黄荆、酸枣、连翘、胡枝子等灌木、藤本及草本	株间、行间、不规则块状混交	容器苗Ⅰ级苗	1 800～2 600	穴状	穴径 0.5 深 0.3	植苗 直播
3			防止水土流失、水源涵养	防护林	侧柏、刺槐、黄栌	苦楝、臭椿、皂荚等，保护原有黄荆、酸枣、连翘、胡枝子等灌木、藤本及草本	不规则块状、带状混交	容器苗Ⅰ级苗	侧柏 1 000～2 000，其他 900～1 500	穴状	穴径 0.5 深 0.4	植苗
4		山体下部	防止水土流失、水源涵养	防护林	黑杨类、核桃、柿树、桃、梨、杏、枣、石榴	侧柏、臭椿、苦楝、香椿、皂荚、花椒、金银花等，保护原有黄荆、酸枣、连翘、胡枝子等灌木、藤本及草本	不规则块状、带状混交	嫁接苗Ⅰ级苗	防护树种 900～1 500，经济树种 333～400	穴状	防护树种：穴径 0.5、深 0.4，经济树种：穴径 0.6 深 0.5	植苗
5	砂石山地	山体上部	防止水土流失、水源涵养	防护林	黑松等	保护原有灌木、藤本和草本	乔灌草混交	容器苗Ⅰ级苗	1 200～2 000	穴状	穴径 0.5 深 0.3	植苗
6		山体中部	防止水土流失、水源涵养	防护林	黑松、刺槐、栎类	黄栌、苦楝、楸树、臭椿、君迁子等，保护原有酸枣、扁担木、郁李、连翘、胡枝子等灌木、藤本及草本	行状、带状、不规则块状混交	容器苗Ⅰ级苗	900～1 500	穴状	穴径 0.5 深 0.5	植苗 直播
7		山体下部	防止水土流失、水源涵养	防护林	黑杨类、板栗、核桃、柿子、桃、梨、杏、枣、石榴	黑松、楸树、花椒、金银花、香椿、君迁子、黄花菜等，保护原有黄荆、酸枣、连翘、胡枝子等灌木、藤本及草本	行状、带状、不规则块状混交	嫁接苗Ⅰ级苗	防护树种 900～1 500，经济树种 333～400	穴状	防护树种：穴径 0.5、深 0.5，经济树种：穴径 0.6、深 0.5	植苗
8			防止水土流失、水源涵养	防护林	茶树	黑松、银杏等	带状、行状混交	种子Ⅰ级苗	茶 45 000～60 000，其他 300～1 500	带状	茶宽 0.8～1.2 深 0.5，其他穴径 0.6、深 0.6	播种 植苗

表 3-2 退化山地植被恢复区治理模型表（二）

序号	抚育				小班面积/hm^2	单一树种造林面积/hm^2	用来划分单一树种的隔离带	优势树种数量占总株数比例/%	间伐	备注
	中耕除草/（次/a）	灌溉/（次/a）	整形修枝/（次/a）	护林防火/（1 个防火期/a）						
1	2-1-1	1-1-0		1-1-1	<20				30 年适当间伐，郁闭度一直保持 0.5	同时也适合山体中部立地条件相似地段造林
2	2-1-1	1-1-0		1-1-1	<20	<2	至少 3 行或 10 m	<75	30 年适当间伐，郁闭度一直保持 0.5	
3	3-2-1	1-1-0		1-1-1	<20	<2	至少 3 行或 10 m	<75		也可主栽树种间混交
4	2-2-2	防护树种：1-1-1 经济树种：2-2-2	经济树种：1-2-2	1-1-1	<20	<2	至少 3 行或 10 m	<75	20 年适当间伐，郁闭度一直保持 0.5	也可主栽树种间混交，实行林草、林药、林粮间作
5	2-1-1	1-1-1		1-1-1	<20					同时也适合山体中部立地条件相似地段造林
6	2-1-1	1-1-1		1-1-1	<20	<2	至少 3 行或 10 m	<75		也可主栽树种间混交
7	2-2-2	防护树种：1-1-1 经济树种：2-2-2	经济树种：1-1-1	1-1-1	<20	<2	至少 3 行或 10 m	<75		也可主栽树种间混交，实行林草、林药、林粮间作
8	2-2-2	其他树种：1-1-1 茶：2-2-2	经济树种：1-2-2	1-1-1	<20	<2	至少 3 行或 10 m	<75		

（1）石灰岩（青石山）山地不同模型定义

模型 1：适用于石灰岩山地山体上部治理造林。该区域山体坡度大，岩石裸露，土壤为褐土，土壤干旱瘠薄，土层一般小于 15 cm，灌草覆盖度小于 40%，立地条件差，适宜造林的树种少，造林难度大。该区域治理的目标是，通过人工造林保护现有灌草，恢复森林植被，采用乔灌草结合的造林模式，以提高地表植被盖度，减少水土流失，提高森林保持水土、涵养水源的能力。同时适合石灰岩山地山体中部土层较浅的地段。由于只有一个适种树种，因此对地块的面积大小没有限制。

模型 2：适用于石灰岩山地山体中部治理造林。该区域相对于模型 1 立地条件好些，土壤为褐土，土层一般小于 30 cm，适宜营造侧柏与山桃或山杏混交林。侧柏、山桃、山杏都比较耐干旱瘠薄，在此立地条件下造林容易成功，营造山桃、山杏林还能带来一定的经济效益。该区域治理的目标是通过人工营造针阔混交林，保护现有灌草，恢复森林植被，减少水土流失，提高森林水源的涵养能力。地块的面积最大为 2 hm^2，且地块内单一树种的比例不能超过 70%。

模型 3：适用于石灰岩山地山体中部治理造林。该区域相对于模型 2 立地条件更好些，地形较复杂，沟、坡、脊交错，小地形表现突出，土壤为褐土，土层厚度不一，薄、中、厚皆有。根据因地制宜、适地适树的原则，采取针阔混交、针叶与彩叶树种混交、阔叶与彩叶混交的混交方式，营造不规则的块状、带状混交林，保护现有灌草，恢复森林植被系统，减少水土流失，提高森林水源的涵养能力。地块的面积最大为 2 hm^2，且地块内单一树种的比例不能超过 70%。如果是带状混交，隔离带至少要有 3 行或者 10 m 宽。

模型 4：适用于石灰岩山地山体下部，坡度小于 15°的区域治理造林。该区域立地条件较好，地形相对复杂，沟、坡、小平地、道路交错，小地形表现更加突出，土壤为褐土，土层厚度以中、厚为主。根据因地制宜、适地适树的原则，采取针阔混交、多类型阔叶树种混交、防护树种与经济树种混交的混交方式，营造不规则的块状、带状混交林，实行林草、林药、林粮间作，保护现有灌草，恢复森林植被系统，减少水土流失，提高森林水源的涵养能力。地块的面积最大为 2 hm^2，且地块内单一树种的比例不能超过 70%。如果是带状混交，隔离带至少要有 3 行或者 10 m 宽。

（2）花岗岩（砂石）山地不同造林模型的说明

模型 5：适用于砂石山地山体上部治理造林。该区域山体坡度大，土壤为棕壤，土壤干旱瘠薄，土层一般小于 20 cm，灌草覆盖度小于 40%，立地条件差，适宜造林的树种少，造林难度大。该区域治理的目标是通过人工造林，保护现有灌草，恢复森林植被系统，乔灌草结合，提高地表植被盖度，减少水土流失，提高森林水源的涵养能力。此模型同时适合砂石山地中部土层较浅的地段。由于只有一个适种树种，因此对地块的面积大小没有限制。

模型 6：适用于砂石山地山体中部治理造林。该区域相对于模型 5 立地条件好些，地形较复杂，沟、坡、脊交错，小地形表现突出，土壤为棕壤，土层小于 30 cm 的薄层土占 70%左右，中层土占 20%左右。根据因地制宜、适地适树的原则，选择多树种、多混交模式造林，采取针阔混交、针叶与彩叶树种混交、阔叶与彩叶混交的混交方式，营造不规则的株间、行间、块状、带状混交林，保护现有灌草，恢复森林植被系统，减少水土流失，提高森林水源的涵养能力。地块的面积最大为 1 hm^2，且地块内单一树种的比例不能超过 70%。

模型 7：适用于砂石山地山体下部，坡度小于 15°的区域治理造林。该区域立地条件较好，地形相对复杂，沟、坡、小平地、道路交错，小地形表现更加突出，土壤为棕壤，土层厚度以中层为主。根据因地制宜、适地适树的原则，采取针阔混交、多类型阔叶树种混交、防护树种与经济树种混交的混交方式，营造行状、带状、不规则块状混交林，实行林草、林药、林粮间作，保护现有灌草，恢复森林植被系统，减少水土流失，提高森林水源的涵养能力。地块的面积最大为 1 hm^2，且地块内单一树种的比例不能超过 70%。如果是带状混交，隔离带至少要有 3 行或者 10 m 宽。

模型 8：适用于砂石山地山体下部、阳坡且背风的向阳区域治理造林。该区域立地条件较好，地形以缓坡、梯田为主，适宜种植茶树，选择黑松、银杏等树种作为保护行、保护带，营造混交林。此模式造林既能防止水土流失，提高森林水源的涵养能力，又能增加经济收入。茶树块的面积最大为 2 hm^2。如果是带状混交，隔离带至少要有 3 行或者 10 m 宽。

3.1.2.2 滨海盐碱地改良区造林模型设计方式

滨海盐碱地改良区主要分布于黄河三角洲平原一带，立地类型较为相似，主要区别在于盐碱含量。因此，该区域造林模型主要按盐碱含量划分，另外，为便于造林单位施工，单列沟路渠一类。

不同模型设计见表 3-3。

（1）滨海盐碱地治理模型定义

模型 1：适用于含盐量小于 2‰的滨海盐碱地造林。虽然该地段主要用于农业，但是有一些地段可以栽种一些树种，如刺槐、杨树、柳树、臭椿、白蜡等。采取块状（最多占造林面积的 25%）或带状（至少占造林面积的 75%）栽植。带宽最宽为 70 m，带间距为树高的 15～20 倍，带间可以用于农作物的种植。每一块或每个带至少要包括 3 个树种。混交可以起到防风固沙、改良土壤、保护农田的作用。

模型 2：适用于含盐量小于 2‰的滨海盐碱地造林。该区域立地条件和模型 1 相似，经过盐碱地土壤改良，适宜营造黑杨类、桃、杏、梨、枣、香椿等，与刺槐、白蜡等，实行块状（最多占造林面积的 25%）、带状混交（至少占造林面积的 75%），带宽最宽为 70 m，带间可以用于农作物的种植。每一块或每个带至少要包括 3 个树种。混交可以起到防风固沙、改良土壤、保护农田的作用。

表 3-3　滨海盐碱地改良区治理模型表

序号	治理区域名称	含盐量	治理目标	林种	主栽树种	伴生树种	混交式	苗木标准	初植密度/（株/hm^2）	整地方式	整地规格/m	栽植方式	抚育				小班面积/hm^2	带状混交比例/%	林带宽度/m	林带混交树种数量	备注
													中耕除草/（次/a）	灌溉/（次/a）	整修修枝/（次/a）	护林防火/（次/a）					
1	滨海盐碱地	<2‰	改良土壤	防护林	刺槐、黑杨类、柳树、臭椿、白蜡、榆树	保护原有灌木、藤本和草本	块状、带状	Ⅰ级苗	600～900	穴状	径 0.6 深 0.5	植苗	2-1-1	2-1-1		1-1-1	<35	≥75	<70	至少3个	主栽树种间混交
2			改良土壤	防护林	黑杨类、桃、杏、梨、枣、香椿	刺槐、白蜡、榆树、臭椿，保护原有灌木、藤本和草本	块状、带状	Ⅰ级苗	防护树种600～900、经济树种333～400	穴状	防护树种径 0.6 深 0.4、经济树种径 0.6 深 0.5	植苗	2-2-2	2-2-2	经济树种1-1-1	1-1-1	<35	≥75	<70	至少3个	也可主栽树种间混交
3		2‰～3‰	改良土壤	防护林	榆树、臭椿、白蜡、苦楝、柳树	紫穗槐、沙枣、杞柳、金银花，保护原有灌木、藤本和草本	乔灌、块状、带状	Ⅰ级苗	600～900	穴状	径 0.6 深 0.5	植苗	2-1-1	2-1-1		1-1-1	<35	≥75	<70	至少3个	也可主栽树种间混交
4		>3‰	改良土壤	防护林	白蜡、柽柳	白刺、沙柳，保护原有灌木、藤本和草本	乔灌、块状、带状	Ⅰ级苗	600～1 500	穴状	径 0.6 深 0.5	植苗	2-1-1	2-1-1		1-1-1	<35				乔灌草混交
5		沟渠路	改良土壤	防护林	刺槐、黑杨类、柳树、榆树、臭椿、白蜡、苦楝、国槐	紫穗槐、木槿、沙柳、柽柳	乔灌、带状、行状	Ⅰ级苗	600～1 500	穴状	径 0.5 深 0.5	植苗	2-1-1	2-1-1		1-1-1	<35		<70		也可主栽树种间混交

模型 3：适用于含盐量 2‰～3‰的滨海盐碱地造林。该区域由于受立地条件的影响，地表森林植被盖度小，适宜造林树种较少，根据多年的造林经验，目前适宜该区域造林的树种有榆树、臭椿、白蜡、苦楝、柳树等，灌木有紫穗槐、沙枣、杞柳、金银花等。在保护原有植被的基础上，采取块状（最多占造林面积的 25%）、带状（至少占造林面积的 75%）混交方式，带宽最宽为 70 m，带间可用于农作物的种植。每一块或每个带至少要包括 3 个树种。混交可以起到防风固沙、改良土壤、保护农田的作用。

模型 4：适用于含盐量大于 3‰的滨海盐碱地造林。由于土壤含盐量高，目前发现的适生树种主要包括混生的白蜡、白刺和沙柳。柽柳是目前所发现的能够在重盐碱地生长的树种。这类地段以块状栽植为主。

模型 5：适用于滨海盐碱地沟渠路造林。根据含盐量不同，选择不同的乔木树种和灌木树种，实行带状或块状混交，营造以沟渠路为主的防护林，乔木树种有刺槐、黑杨类、柳树、榆树、臭椿、白蜡、苦楝、国槐等，灌木树种有紫穗槐、木槿、沙柳、柽柳等。

（2）项目造林树种

造林模型选用树种遵循加强生物多样性保护、应用乡土树种的优良种源等原则，根据树种的生物学特性和项目地的立地条件，结合造林模型的主栽树种、伴生树种进行选择。项目造林推荐树种参见表 3-4。

表 3-4 项目造林推荐树种

Mountainous area（23 species）山地			Saline coastal area（11 species）滨海盐碱地			In both areas（10 species）山地和滨海盐碱地		
中文名	Botanic name（植物名）	Common name（常用名）	中文名	Botanic name（植物名）	Common name（常用名）	中文名	Botanic name（植物名）	Common name（常用名）
侧柏	*Platycladus orientalis*	Oriental arborvitae	白刺	*Nitraria tanguborum*	Vetchleaf sophora	刺槐	*Robinia pseudoacacia*	Black locust
黑松	*Pinus thunbergii*	Pine	沙柳	*Salix Cheilophila*	Sand-dune willow	黑杨	*Populus nigra*	Cottonwood
银杏	*Ginkgo biloba*	Ginkgo	杞柳	*Salix integra*		枣	*Ziziphus jujuba*	Jujuba
麻栎	*Quercus acutissima*	Sawtooth oak	沙枣	*Elaeagnus angustifolia*	Russian olive	杏	*Armeniaca Vulgaris* Lam.	Apricot
黄栌	*Cotinus coggygria*	Common smoketree	木槿	*Hibiscus syriacus*	Rose-of-sharon	桃	*Prunus persica* L.	Peach
楸树	*Catalpa bungei*	Manchurian catalpa	柽柳	*Tamarix chinensis*	Chinese tamarisk	梨	*Pyrus bretschneideri*	Pear
茶树	*Camellia sinensis*	Tea tree	国槐	*Sophora japonica*	Japanese pagoda	香椿	*Toona sinensis*	Chinese toon

Mountainous area（23 species）山地			Saline coastal area（11 species）滨海盐碱地			In both areas（10 species）山地和滨海盐碱地		
中文名	Botanic name（植物名）	Common name（常用名）	中文名	Botanic name（植物名）	Common name（常用名）	中文名	Botanic name（植物名）	Common name（常用名）
板栗	*Castanea mollissima*	Chinese chestnut	紫穗槐	*Amorpha fruticosa*	Indigo bush	金银花	*Lonicera japonica*	Honeysuckle
核桃	*Juglans regia*	Walnut	榆树	*Ulmus pumila*	Siberia elm	臭椿	*Ailanthus altissima*	Tree-of-heaven
柿树	*Diospyros kaki*	Persimmon	白蜡	*Fraxinus chinensis*	White ash	苦楝	*Melia azedarach*	China berry
君迁子	*Diospyros lotus*	Date plum	柳树	*Salix alba*	Willow			
花椒	*Zanthoxylum bungeanum*	Pepper shrub						
山杏	*Armeniaca Sibirica(L.)*Lam.	Wild apricot						
山桃	*Prunus davidiana*	Wild peach						
石榴	*Punica granatum*	Pomegranate						
皂荚	*Gleditsia sinensis*	Chinese honeylocust						
黄花菜	*Hemerocallis fulva*	Orange daylily						
扁担木	*Grewia biloba*							
连翘	*Forsythia suspensa*	Weeping forsythia						
郁李	*Cerasus japonica*							
黄荆	*Vitex negundo*	Heterophyllous negundo						
胡枝子	*Lespedeza bicolor*	Shrub lespede						
酸枣	*Ziziphus spinosa*	Wild jujuba						

注：所推荐的树种均为当地的乡土树种或该地区广泛应用的树种，不存在生物入侵问题。

3.1.3 技术咨询和培训

3.1.3.1 国外考察和专家咨询

为借鉴国外先进的防护林栽培技术和管理经验，计划出国（境）考察 30 人次，培训 10 人次；为解决在项目造林的干扰下新物种的自然再生能力和生态修复能力等问题，设计聘请国外专家 2 人次；为解决项目实施中的一些技术难题，设计聘请国内林业有关咨询专家 7 人次。

为系统性提高山东生态造林项目（SEAP）科技支撑力度，保证项目造林质量，根据技术咨询任务大纲，设立干旱瘠薄山地造林树种及造林模型选择研究、优质乡土树种保存与开发利用、黄河三角洲滨海盐碱地生态造林模型研究和项目监测评价 4 个技术咨询服务子项目，面向高等院校、科研机构进行公开招标。

2010 年，根据课题研究建议书文件以及投标情况，山东省林业科学研究院、山东农业大学林学院中标成为咨询顾问。各单位与省项目办签订了课题任务书，成立课题小组，制定工作方案，并据此开展工作。其间，依照世界银行有关意见建议及省项目办统一协调及时进行调整。研究和监测依托项目执行主体开展，研究成果随即转化，支持实际项目进展。

3.1.3.2　国内培训

为借鉴其他省份先进的项目管理经验，拟安排国内考察、培训 90 人次。

省级培训计划包括项目管理、培训及交叉检查验收 3 类，具体培训内容及次数见表 3-5。

表 3-5　省级培训计划内容及次数

培训类别	培训内容	要求	计划培训次数
项目管理	项目实施管理与质量控制	要使项目管理人员能够按照有关项目管理的规章和条例的要求组织项目实施、检查验收和质量评价	6
	项目资金与财务管理	要使项目的各级财务管理人员能够遵照项目资金管理与会计条例进行操作，使投入资金和还贷金及时到位	5
	项目物资采购	要使省级项目采购人员能够运用项目采购指南自行开展部分项目物资采购，并且及时通过交流解决采购中出现的问题	2
	病虫害防治与农药安全使用	要使有关技术人员能够监测生态人工防护林病虫害的发生情况，并且能够根据危害状况进行防治	2
	环境保护规程	要使项目管理人员和技术人员理解和掌握项目环境保护规程中的各项内容，并且按照相关要求实施项目	2
技术培训	设计技术或标准	生态造林设计标准、混交林复层林设计规范、县级造林总体设计、年度造林营林作业设计等培训班	2
	苗圃改进与种植材料开发技术	苗圃土建工程的设计与施工、项目种植材料选择与培育规程、育苗技术及苗圃管理等培训班	2
	造林与抚育管理技术	项目造林施工、经营技术、修枝整形技术等培训班	1
交叉检查验收			5
合计			27

市级培训计划包括项目管理、项目规划设计、苗圃改进与种植材料开发技术、造林与经营技术 4 类，具体培训内容及次数见表 3-6。

表 3-6 市级培训计划内容及次数

培训类别	培训内容	要求	计划培训次数
项目管理	项目实施管理与质量控制	要使项目管理人员能够按照有关项目管理的规章和条例的要求组织项目实施、检查验收和质量评价	27
	项目资金与财务管理	要使项目的各级财务管理人员能够遵照项目资金管理与会计条例进行操作，使投入资金和还贷金及时到位	63
	项目物资采购	要使市级项目采购人员能够运用项目采购指南自行开展部分项目物资采购和维护	18
	病虫害防治与农药安全使用	要使有关技术人员能够监测生态人工防护林病虫害的发生情况，能够准确识别常见的病虫害，并根据危害状况进行防治，同时使有关技术人员熟知农药安全使用知识	18
	环境保护规程	要使项目管理人员和技术人员理解和掌握项目环境保护规程中的各项内容，并且按照相关要求实施项目	18
项目规划设计	设计理念与设计标准	生态造林设计标准、混交林复层林设计规范培训班	9
	设计技术	县级造林总体设计、年度造林营林作业设计培训班	9
苗圃改进与种植材料开发技术	项目种植材料选择与培育规程	要使有关的管理和技术人员能够按照项目种植材料开发计划及苗木标准的要求，进行项目造林用种子（包括无性系材料）及苗木的计划、选择、供应和质量控制	36
	育苗技术及苗圃管理	要使项目技术人员和苗圃管理人员掌握先进的乔木、灌木等乡土树种的苗木培育技术及苗圃经营管理方法	45
造林与经营技术	项目造林设计、施工与经营技术规程	要使有关的管理和技术人员能够按照项目统一的造林、营林技术标准或规程进行作业设计、造林施工和经营管理	27
合计			270

县级培训计划包括乡（镇、场）级培训与造林实体或农户培训两大类，具体培训内容及次数见表 3-7、表 3-8。

表 3-7 乡（镇、场）级培训计划内容及次数

培训类别	培训内容	要求	计划培训次数
项目管理	病虫害防治与农药安全使用	要使有关技术人员能够监测生态人工防护林病虫害发生情况，并且能够根据危害状况进行防治	180
	社会评价培训	要使社评人员按照参与式规划手册与操作指南进行项目社会评估与调查	3
苗圃改进与种植材料开发技术	项目种植材料选择与培育规程	要使项目管理、技术人员能够掌握项目种植材料开发计划及苗木标准要求，了解项目造林用种子（包括无性系材料）及苗木的计划、选择、供应和质量控制	120
	育苗技术及苗圃管理	要使项目育苗技术人员和苗圃管理人员掌握先进的乔木、灌木等乡土人工防护林树种的苗木培育技术及苗圃经营管理方法	240
造林与经营技术	造林施工技术	要使管理、技术人员能够按照项目造林施工技术规程营造防护林	90
	项目林经营管理技术	要使项目管理、技术人员都能掌握先进的防护林经营管理技术	357
合计			990

表 3-8 造林实体或农户培训计划内容及次数

培训类别	培训内容	要求	计划培训次数
项目管理	病虫害防治与农药安全使用	要使有关技术人员能够监测生态人工防护林病虫害发生情况，并且能够根据危害状况进行防治	180
苗圃改进与种植材料开发技术	项目种植材料选择与培育规程	要使项目管理、技术人员能够掌握项目种植材料开发计划及苗木标准要求，了解项目造林用种子（包括无性系材料）及苗木的计划、选择、供应和质量控制	500
	育苗技术及苗圃管理	要使项目育苗技术人员和苗圃管理人员掌握先进的乔木、灌木等乡土人工防护林树种的苗木培育技术及苗圃经营管理方法	1 200
造林与经营技术	造林施工技术	要使管理、技术人员能够按照项目造林施工技术规程营造防护林	120
	项目林经营管理技术	要使项目管理、技术人员都能掌握先进的防护林经营管理技术	980
合计			2 980

3.1.3.3 建立科技示范县

为更好地体现技术咨询和培训的成果、发挥项目的示范效果，选择造林任务大、林

业科技力量较强、领导重视、交通较方便的新泰市、乳山市、莒县、蒙阴县、沾化县、河口区、泗水县、高密市和莱城区雪野开发区建立科技示范县。结合咨询服务、科研课题等内容，重点安排省级试验林、示范林。同时，鼓励各县（市、区、场）建立自己的试验林、示范林，突出项目林建设以科技为先导的特点，增加科技含量，为项目林建设起到示范和带动作用。

3.2 立地类型划分与模型应用

结合山东省困难立地实际情况和生态造林项目目标，首先构建立地分类体系标准，并对项目区典型造林地进行划分，在此基础上对造林模型应用进行优化，以期对后续造林工作提供借鉴。总体研究方法见图 3-2。

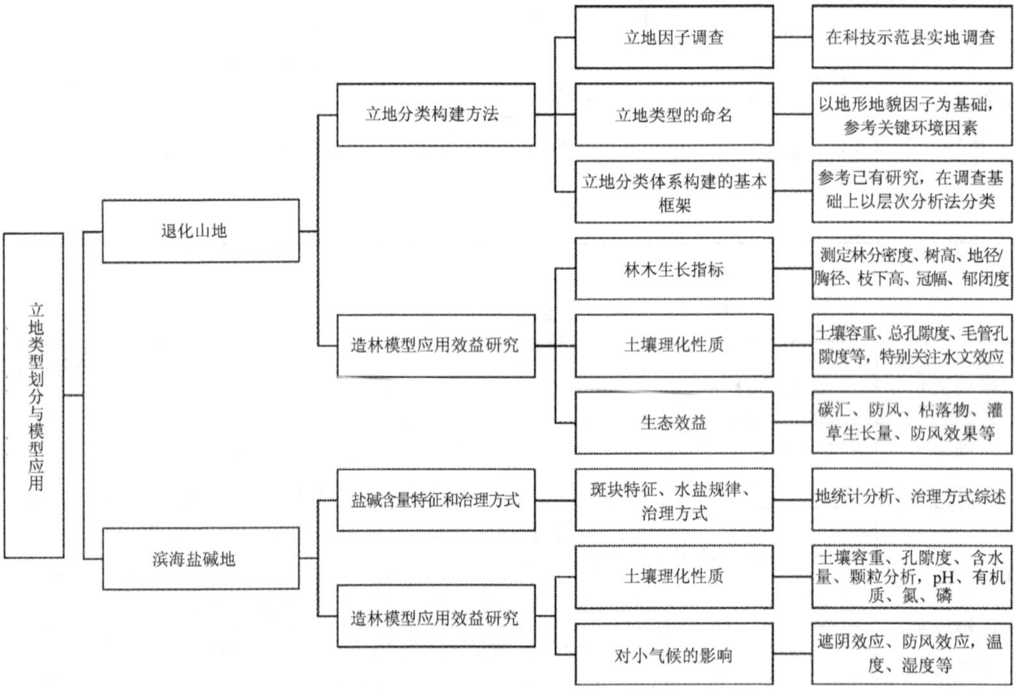

图 3-2 立地类型划分与模型应用研究内容及方法

3.2.1 退化山地立地分类体系构建和造林模型应用优化

退化山地立地分类体系构建以自然主导因素为主，根据立地客观构成因素，明确立地分类特征，依据其中 1～2 个主导自然因素作为标准进行构建。山东省属落叶阔叶林区，立地分类应在自然因素的基础上结合森林区域和林业区划，形成多级层序分类，区分主次、由大到小，与生产实际相结合，为科学造林、营林提供依据。

3.2.1.1　立地分类体系构建研究

（1）立地因子调查

对山东省退化山地生态造林项目区 6 个典型科技示范县（乳山市、新泰市、莒县、蒙阴县、莱城区、泗水县）的造林区域进行全面调查，调查内容包括地理位置、海拔高度、岩石种类、坡位、坡度、坡向、裸岩裸砂面积占土地面积的比例、灌草植被盖度、土壤种类、土层厚度。在对 6 个科技示范县造林区域进行全面调查的基础上，再对其余 13 个生态造林项目县（市、区）的造林区域按岩石种类（石灰岩、砂石山）；坡位（顶部、上部、中部、下部）；坡向（阳坡、半阳坡、阴坡）；坡度（＞25°、20°～25°、15°～20°、8°～15°、3°～8°）；裸岩裸砂面积占土地面积（＞30%、20%～30%、10%～20%、5%～10%、＜5%）；灌草植被盖度（＜10%、10%～20%、20%～30%、30%～40%、40%～50%、＞50%）；土层厚度（＜15 cm、15～30 cm、30～50 cm、50～80 cm、＞80 cm）；海拔高度（＞500 m、300～500 m、200～300 m、＜200 m）；土壤种类（棕壤、褐土）等立地因子种类的 20%进行抽样调查。

（2）立地类型的命名

按照立地条件主导因子进行命名，原有山东省森林立地类型划分以地形地貌因子为依据。在对退化山地立地因子进行甄别的基础上选择与林木生长关系密切的立地因子构建立地条件评价指标体系，重点依据山东省退化山地立地环境阈值进行立地因子分级赋值，量化了退化山地环境特征。本课题以地形地貌特征（海拔、坡度等）命名类型组名称，以立地环境特征（裸岩面积、植被盖度、土层厚度等）为类型名称。具体命名时，类型名称在前，类型组名称在后。

（3）立地分类体系构建的基本框架

依据以上分类原则和依据，以张金良等[42]建成的山东省森林 5 个立地类型区、9 个立地类型亚区及 37 个立地类型小区为基础，并尽量使项目区立地分类体系构建与此相吻合（表 3-9 山东省森林立地类型分类系统与项目区对照）。

表 3-9　山东省森林立地类型分类系统与项目区对照

山东省森林立地类型分类系统	世界银行贷款山东生态造林项目区（山地）
Ⅰ 鲁西北立地类型区	
Ⅰ1　马颊河北河道高地南小区	
Ⅰ2　马颊河北河道高地北小区	
Ⅰ3　徒骇河间坡洼地南小区	
Ⅰ4　徒骇河间坡洼地北小区	
Ⅰ5　黄河联合扇形高地小区	
Ⅱ 渤海立地类型区	
Ⅱ1　黄河近代三角洲小区	
Ⅱ2　黄河现代三角洲小区	

山东省森林立地类型分类系统	世界银行贷款山东生态造林项目区（山地）
III 鲁西立地类型区	
III1 鲁西联合扇形高地小区	
III2 鲁西扇形中部坡洼地小区	
III3 鲁西扇形边缘湖沼洼地小区	
IV 鲁中南立地类型区	
小清河亚区	
IV1 小清河平原小区	
汶泗河谷亚区	
IV2 肥城丘陵盆地小区	
IV3 泰莱平原小区	
IV4 汶泗河口平原小区	
泰鲁中低山亚区	
IV5 泰山中低山小区	√
IV6 鲁山中低山小区	√
IV7 沂山中低山小区	√
IV8 徂徕山中山小区	√
IV9 沂蒙山低山丘陵小区	√
IV10 新蒙河谷平原小区	
IV11 蒙山中山丘陵小区	√
尼山沂沭河亚区	
IV12 湖东山前平原小区	
IV13 平费河谷平原小区	
IV14 尼山低山丘陵小区	√
IV15 沂沭河中游平原小区	
V 胶东立地类型区	
黄掖亚区	
V1 黄掖平原小区	
胶莱亚区	
V2 胶莱河谷平原小区	
V3 诸城盆地丘陵小区	√
胶东中腹亚区	
V4 大泽山低山丘陵小区	
V5 莱阳丘陵盆地小区	
V6 艾山低山丘陵小区	
V7 牙山低山丘陵小区	
V8 招虎山低山丘陵小区	√
昆崂亚区	
V9 崂山中山丘陵小区	
V10 招虎山低山丘陵前小区	
V11 昆嵛山低山丘陵小区	
五莲山亚区	
V12 五莲山低山丘陵小区	√

在调查立地因子的基础上，结合参考文献，应用层次分析法（Analytic Hierarchy Process，AHP）对本项目范围内退化山地立地条件进行分类分析。

层次分析法由美国运筹学家 SaatyT L 教授于 20 世纪 70 年代初期提出，是对定性问题进行定量分析的一种简便、灵活而又实用的多准则决策方法[43]。该方法把复杂问题中的各种因素通过划分为相互联系的有序层次，根据对客观现实的两两比较，把专家意见和分析者的客观判断结果结合起来，对不同因素的重要性进行定量描述。分析过程计算每一层次元素的相对重要性次序权值，通过所有层次之间的总排序计算所有元素的相对权重并进行排序。该方法自 1982 年被引入我国以来，以其定性与定量相结合地处理各种决策因素的特点，以及其系统灵活简洁的优点，迅速地在我国社会经济各个领域（如能源系统分析、城市规划、经济管理、科研评价等）得到了广泛的重视和应用[44-46]。本研究采用层次分析法对立地条件进行分类。

3.2.1.2　不同造林模型应用效益研究

根据不同立地类型的植被恢复方向和项目建设目标，在典型区域设置定位观测点，选择和配置适宜的造林模型，通过对不同模型的林木生长量、生物量、森林涵养水源、保持水土效应、改良土壤效应等方面的调查研究，分析不同造林模型的优点及存在问题，并对原模型进行优化调整，最终选出适宜山东退化山地主要立地类型的造林模型。

（1）林木生长指标的测定

在不同造林模型的林分内选取标准地，面积均为 20 m×20 m，测定林分密度、树高、地径或胸径、枝下高、冠幅、郁闭度。

3 年生乔木各树种，灌木 3 年生、5 年生、10 年生各树种，经济林 3 年生、5 年生、10 年生各树种测定的均是地径；5 年生、10 年生乔木各树种测定的均是胸径，其他相同。

（2）枯落物层蓄积量的测定

在标准地的对角线上均匀布设 3 个 1 m×1 m 的样方，用钢尺测量枯落物的总厚度，以及未分解层、半分解层和已分解层厚度。将收取的未分解层、半分解层和已分解层的枯落物带回实验室用天平分别称其鲜重，并用烘箱烘干（采用 85℃恒温烘 8 h）后称其各自的干物质重，以干物质重量计算积蓄量，每个林分类型重复 3 次。

10 年生林分和 5 年生林分的枯落物层蓄积量分为 A_1 未分解层、A_2 半分解层、A_3 已分解层；3 年生林分的枯落物层蓄积量按一层，A_1 和 A_2 按未分解层计算。

（3）土壤物理性状和水文效应的测定

在标准地内均匀选取 5 个测点，用铝盒在土壤内均匀采集土壤样品，用烘箱烘干测定土壤含水量；用 50 cm^3 的环刀取土壤样品，用浸水法测定土壤容重、总孔隙度、毛管孔隙度、非毛管孔隙度、毛管最大持水量、现有土壤贮水量、土壤饱和贮水量等指标。用各林分密度的土壤饱和贮水量减去对照区的土壤饱和贮水量得出各林分类型增加的土壤饱和贮水量，每个林分类型重复 3 次。

（4）灌草生物量的测定

在标准地内随机设置 3 个 2 m×2 m 的观测样方，测定林下灌木和草本植物地上、地下生物量。灌木生物量的测定方法是在 2 m×2 m 的样方内收获灌木，然后将灌木分为枝干和叶片两部分，在样方内挖出灌木全部根系，然后进行烘干称重计算生物量。

草本层地上生物量采用 1 m×1 m 的样方收获法进行测定，地下生物量测定是在 2 m×2 m 的样方内挖取全部根系，生物量均以烘干重量计（地上、地下部分均在 80℃烘 24 h 至恒重）。

S_1、S_3、S_5、S_6 的灌草生物量分为灌木生物量和草本植物生物量；S_2 的灌草生物量只测定草本植物生物量；S_4、S_7、S_8 不测定灌草生物量。

（5）土壤渗透速率的测定

在标准地内采用单环定量加水法测定土壤的入渗速率。用量筒盛水（记录水温）100 mL 缓缓倒入渗透桶内，等水全部渗入土中，记录起始时间，马上再倒入 100 mL 水，重复操作，看到渗水明显减慢时，计算初始入渗速率；再倒入 50 mL 水，记录起始时间，重复操作，直到 50 mL 水全部渗入土中所需时间与上一次时间接近，计算稳定入渗速率，每个林分重复 3 次。

平均渗透速率（mm/min）=初渗速率所用时间占总渗透时间的百分比×初渗速率（mm/min）+稳渗速率所用时间占总渗透时间的百分比×稳渗速率（mm/min）

（6）土壤侵蚀量的测定（标尺法）

分别在标准地内插入 600 个标尺，测定经过一年的径流冲刷而使标尺裸露的高度，计算各林地和对照区的年侵蚀模数，计算 3 年土壤侵蚀模数的平均值。

侵蚀模数/［t/（hm^2·a）］=侵蚀深度（mm）×土壤容重（g/cm^3）×10

与对照区相比减少的侵蚀量/［t/（hm^2·a）］=对照区的侵蚀模数［t/（hm^2·a）］– 各林地的侵蚀模数［t/（hm^2·a）］

（7）蓄水保土效益计算

在选取不同林分的郁闭度、枯落物层蓄积量、土壤总孔隙度、土壤非毛管孔隙度、与对照区相比增加的土壤饱和贮水量、土壤渗透速率、林下灌草植被生物量、灌草盖度、减蚀量等因子时，因其单位不统一无法进行直接汇总，所以在完成数据的整理后还需对数据进行消除量纲的处理，本书采用均值法对数据进行无量纲处理，计算公式为

$$X = X_i / X_{i\,平均}$$

运用水保分析法对不同林分类型的蓄水保土效益进行分析，根据各项保土数量的无量纲化处理，按各项保土指标得分逐项相加得出蓄水保土效益。

$$W = X_1 + X_2 + \cdots + X_n$$

式中，W——蓄水保土效益；

X_n——无量纲化的各因子。

（8）梯田茶园防护林网内测点布设

将副林带的中垂线设置为调查线，在调查线上以不同距离确定测点布设位置，8 m×80 m 的测定点布设在距副林带 4 m 处；12 m×80 m 的测点布设在距副林带 4 m、8 m 处；20 m×80 m 的测点布设在距副林带 4 m、8 m、12 m、16 m 处；40 m×80 m 的测点布设在距副林带 4 m、8 m、12 m、16 m、22 m、30 m、36 m 处。选择无防护林布设，与茶园防护林内茶树生长状况相似的普通梯田茶园作为对照。对照茶园中茶树的种植方式、栽植密度、耕作技术、抚育管理措施等均与处理相同。

在 2014 年 4 月、8 月、12 月中分别选择 3 个晴朗天气日，在 4 种网格茶园防护林内和对照茶园中同时进行风速、空气温度、土壤温度、空气相对湿度、土壤相对湿度、潜在土壤蒸发的测定，6：00—18：00 每 2 h 观测一次。选择的晴朗天气日为：2014 年 4 月 10 日、4 月 18 日、4 月 27 日；8 月 8 日、8 月 17 日、8 月 28 日；12 月 8 日、12 月 14 日、12 月 29 日。

（9）防护林带树种的生长状况调查

2014 年从试验区中选择典型林带，对林带树种进行分类调查，并对其树高、胸径、枝下高、冠幅等表征林木生长状况的指标进行系统测定。

（10）林带疏透度和透风系数的测定

将 DEM-6 型轻便三杯风向风速仪布设在距主林带背风面 1.5 m 处、林带高 1/2 处、冠层中部 3 个层次测定平均风速，与对照茶园相同高度处 3 个风速平均值的比值，即为茶园防护林的透风系数。

（11）梯田茶园防护林网防风效应的研究方法

由于采茶在高度为 1.2～1.4 m 的位置比较方便，所以多年生茶树的控制高度保持在 1.2～1.4 m，选择晴朗天气，在林带背风面处设置的各调查点上采用 DEM-6 型轻便三杯风向风速仪，测定 4 种网格茶园防护林内及对照茶园距地表 1.5 m 处每 1 min 的平均风速，测量 3 次取平均值。

（12）梯田茶园防护林网温度效应的研究方法

①空气温度的观测。

在选择的晴朗天气中采用 ST-DHM2 型通风干湿表在各观测点处，观测不同茶园防护林及对照茶园距地面 1.5 m 处的空气温度。

②土壤温度的观测。

在选择的晴朗天气中，分别在林带背风面处设置的各调查点上采用土壤温度表测定不同网格茶园防护林及对照茶园距地面 0 cm、5 cm、10 cm、15 cm、20 cm 的 5 个土壤层的土壤温度，计算 0～20 cm 土壤层内的平均土壤温度为最终测定值。

（13）梯田茶园防护林网水文效应的研究方法

①空气相对湿度的测定：在选择的晴朗天气中采用 ST-DHM2 型通风干湿表在各观

测点处，观测不同茶园防护林及对照茶园距地面 1.5 m 处的空气温度，以通风干湿表的读数差值查相对湿度表，得出空气相对湿度，测量 3 次取平均值。

②土壤相对湿度的测定：在选择的晴朗天气中，分别在不同网格茶园防护林及对照茶园的各观测点处挖土壤剖面，用铝盒从土壤剖面中自下而上分层刮一层土，土壤分层情况为 0～5 cm、5～10 cm、10～15 cm、15～20 cm（注意避开土壤中的根系、石块、枯落物等杂物），利用烘干法测定并计算 4 个土壤层的土壤含水量及田间持水量，4 个土壤层的平均土壤含水量与田间持水量平均值之比即为土壤的相对湿度。

③潜在蒸发力的测定：在选择的晴朗天气中，分别在不同网格茶园防护林及对照茶园中布设的各观测点放置口径为 20 cm 的 AM3 型小型蒸发器，于 6：00 倒入清水，18：00 进行水面高度测定，确定这一时间段内的潜在土壤蒸发量。

（14）碳汇量计算方法

利用蓄积量法估算碳汇量。根据对森林主要树种的抽样实测，计算出森林中主要树种的平均容重（t/m^3），根据森林的总蓄积量求出生物量，再根据生物量与碳量的转换系数即可求出森林的固碳量。

$$单株材积/m^3=胸径（cm^2）\times 3.141\ 59 \div 40\ 000\times［树高（m）+3］\times 0.4$$

$$林分蓄积量/（m^3/hm^2）=单株材积（m^3）\times 林分密度（株/hm^2）$$

此公式用于除杨树之外的其他树种计算林木蓄积量。

从木材体积到碳汇量的换算：1 m^3 木材相当于 0.28 t 碳（针叶树和杨树）；1 m^3 木材相当于 0.30 t 碳（除杨树之外的阔叶树）。

（15）土壤养分计算方法

土壤有机质和氮磷钾含量测定：有机质测定用重铬酸钾法；水解氮用碱解—扩散法；有效磷用 0.5 mol/L 碳酸氢钠浸提—钼锑抗比色法；速效钾用火焰光度计法；全氮用凯氏消煮法；全磷用硫酸—高氯酸酸溶—钼锑抗比色法；全钾用氢氧化钠碱熔—火焰光度法。

3.2.2 滨海盐碱地改良区造林模型应用选择

滨海盐碱地区域与山地有较大的不同，其立地特点主要取决于盐碱含量和地下水高度等，以及与此对应的土壤理化性质，因此应该对盐碱含量特征给予更多的关注，并总结适当的治理方式。在项目执行过程中，应用了 5 种造林模型（详见 3.1.2.2 部分），并对不同造林模型的生态效益进行了深入研究。

3.2.2.1 盐碱含量分布特征和盐碱地治理方式研究

选取典型项目林地，采用电导率测定仪测定盐碱度，以地统计学方法表征盐分含量。分别在 2013 年春季（5 月 10 日）和秋季（9 月 10 日）用电导率测定仪对混交林地土壤 0～20 cm 和 20～40 cm 处的土壤盐分进行测定。按照东西方向间隔距离 1 m，南北方向间隔距离 2 m 的要求，共取 200 个样点（图 3-3）。

实验数据用地统计学软件包 GS+进行半方差的计算与半方差图的绘制和插值。

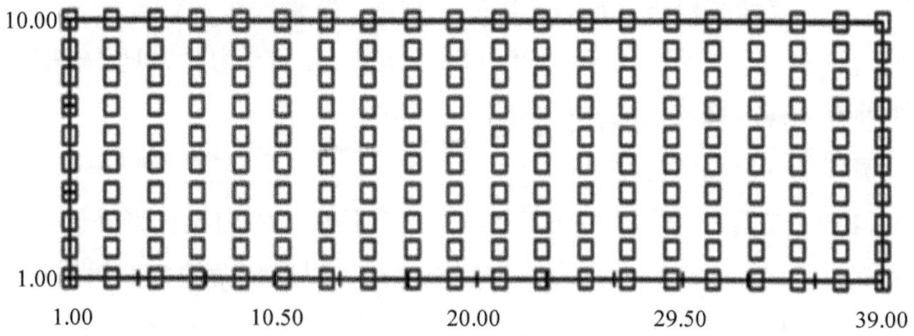

图 3-3 电导率测定取样点示意图

盐碱地治理方式采取文献综述研究，并结合项目区实际整理汇总。

3.2.2.2 造林模型生态效益监测方法

在黄河三角洲盐碱地土壤类型和植被类型分类的基础上，根据不同立地类型的植被恢复方向和项目建设目标，利用选育确定的抗干旱、耐盐碱植物种，在典型区域设置定位观测点，选择和配置适宜的造林模型。通过对不同模型的造林成活率、林木生长量、种间关系、群落结构和稳定性、生物多样性、森林涵养水源和保持水土效应、改良土壤效应、林地生产力等方面的调查研究，分析不同造林模型的生态效益，为树种选择、造林密度、配置方式、混交树种等提供参考。

（1）土壤理化性质监测样地

沾化县生态造林监测区位于山东省滨州市沾化县的下洼镇、大高镇、冯家等地，地理位置为东经 117°55′59.4″～118°2′7″、北纬 37°34′10.7″～37°43′9.2″，海拔高度为 3～8 m。地貌类型属于鲁西北冲积平原浅平洼地类型，潜水埋深一般较浅，旱季为 1.2～2.2 m，雨季接近地表或地表积水，潜水出流不畅。土壤类型主要为滨海潮土、滨海盐化潮土、滨海潮盐土和盐土。土壤养分含量低、保水保肥性差，盐碱程度严重，含盐量在 0.3%～1.0%，pH＞7.5。

河口区监测区位于黄河三角洲河口区，地理坐标东经 118°17′26.9″～118°30′57.3″、北纬 37°49′29.7″～37°57′52.9″，海拔高度为 3～7 m。属暖温带半湿润大陆性季风气候区。年平均气温为 12.3℃，极端最高温度为 41.9℃，极端最低温度为–23.3℃；年日照时间为 2 571～2 865 h，平均无霜期为 210 d；年均降水量为 598.1 mm，其中，63.9%的降水集中于夏季，年蒸发量为 1 962 mm，是降水量的 3.3 倍。土壤由黄河冲积物在海浸平原上堆积而成，以滨海盐化潮土和滨海潮盐土为主，土壤盐分组成以氯化物为主。地下水位约 1.5 m，地下水矿化度为 10～40 g/L，高者达 200 g/L，含盐量为 0.2%～3.0%。

两个生态监测区的生态造林模型主要有 Y1、Y2、Y3、Y4、Y5。其中，Y1、Y2 为含盐量小于 2‰的滨海盐碱地造林模型，前者的主要造林树种有刺槐、杨树、柳树、白蜡等，后者的主要造林树种有刺槐、白蜡、冬枣等。Y3 为含盐量在 2‰～3‰的滨海盐碱地造林模型，主要造林树种有榆树、白蜡、柳树、紫穗槐等。Y4 为含盐量大于 3‰的滨海盐碱地造林模型，主要造林树种有白蜡、柽柳等。Y5 为盐碱地沟渠路造林模型，主要造林树种有刺槐、柳树、榆树、白蜡、紫穗槐、柽柳等。

（2）土壤理化性质监测方法

2012 年 4 月、7 月、10 月与 2013 年 4 月、7 月每月中旬进行野外调查，在监测区内选定 5 种造林模型 8 个树种林地为定位监测样地，以 2 块荒地为对照进行取样。5 种造林模型 8 个树种林地样地为 Y1（杨树林地）、Y2（冬枣、白蜡林地）、Y3（紫穗槐、榆树林地）、Y4（柽柳林地）、Y5（刺槐、桑树林地），空地样地上选择标准样地各 2 个。

在对研究区进行全面勘察的基础上，采用典型抽样的方法，每个地块内选择有代表性的地段设立 0.1 hm^2 的固定标准地，分层取样测定土壤理化性质。每个地块内根据土壤层厚度情况选取 3 个样点，每个样点分别在 0～20 cm、20～40 cm 和 40～60 cm 处取样，带回实验室，自然风干土样。同时在 0～20 cm、20～40 cm 和 40～60 cm 层分别采集环刀原状土。

土壤物理性质测定：土壤容重及土壤孔隙度采用环刀法（浸水浸泡称重）测定，土壤含水量利用铝盒烘干法测定，电导率采用雷兹公司的 DDS-307 电导率仪测定，土壤入渗率采用单环入渗法测定，土壤颗粒分析采用 MSN-2000 激光粒度仪，土壤水分特征曲线利用 H-1400pF 测定仪测定。

土壤化学性质测定：pH 采用电位计法，有机质采用重铬酸钾容量法，全氮采用凯氏定氮法，碱解氮采用扩散法测定，有效磷采用双酸浸提—钼锑抗比色法，全磷采用硫酸—高氯酸酸溶—钼锑抗比色法。

离子测定：待土壤自然风干后便开始进行可溶性盐离子含量、全盐量、pH、电导率等指标测定。土壤中可溶性 HCO_3^-、CO_3^{2-}、Cl^-、SO_4^{2-}、Mg^{2+}、Ca^{2+}、K^+和 Na^+的测定，参照《土壤农化分析》中土壤可溶盐的分析方法，分别称取土样 50 g，按水土质量比 5∶1 混合，振荡 3 min 过滤，过滤后的清液用于测定土壤可溶性盐离子含量。

Ca^{2+}、Mg^{2+}和 SO_4^{2-}用 EDTA 滴定法，K^+和 Na^+用火焰光度计法，Cl^-用 $AgNO_3$ 滴定法，HCO_3^-和 CO_3^{2-}用双指示剂法。以上离子测定，每个样品重复 3 次，其误差执行《土壤农化分析手册》的规定，土壤含盐量（g/kg）以阳离子（K^+、Na^+、Ca^{2+}、Mg^{2+}）和阴离子（CO_3^{2-}、HCO_3^-、Cl^-、SO_4^{2-}）的质量分数总量计算。土壤 pH、电导率的测定使用水土质量比为 5∶1 的土壤悬浊液，pH 采用雷兹 pH 计电位计法测定，电导率采用雷兹 DDS-308A 电导率仪测定。

ESP 采用经验公式进行计算，计算公式如下：

$$ESP=-55.5+7.25pH+0.866SAR+7.7RA$$

$$\text{吸附比 } SAR=Na^+/[(Ca^{2+}+Mg^{2+})/2]^{1/2}$$

$$\text{残余碱度 } RA(cmol)=(CO_3^{2-}+HCO_3^-)-(Ca^{2+}+Mg^{2+})$$

上述各离子浓度计算单位均使用厘摩尔，即 cmol。

（3）小气候监测样地

监测区为 2009 年世界银行贷款山东生态造林项目人工林营造区，造林树种包括杨树、白蜡、刺槐、白榆、桑树、冬枣、柽柳、紫穗槐等，树种间采用块状混交方式种植。为更好地监测与评价生态造林后的小气候效应，本研究分别选定了项目区耐盐性强、成活率高、生长健壮的主栽树种白蜡和柽柳为研究对象，分别代表项目区的乔木林和灌木林造林模式，开展相应的小气候指标测定，研究生态造林对项目区小气候的影响。

白蜡林龄为 4 a，平均树高为 5.3 m，平均冠幅为 3.2 m×2.5 m，株行距为 2 m×3 m，造林密度约为 1 666 株/hm^2。柽柳林龄为 4 a，平均树高为 1.8 m，平均冠幅为 1.3 m×1.6 m，株行距为 2 m×2.5 m，造林密度约为 2 000 株/hm^2。

（4）小气候监测方法

在选定的白蜡和柽柳造林林地中心和距离林地 20 H 的旷野裸地，分别架设 HOBO 小型自动气象站（H21-001），按地面标准气象站各观测项目的高度安装辐射、大气温湿度、风速、土壤温湿度等观测探头，进行太阳辐射、大气温湿度、风速和土壤湿度的定位观测，观测高度为 1.5 m，土壤湿度观测值为 0～20 cm 处的平均含水量。土壤温度采用纽扣式温度自动记录仪测定 0～10 cm、10～20 cm、20～30 cm 处的土温。观测时间为 2012 年 4 月、7 月、10 月每月中旬，每次观测 5 d，两种林地及旷野各设 2 个重复点。

所有小气候观测项目均为同步观测，HOBO 小型自动气象站（H21-001）数据采集器设定为每 15 s 自动记录一次，纽扣式温度自动记录仪设定为每 5 min 自动记录一次。观测结束后，及时将数据采集到电脑中保存并备份。

为明确研究区小气候的季节变化规律，季节划分采用通用的气象划分法，即以公历 3—5 月为春季，6—8 月为夏季，9—11 月为秋季，12 月至次年 2 月为冬季。为更好地描述各季节的小气候的典型变化，分别以 4 月、7 月和 10 月的观测数据代表春、夏、秋三季进行分析。

在处理数据时，以旷野为参照点，采用林地内外小气候因子对比分析法，即用同期的对照旷野小气候特征值与林内小气候特征值的差值描述人工林的小气候效应，分析生态造林白蜡林和柽柳林对滨海盐碱地小气候的影响，并比较分析白蜡人工林和柽柳人工林小气候要素，即

小气候要素差值=旷野小气候特征值 － 林内小气候特征值

利用 SPSS 采用均值 T 检验比较林内外不同数据组差异，用 Pearson 相关系数评价不同气象因子之间的相关关系。

遮阴效应和防风效应采用以下公式计算：

$$S=100（R_0-R）/R_0$$

$$E=100（v_0-v）/v_0$$

式中，S 和 E——遮阴效应和防风效应，%；

R（W/m^2）和 v（m/s）——林内平均太阳总辐射和平均风速；

R_0（W/m^2）和 v_0（m/s）——旷野同一高度平均太阳总辐射和平均风速。

热力效应和水文效应分别采用以下公式计算：

$$E_t=100（T-T_0）/T_0$$

$$E_h=100（H-H_0）/H_0$$

式中，E_t 和 E_h——温度和湿度效应，%；

T、H——林内平均温度（℃）和相对湿度（%）；

T_0、H_0——旷野平均温度（℃）和相对湿度（%）。

（5）数据处理

运用 Excel 软件进行数据处理并生成图表，采用 SPSS17.0 进行方差及相关性分析，采用 SPSS17.0 进行回归分析。

3.3 优良树种汇集保存和抗旱树种选择

针对山东造林需要更多优良树种，特别是需要优质乡土树种的现状，结合项目实施及以往的研究基础，开展优良树种汇集保存和瘠薄山地抗旱树种选择两个方面的研究，以期为山东生态造林提供更多、更科学的树种选择，特别是支持瘠薄山地抗旱树种的科学选择，研究框架见图 3-4。

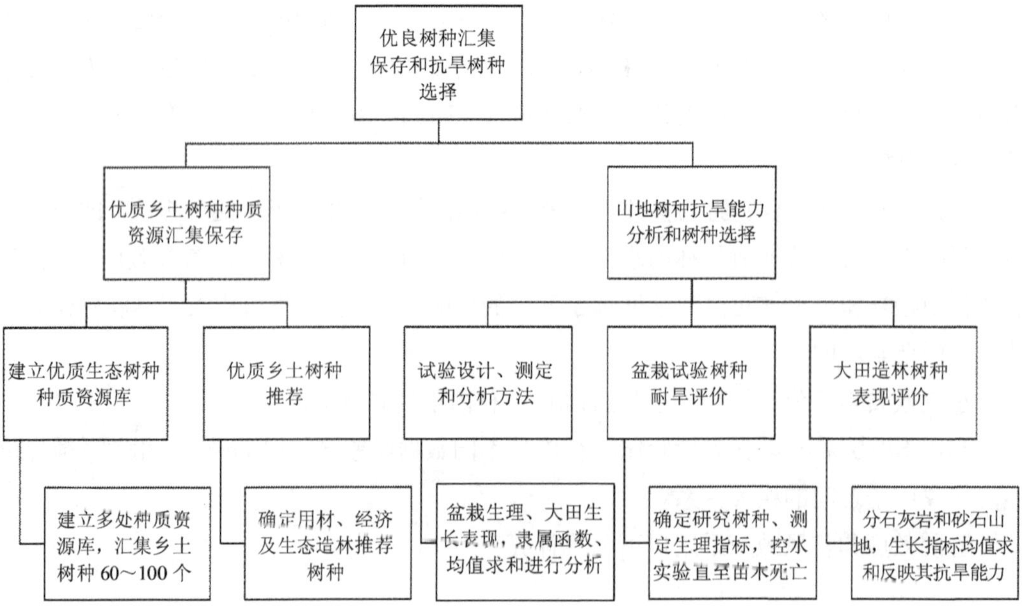

图 3-4 优良树种汇集保存和抗旱树种选择

3.3.1 优质乡土树种汇集保存

3.3.1.1 建立优质乡土树种基地

通过查阅文献和实地调查了解山东省优质乡土树种分布情况，进行资源汇集；选择亟待发展的乡土生态树种，如楸树、榆树、杨树、黑松、侧柏、刺槐、栎类、黄连木、枫树、柳树、黄栌、中华槭、泰山盐肤木、花楸、车梁木、三角槭、马褂木、木瓜、玉兰、板栗、核桃、石榴、花椒、金银花、柿树、榛子、仁用杏等树种，进行调查、优良性状标记，汇集 60～100 个优质乡土树种，将汇集的树种按照不同树种的保存要求，进行生态树种的扩繁，在全省不同立地类型的基点建立基地，建立完善的生态树种保存体系，实现各类树种资源保存库之间部分资源的相互备份。每个树种汇集 30 株，采取随机区组排列、重复 3 次进行保存。

3.3.1.2 优质乡土树种推荐

针对保存的生态树种，定位观测其生物学和生态学特性和经济价值。对不同地域的同一树种，在不同的试验点选取相同林龄和相同无性系的树种，测量树高、胸径，根据平均树高和胸径，选取标准木，测定标准木叶片的蒸腾、光合等指标。

通过构建区域试验林，开展系统的观测、研究和评价，最终筛选出一批适应干旱瘠薄荒山和盐碱地不同立地类型的乡土树种（品种），针对用材、经济及生态方面的不同用途进行推广应用。

3.3.2 山地造林树种抗旱能力分析和树种选择

通过盆栽抗旱特性研究和项目林不同树种的生长表现，综合选择适宜干旱瘠薄山地造林的树种。通过盆栽控制土壤水分梯度实验，测定各树种生理指标，测定不同项目林栽植树种的生长状况，采用隶属函数法评价其抗旱能力是否适宜干旱瘠薄山地生长。

3.3.2.1 试验材料及试验设计

（1）盆栽试验材料及设计

2011 年 3 月，在山东农业大学南校区林学实验站进行。选择臭椿、五角枫、黄连木、麻栎、刺槐、苦楝、栾树、黄栌、白蜡、桑树、皂荚、侧柏、黑松、海州常山、连翘、扶芳藤、柿树、核桃、香椿、花椒、文冠果、山杏、珍珠油杏、金银花、杏等树种进行盆栽控水抗旱性能研究。

每盆栽 1 株苗木，每个树种栽植 20 盆，栽植后进行常规管理，经过 1 年半的苗木生长，根系完全恢复吸收功能，苗木的光合、呼吸、蒸腾、生长与大田苗木基本一致。测定时采用控水试验，每 2 d 测定一次，直到苗木干旱死亡为止。

（2）石灰岩山地造林树种评价

2011 年 3 月，在新泰、蒙阴、泗水进行。树种选择试验林营造的 2 年生苗木，穴状整地规格为 40 cm×40 cm×30 cm，株行距 2 m×3 m，每个树种栽植 1 个试验小区，每个试验小区面积为 30 m×36 m=1 080 m^2，每个试验小区重复 3 次，共计 84 个试验小区，试验区总面积为 9.07 hm^2，不同山体部位设置树种如下：

石灰岩山地山坡上部：坡度 23°～30°，土层厚度<25 cm，土壤为褐土的生态型防护林区域，选择侧柏［*Platycladus orientalis*（L.）Franco］、黑松（*Pinus thunbergii* Parlatore）、黄栌（*Cotinus coggygria* Scop.）、连翘［*Forsythia suspensa*（Thunb.）Vahl］、扶芳藤［*Euonymus fortunei*（Turcz.）Hand.-Mazz.］、海州常山（*Clerodendrum trichotomum* Thunb.）、山杏［*Armeniaca sibirica*（L.）Lam.］、金银花（*Lonicera japonica* Thunb.）、桑树（*Morus alba* L.）等树种。

石灰岩山地山坡中部：坡度 15°～23°，土层厚度 25～40 cm，土壤为褐土的用材型防护林区域，选择侧柏、黑松、黄栌、刺槐（*Robinia pseudoacacia* L.）、五角枫（*Acer pictum oliverianum* Pax）、黄连木（*Pistacia chinensis* Bunge）、苦楝（*Melia azedarach* L.）、臭椿［*Ailanthus altissima*（Mill.）Swingle］、皂荚（*Gleditsia sinensis Lam.*）、君迁子（*Diospyros lotus* L.）、栾树（*Koelreuteria paniculata* Laxm.）、白蜡（*Fraxinus chinensis* Roxb.）等树种。

石灰岩山地山坡下部：坡度 8°～15°，土层厚度>40 cm，土壤为褐土的经济型防护林区域，选择花椒（*Zanthoxylum bungeanum* Maxim.）、柿树（*Diospyros kaki* Thunb.）、核桃（*Juglans regia* L.）、文冠果（*Xanthoceras sorbifolium* Bunge）、香椿［*Toona sinensis*（*A. Juss.*）Roem.］、珍珠油杏（*Armeniaca vulgaris* Lam.）、桃（*Prunus persica* L.）等树种进行区域适宜性研究。

（3）砂石山造林树种评价

2011 年 3 月，在乳山、雪野旅游开发区、莒县进行。树种选择试验林 2 年生苗木，穴状整地规格为 40 cm×40 cm×30 cm，株行距 2 m×3 m，每个树种栽植 1 个试验小区，每个试验小区面积为 30 m×36 m=1 080 m^2，每个试验小区重复 3 次，共计 84 个试验小区，实验区总面积为 9.07 hm^2，不同山体部位设置树种如下：

砂石山地山坡上部：坡度 23°～30°，土层厚度<25 cm，土壤为棕壤的生态型防护林区域，选择黑松、侧柏、黄栌、连翘、扶芳藤、海州常山、山杏、金银花、紫穗槐（*Amorpha fruticosa* L.）等树种。

砂石山地山坡中部：坡度 15°～23°，土层厚度 25～40 cm，土壤为棕壤的用材型防护林区域，选择黑松、侧柏、黄栌、刺槐、五角枫、黄连木、栾树、麻栎（*Quercus acutissima* Carr.）、皂荚、臭椿、苦楝、山槐［*Albizia kalkora*（Roxb.）Prain］、杜梨（*Pyrus betulifolia* Bunge.）等树种。

砂石山地山坡下部：坡度 8°～15°，土层厚度>40 cm，土壤为棕壤的经济型防护林区域，选择花椒、核桃、香椿、板栗（*Castanea mollissima* BL.）、桃、珍珠油杏等树种进行区域适宜性研究。

3.3.2.2 测定指标

（1）盆栽控水实验测定生理生化指标

需要在室内测定的生化指标都是在试验当天上午 7—8 点钟采集新鲜叶片，立即拿到室内进行测定，需测定指标分别如下：

——丙二醛（μmol/g）；

——细胞膜透性（%）；

——超氧化物歧化酶（U/g）；

——脯氨酸含量（μg/g）；

——叶片相对含水量（%）；

——叶绿素（SPAD）；

——净光合速率 [μmol/（m^2·s）]；

——蒸腾速率 [mmol/（m^2·s）]；

——水分利用效率（μmol/mmol）；

——气孔导度 [μmol/（m^2·s）]；

——树种胞间 CO_2 浓度（μmol/mol）。

（2）大田试验测定指标

在不同造林模型的林分内选取标准地，面积均为 20 m×20 m，测定林木生长量，包括林分密度、树高、胸径（根径）、枝下高、冠幅、郁闭度。

测定枯落物层蓄积量、土壤物理性状和水文效应、草本植物生物量、土壤渗透速率、土壤侵蚀量的测定（标尺法）、土壤养分测定（土壤有机质、氮磷钾含量）。

3.3.2.3 分析方法

用模糊数学中的隶属函数法对盆栽实验中各树种测定生理指标进行分析，以标准化求和方法对大田试验中各树种生长指标进行分析，作为对不同树种抗旱能力的评价，进行综合评价。

隶属函数法的基本计算过程为

$$R(X_i) = (X_i - X_{min}) / (X_{max} - X_{min})$$

式中，X_i——指标 i 测定值；

X_{min}、X_{max}——所有树种某一指标的最小值和最大值。

如果所测指标与抗旱性呈负相关，则用反隶属函数计算其抗旱隶属度：

$$R(X_i) = 1 - (X_i - X_{min}) / (X_{max} - X_{min})$$

将各个树种的抗旱隶属函数值进行累加，并求其平均值。

用灰色系统理论中的灰色关联分析法确定抗旱指标与树种抗旱性的关系，关联度越大，说明这个指标与抗旱性的关系越密切。

灰色关联分析：分组将 24 个树种抗旱指标的平均隶属值作为参考数据列，记为 x_0；以各个抗旱指标的平均数为比较数列，记为 x_1，x_2，…，x_8，分别代表丙二醛、细胞膜透性……脯氨酸。用如下公式对比较数列进行无量纲标准化处理：

$$x_i'(k)=[x_i(k)-\bar{x}]/S_i$$

式中，$x_i(k)$——原始数据；

$x_i'(k)$——原始数据标准化后的结果；

$\bar{x}$——同一指标的平均值；

S_i——同一指标的标准差。

关联系数计算公式如下：

$$\varepsilon_i(k)=\frac{\min\limits_i\min\limits_k|x_0(k)-x_i(k)|+0.5\max\limits_i\max\limits_k|x_0(k)-x_i(k)|}{|x_0(k)-x_i(k)|+0.5\max\limits_i\max\limits_k|x_0(k)-x_i(k)|}$$

式中，$\varepsilon_i(k)$——比较数列 x_i 对参考数列 x_0 在第 k 点的关联系数。

使用比较数列 x_i 对参考数列 x_0 的关联系数求出各指标对每个树种抗旱性的关联度，计算公式为

$$r_i=\frac{1}{N}\sum_{K=1}^{N}\varepsilon_i(k)$$

式中，r_i——比较数列 x_i 与参考数列 x_0 的关联度，i 为 1，2，…，8。

用多维空间坐标法分组对 24 个树种的抗旱能力进行综合评价。首先，将各指标观测值列成原始数据矩阵，用 A_{ij} 表示，i 为测定指标，j 为树种；其次，将每列中测定值与该指标的最大值作比较，即 $A_{ij}/A_{i\max}$，如果指标与抗旱性呈负相关，则为 $A_{i\min}/A_{ij}$，其结果称为“矩阵坐标”（a_{ij}）；最后，第 j 树种到标准点距离 P_j 按下式计算：

$$P_j=\sqrt{\sum_j(1-a_{ij})^2}$$

将各 P_j 值由小到大进行排序，综合值越小，树种抗旱性就越大。

3.4 项目精准监测和实施效果综合评价

项目实施效果的评价不仅对于量化生态效果意义重大，而且是财政资金有效用于生态建设项目的重要参考依据，需要提高评价的科学性和准确度。本部分对项目进展、生态环境影响、社会经济影响三个方面开展精准监测，并基于此对项目实施效果进行综合评价（图 3-5）。

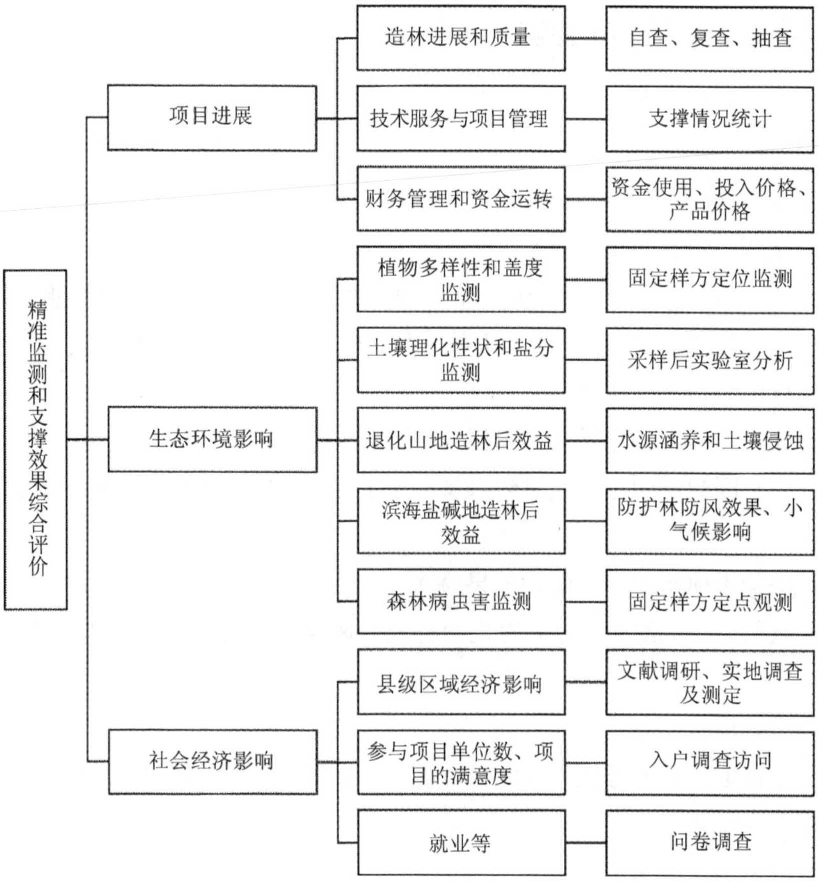

图 3-5　精准监测和支撑效果综合评价

3.4.1　项目进展监测

（1）项目发展目标监测

采用自查、复查、抽查的方法，监测生态造林模型的开发应用和示范，项目区林木覆盖率的提高情况、生态林面积、造林模型应用示范情况等。

（2）防护林营建年度进展和造林质量监测

采用全面检查验收、复查的方法，监测年度造林计划和实际完成面积、造林质量，包括苗木规格和质量、栽植、幼林抚育管护、森林防火、幼林生长等。

（3）技术服务与项目管理监测

主要监测苗圃升级、国际国内考察及培训、技术咨询、物资采购管理等。

（4）财务管理和资金运转监测

主要监测各项目单位的资金管理、投资是否到位、资金使用情况等；监测项目执行期的劳动力、生产资料、产品价格等；监测项目需要采购的物资设备情况等。

3.4.2 项目生态环境影响监测

（1）植物多样性和盖度监测

采用固定样地、固定样方定位监测的方法，对乔木、灌木和草本植物的种类、数量、郁闭度（盖度）、分布和生长量等进行监测。

（2）土壤理化性状和盐分监测

采用固定样地、固定样方定位取样，室内分析监测的方法，对土壤容重、总孔隙度、毛管孔隙度、非毛管孔隙度、毛管最大持水量、饱和含水量、有机质、氮、磷、钾、pH、含盐量等进行监测。

（3）退化山地地表径流量和土壤侵蚀量监测

采用径流小区观测的方法，对降水量、土壤侵蚀强度、土壤侵蚀量、地表径流量等进行监测。

（4）滨海盐碱地防护林的防护效果监测

采用小气候自动观测的方法，对固定样地的风速、风向、空气温度、空气相对湿度等进行监测。

（5）森林病虫害监测

采用固定样地监测的方法，对虫害种类、虫株率、病害种类、感病指数、农药种类、使用数量等进行监测。

本部分测定方法同 3.2.1。

3.4.3 项目社会经济影响

采用资料收集、入户调查、问卷调查的方法，对县级区域经济、参与项目单位数、参与农户数、农民对项目的满意度、创造就业机会数、人均收入等进行监测。

3.4.4 监测方法

在典型县（市、区）选择生态环境影响监测区，每个造林模式选择 3 个监测点，每个监测点重复监测 3 次，设 1 个对照区，分别设置固定标准地和标准木，通过多种途径和多种方法进行多种因子的系统调查和测定，必要时需要与室内测定相结合。

（1）造林项目区林地生物多样性监测

通过踏查选择有代表性的地段，每个造林模型至少设置 3 个 10 m×10 m 的固定样方，同时在非项目区类似林分（同一树种、密度和林龄）设置对照区，在造林前期、中期和后期，调查乔木树种的种类、数量和生长情况，计算乔木树种的多样性。将固定样方等分为 5 m×5 m 的 4 个小样方，调查每个小样方内的灌木种类、数量和生长情况，计算灌木树种的多样性。固定样方内选择有代表性的地段，设置至少 3 个 1 m×1 m 的小样方，调查其中的草本植物的种类、数量和生长情况，计算草本植物的生物多样性。枯枝落叶盖度和裸露地面比率可以随机调查，即在林内随机选取 100 m 距离，每 1 m 算 1 个点计量查看是否有枯枝落叶，有枯枝落叶的点数即为枯枝落叶盖度。裸露地面比率也采用同样的办法。比较不同时期的项目区生物多样性的变化规律及与环境因子的关系。

（2）造林项目区林地土壤理化性质监测

在造林前期、中期和后期，采用固定标准样地调查与分析方法，取土壤样方进行定点观测和测定分析，做好数据收集，建立土壤物理结构、土壤肥力、水分、盐分的监测数据库和土壤监测模块；在有代表性的地段分出造林模型选择有代表性的固定标准地 0.1 hm^2，在标准地内埋设专用管子，用 TDR 土壤时域反射仪测定土壤水分。在标准地内挖出土壤剖面，分层取样测定土壤，用环刀法测定土壤的孔隙度，用火焰分光光度法测定土壤的矿质营养，用定氮仪法测定土壤的含氮量，用丘林法测定土壤的有机质含量，用电导法测定土壤的含盐量，利用土壤筛分析土壤粒径的组成。

（3）干旱瘠薄山地水源涵养与土壤侵蚀效应监测

降水量数据由自计雨量计测量得出。水源涵养和土壤侵蚀强度采用固定样地调查与分析方法，在造林前期、中期和后期，选择有代表性的地段，每个造林模型至少建立 3 个标地，其中，水源涵养标地为 20 m×20 m，调查树木生长情况，在标地内取 0.5 m×0.5 m 样方，以相同或近似立地条件的未造林地为对照区，在标准地内放置 3～5 个自计雨量桶或集水槽，降雨过程中测定林内降雨（穿透雨、林冠雨），并通过测定枯落物持水量、土壤持水量等反映水源涵养功能；土壤侵蚀强度采用建立简易径流小区的方法，测定雨季降雨过程中的地表径流过程及沉沙过程，分析径流量与泥沙含量。

（4）黄河三角洲滨海盐碱地防风效果的监测

在造林前期、中期和后期，在滨海盐碱地不同造林模式中分别选择有代表性的地段，采用多点自记风速风向仪，对林缘、5 倍树高、10 倍树高和 15 倍树高及空旷地相应不同高度的风速进行监测，分析其防风系数、风速降低百分比，同时测量记录造林模式的树种、密度、林分结构、林龄、生长量、郁闭度或冠幅等，比较不同林带结构的防风效果。

（5）造林项目区森林病虫害监测

采用抽样调查和固定标准样地定点观测的调查与分析方法，每个造林模式分别选择 3 个标准地各 0.1 hm^2 作为固定样地，在森林有害生物发生的高峰期进行不同造林模型地森林有害生物的多样性和危害程度的调查。

（6）评估造林项目对生态环境的影响

基于监测数据及数据库的分析，采用数理统计的方法，评估项目实施后对植物多样性、水源涵养和土壤侵蚀、土壤理化性状、森林病虫害发生和预防的影响。

第 4 章　科研成果组装集成与支撑模式创新效果

4.1　技术标准推广体系建立和新技术、新成果组装

4.1.1　技术标准规程的应用

在项目实施过程中，要严格执行各项技术标准和技术规程，保证项目的质量和效果。计划中的 25 项技术标准和技术规程推广完成情况见表 4-1。

表 4-1　技术标准和技术规程推广完成情况

标准或规程	计划		完成	
	计划推广规模	预期效果	实际推广规模	实际效果
1. 生态防护林建设规程	65 972.6 hm^2	项目林达到生态防护林建设标准要求	66 915.3 hm^2	完成
2. SEAP 造林模型	65 972.6 hm^2	增加项目林的生态稳定性	66 915.3 hm^2	完成
3. SEAP 营造生态林使用良种的通知	65 972.6 hm^2	良种使用率达 100%；生长量达到标准要求	66 915.3 hm^2	完成
4. 核桃、板栗、柿树、杏、梨、石榴、茶、枣和桃等经济林栽培技术标准	28 个项目县	良种使用率达 100%；产量达到标准要求	28 个项目县及周边地区	完成
5. SEAP 主要树种苗木标准	65 972.6 hm^2	确保 I 级苗造林	66 915.3 hm^2	完成
6. SEAP 苗圃管理技术规程	65 972.6 hm^2	提高造林苗木质量	66 915.3 hm^2	完成
7. SEAP 环境保护规程	65 972.6 hm^2	保护环境	66 915.3 hm^2	完成
8. SEAP 主要树种施肥方案	28 个项目县	科学施肥，充分发挥肥效	28 个项目县及周边地区	完成
9. SEAP 施工设施方案	28 个项目县	合理利用土地、适地适树	28 个项目县	完成
10. SEAP 检查验收办法	28 个项目县	确保造林质量	28 个项目县	完成
11. SEAP 监测实施方案	28 个项目县	确保项目质量	28 个项目县	完成

标准或规程	计划		完成	
	计划推广规模	预期效果	实际推广规模	实际效果
12. SEAP 培训计划	28 个项目县	确保项目质量	28 个项目县	完成
13. SEAP 管理办法	28 个项目县	确保项目质量	28 个项目县	完成
14. SEAP 财务管理办法	28 个项目县	确保资金使用质量	28 个项目县	完成
15. SEAP 提款报账办法	28 个项目县	确保资金使用质量	28 个项目县	完成
16.《主要造林树种苗木》（DB 37/T 219—1996）	65 972.6 hm^2	乡土树种和良种使用率达 100%	66 915.3 hm^2	完成
17.《长江、珠江流域防护林体系工程建设技术规程》（LY/T 1760—2008）	65 972.6 hm^2	增加项目林的生态稳定性	66 915.3 hm^2	完成
18.《造林技术规程》（GB/T 15776—1995）	65 972.6 hm^2	生长量达到标准要求	66 915.3 hm^2	完成
19.《森林抚育规程》（GB/T 15781—1995）	28 个项目县	确保造林质量	28 个项目县	完成
20.《森林防火工程技术标准》（LYJ 127—1991）	65 972.6 hm^2	确保不出现大的火灾险情	66 915.3 hm^2	完成
21. 侧柏、黑松、油松、麻栎、白蜡、榆树、臭椿、苦楝、柽柳、刺槐等主要生态树种造林技术规程	相关规划的造林树种面积	提高造林质量	全部相关规划的造林树种面积	完成
22. 《杨树人工速生丰产用材林》（ZB/B 64006—1988）	各有关树种的项目区	确保造林质量	各有关树种的项目区	完成
23. SEAP 优良种植材料推荐表	28 个项目县	100%使用优良种植材料	28 个项目县	完成
24. 贯彻 SEAP 主要造林树种苗木标准	28 个项目县	生产Ⅰ级苗	28 个项目县	完成
25. 贯彻 SEAP 苗圃管理技术规程	28 个项目县	确保造林质量	28 个项目县	完成

由表 4-1 可知，项目推广的 25 项技术标准和技术规程在项目实施过程中得到了完全的贯彻实施，部分标准和规程的实际推广范围超过了计划面积。

4.1.2　新技术、新成果的应用

项目启动之初设计了 12 项新技术和新成果（见 3.1.1.2），在实施过程中，不仅推广了这些新技术、新成果，还将适用于项目实施的另外 2 项新成果进行了推广，即“干旱瘠薄山地造林新技术”和“荒山生态林营造及植被恢复技术”。实施过程中实际推广的科技成果数量为 14 项，完成了计划数量的 116.7%，取得了良好的效果。

4.1.3 创建了“3 建 2 推 1 转”科研推广模式

为保障技术标准和新技术成果应用，切实提升项目的实施水平，在前 3 期世界银行项目实施经验的基础上，创建了“3 建 2 推 1 转”技术推广模式。

3 建，即“一支队伍建设、一套机制建立、一片示范林营建”。项目自实施以来，已建成省、市、县（市、区）、乡（镇、场）、村科研推广队伍网络，人员达 2 100 多人；制定管理办法、规定、规程、意见 100 多条（个）。

2 推，即“即将推出的新技术”和“已经推出的新技术”组装配套应用于项目建设中。

1 转，即“促进科技成果尽快转化为生产力”。项目设置的 3 个科研课题和 2 个监测课题，采取边研究边转化的方法，成熟一个成果转化一个成果，研究的退化山地立地类型划分，适宜不同立地类型的造林树种选择、项目监测等成果，且都已直接应用于项目的实施过程中，解决了项目中的技术“瓶颈”，提高了项目的实施效果。

项目在推广过程中，根据具体情况，突破原有的林业部门全权负责的推广模式，采取行政、科研和企业联合开发，点、面与区域相结合，企业、大户与林业部门相结合等多种方式，从多个层次、多个方向开展项目成果的推广应用，构建了林业部门主导、企业参与的推广模式，进一步完善了林业推广体系。

4.2 造林模型和推广树种应用效果

4.2.1 造林模型和推广树种在项目区的推广应用

（1）造林模型推广应用

在项目实施过程中，13 个造林模型及 44 个推荐树种在项目区涉及的 9 个市得到了普遍推广，推广面积 66 915.3 hm^2。造林模型不仅作为一种技术标准，也作为提款报账的依据，因此受到造林主体的普遍重视。各市不同造林模型造林面积见表 4-2。

表 4-2 各市总造林面积及分模型造林面积汇总 单位：hm^2

造林类型	造林面积									
	东营	滨州	潍坊	济宁	临沂	泰安	日照	威海	莱芜	合计
S1	0	0	1 746.9	1 976.6	3 531.8	2 216.5	207.8	0	238.0	9 917.6
S2	0	0	220.0	783.9	20.2	859.4	245.5	0	0	2 129.0
S3	0	0	579.5	14.0	1 073.7	238.3	62.6	0	197.0	2 165.1
S4	0	0	220.8	1 671.1	1 021.9	1 912.6	46.1	0	256.9	5 129.4
S5	0	0	767.7	686.2	335.4	844.7	1 449.4	2 026.6	314.6	6 424.6

造林类型	造林面积									
	东营	滨州	潍坊	济宁	临沂	泰安	日照	威海	莱芜	合计
S6	0	0	53.8	256.9	403.2	112.4	1 031.9	1 001.9	977.2	3 837.3
S7	0	0	2 848.9	1 286.8	165.0	340.9	1 011.9	321.3	729.9	6 704.7
S8	0	0	189.4	0	0	0	292.0	108.0	0	589.4
小计	0	0	6 627.0	6 675.5	6 551.2	6 524.8	4 347.2	3 457.8	2 713.6	36 897.1
Y1	1 437.2	4 221.9	703.0	0	0	0	0	0	0	6 362.1
Y2	3 129.9	5 467.2	3 063.5	0	0	0	0	0	0	11 660.6
Y3	1 115.9	136.6	306.0	0	0	0	0	0	0	1 558.5
Y4	2 793.5	952.6	240.0	0	0	0	0	0	0	3 986.1
Y5	5 345.6	630.7	474.5	0	0	0	0	0	0	6 450.8
小计	13 822.2	11 409.0	4 787.0	0	0	0	0	0	0	30 018.2
合计	13 822.2	11 409.0	11 414.0	6 675.5	6 551.2	6 524.8	4 347.2	3 457.8	2 713.6	66 915.3

在所有造林中，退化山地造林面积为 36 897.1 hm^2，占该项目造林计划的 96.23%；滨海盐碱地造林面积为 30 018.2 hm^2，占该项目造林计划的 108.65%。不同立地类型条件造林计划及完成情况见表 4-3。

表 4-3 不同立地造林计划及完成情况

项目		造林面积		实际/计划/%
		计划	实际	
退化山地/hm^2	石灰岩/hm^2	18 937.6	19 341.1	102.13
	砂石山/hm^2	19 405.8	17 556.0	90.47
	小计	38 343.4	36 897.1	96.23
滨海盐碱地/hm^2	盐分含量＜2‰	19 182.0	18 022.7	93.96
	盐分含量 2‰～3‰	1 332.1	1 558.5	117.00
	盐分含量＞3‰	4 721.2	3 986.1	84.43
	沟渠路	2 393.9	6 450.8	269.47
	小计	27 629.2	30 018.2	108.65
总计		65 972.6	66 915.2	101.43

退化山地植被恢复区造林面积减少而滨海盐碱地改良区造林面积增加主要是由于原计划中徂徕山林场退出项目，任务调整到无棣盐碱地改良区造成的。对于滨海盐碱地而言，盐分含量小于 2‰的造林面积较原计划减小而盐分含量为 2‰～3‰的造林面积增大，一方面，是由于农户更重视生态林的防护效益，减少了经济林、用材林的比例；另一方面，原计划中的滨州开发区退出项目，将任务调整到沾化区，造林面积由计划的

1 445 hm^2 调整为 1 630.3 hm^2，使盐分含量小于 2‰的造林地面积有所减小，而盐分含量为 2‰～3‰的造林地面积增大。盐分含量大于 3‰的造林面积较原计划减少，是因为盐分含量大于 3‰的立地适宜造林的树种少、造林难度大，为了加快造林进度，将之调整到盐分浓度大于 3‰的沟渠路造林任务立地中，但不再按盐分浓度进行重复统计，因此造成盐分含量大于 3‰的造林面积有所减小而沟渠路的面积达到计划的 169.47%。

各项目县（市、区）在造林过程中能够严格把关，注重提高造林质量。在造林地的选择、苗木供应、整地施工、苗木栽植等环节上，严格按照项目质量要求进行，项目造林合格率达 100%，Ⅰ级苗使用率达 100%；退化山地植被恢复区造林成活率达到 95%以上，滨海盐碱地改良区造林成活率达到 86%以上；造林保存率达到 96%以上，幼林生长达标率达到 100%，项目区均无森林火灾发生，达到了预期目标。

（2）造林树种推广

项目在推广过程中，在原计划推广树种的基础上，继续筛选推广新的适用于项目的造林树种。截至项目结束，项目已推广造林树种 50 个，包括刺槐、侧柏、五角枫、黄连木、黄栌、柿树、黑松、麻栎、油松、金叶女贞、紫穗槐、连翘、黄荆、旱柳、柽柳、白蜡、木槿、白榆、桑树、竹柳、国槐、苦楝、欧美杨、茶树、山桃、山杏、楸树、核桃、板栗、李子、枣、杏、石榴、香椿、花椒、金银花、银杏、臭椿、紫叶李、君迁子、水榆花楸、盐肤木、梨树、杞柳、合欢、构树、沙枣、海州常山、龙柏、冬枣。推广面积达 66 915.3 hm^2，为计划面积的 101.43%。

在树种推广过程中，采取与企业联合研发的方式，构建了白榆组培繁育体系，筛选出耐盐碱的优良白榆品系 10 余个，繁育出苗木近 5 000 万株，在项目区推广面积达 1 650 hm^2，其中，在东营市推广面积为 1 200 hm^2，在滨州市推广面积为 450 hm^2。

4.2.2 造林模型在非项目区的推广

由于模型设计科学合理，很快展现出显著的生态效益、社会效益和经济效益，受到造林主体的欢迎，并在非项目区也得到复制推广。13 个造林模型在非项目区推广面积已达 84 000 hm^2，使用树种 47 个，各模型在非项目区推广面积见表 4-4。

表 4-4 各造林模型在非项目区推广面积 单位：hm^2

推广模型	推广面积
退化山地	46 600
S1	8 400
S2	6 050
S3	7 050
S4	3 700

推广模型	推广面积
S5	6 300
S6	5 000
S7	5 900
S8	4 200
滨海盐碱地	37 400
Y1	8 600
Y2	6 700
Y3	7 400
Y4	5 500
Y5	9 200
合计	84 000

4.3　技术咨询服务及培训效果

根据项目实施要求和计划，完成了技术咨询服务和培训任务，解决了项目实施过程中遇到的技术性问题，提高了项目管理、财务和技术人员的项目实施水平，保障了项目的顺利实施，取得了显著效果。

4.3.1　国外考察培训

组织国外考察和培训 8 次，共计 62 人次，具体情况见表 4-5。

表 4-5　项目出国考察和培训详情表

时间	地点	人次	内容
2011 年 8 月	俄罗斯	6	森林资源分布和管理的相关政策、法规以及在森林生态效益管理方面的经验等
2011 年 11 月	澳大利亚、新西兰	6	资源分布、林业管理等
2012 年 6 月	美国、加拿大	6	森林经营途径、方式方法、生态造林经验等
2012 年 8 月	巴西	18	林业管理技术
2012 年 12 月	巴西、智利	6	热带雨林资源管理与生态环境保护、人工林造林技术及管理经验等
2013 年 9 月	瑞典、芬兰	5	种苗生产与管理
2014 年 7 月	加拿大	5	引进耐盐碱树种，建立国际盐碱地科技交流平台，共同开发研究盐碱地生态治理技术和抗逆植物材料选育技术
2014 年 9 月	英国	10	考察森林资源现状，系统学习不同森林资源类型分布间的关系

4.3.2 专家技术咨询

2012—2016年，项目通过举办国际研讨班、现场咨询等方式，共开展国际咨询5人次、国内咨询23人次，具体内容见表4-6。

表4-6 项目技术咨询情况表

时间	地点	咨询类别及人次		咨询内容及解决的问题
		国外	国内	
2012年	垦利	2	7	盐碱地造林技术、困难立地类型划分技术、菌根技术对树种耐盐碱能力的影响等
2014年	垦利	1	11	盐碱地治理、优良树种应用技术、白榆组培关键技术、SEAP造林及效果等
2015年	新泰	1	5	山东干旱瘠薄山地造林树种选择相关技术、干旱瘠薄山地混交林营造成本分析、荒山生态林营造技术等
2016年	北京	1		项目竣工报告编写
合计		5	23	

所设置的三个科研课题团队紧紧围绕项目目标，分别在干旱瘠薄山地造林树种及造林模型选择、黄河三角洲滨海盐碱地生态造林模型选择、优质乡土树种保存与开发利用方面进行了深入研究。

项目区立地条件差、植被稀少、树种单一、造林困难，传统林业造林技术已经难以发挥作用。为实现项目建设目标，课题组围绕各自的研究方向，配备优势力量，重点攻关，开展关键技术的研究，主要集中在优良乡土造林树种选择、混交林营造、抚育管理、盐碱地治理等方面。最终攻克了技术“瓶颈”，保证了项目的顺利完成。这三个方向的研究区面积大，基本涵盖了山东省主要生态脆弱区的范围，研究内容全面，且有针对性地解决了该区域存在的主要造林技术问题。

在项目实施过程中，为加快新技术、新成果的转化，课题组采取“科研、示范和推广相结合三同时”的方式，对成熟技术成果进行组装配套，将取得的退化山地立地类型划分、造林混交模式、白榆优良无性系快繁技术、盐碱地造林树种选择等阶段性成果，与实际需求相结合，建立了多点成果示范样板；同时，加大了技术服务指导与业务培训，从业人员的业务水平明显提高。这些措施的实施，使新技术、新成果得以迅速推广应用，取得了显著成效。

课题组通过举办国际研讨会、技术咨询会等方式，针对树种选择、困难立地造林、混交林营建、盐碱地治理等技术难题，与国内外知名专家学者学习交流。这些学术平台的搭建，激发了创新思维，有力地推动了技术创新，提升了项目的科技含量。

4.3.3　国内培训情况

在省项目办下设立 SEAP 省级科研推广与培训支持组，主要由省项目办、山东省林业科学研究院和山东农业大学等单位的有关专家和管理人员组成。项目共举办培训班 44 次，包括国内考察与培训 5 次，举办国际研讨班 3 次，工程、财务等培训 36 次；共计培训 2 046 人次，完成计划数的 198.07%。

省级具体培训执行情况见表 4-7 和表 4-8。

表 4-7　省级培训计划完成表

培训类别	培训内容	计划	完成	完成比例
国内考察与培训	学习广西世界银行项目实施的先进经验、优质树种引入、森林抚育考察等	90 人次	105 人次	116.67%
	项目验收培训			
国际研讨班	滨海盐碱地改良、退化山地恢复	聘请国外专家 2 人	聘请国外专家 6 人	300.00%
工程、财务等培训	项目管理、培训、交叉验收	27 次	36 次	133.33%

表 4-8　省级培训主要内容和效果

时间	地点	人次	内容	解决的问题
2009 年 5 月	济南	20	山东生态造林项目的目标、造林模型及推广培训等	制定了项目详细的技术方案
2009 年 11 月	济南	200	工程管理、财务管理、环保措施等	使相关工作人员了解世界银行贷款项目的一般管理程序，掌握项目建设的基本要领
2010 年 7 月	济南	100	技术推广、环境管理、监测评估、苗圃改进、财务管理等	使项目管理和技术人员熟悉项目的工作流程，掌握项目的工作要点
2011 年 2 月	济南	100	项目造林技术标准、项目苗圃询价采购程序、项目环保管理规程、项目培训与技术推广、项目管理、项目监测方案、年度造林施工作业设计方法、项目病虫害管理计划及项目资金与财务管理等	进一步规范项目的实施操作过程
2011 年 7 月	莱芜	57	山东生态造林项目会计核算、财务报告的编制、提款报账材料的填制以及下一步工作重点	进一步规范项目的财务管理

时间	地点	人次	内容	解决的问题
2011 年 8 月	乳山	100	退化山地植被恢复区树种选择与造林模型、世界银行贷款山东生态造林项目现有林分的抚育改培技术、试验数据采集、整理与分析	规范造林中的模型应用及相关树种的选择，掌握林分抚育技术
2011 年 8 月	乳山	100	参观乳山市混交林造林项目地点	推广先进项目经验
2012 年 1 月	济南	47	山东生态造林项目会计核算、提款报账材料的填制	进一步规范项目财务管理
2012 年 3 月	诸城	70	项目工作汇报，下一步工作重点	集中解决项目中遇到的技术及管理问题
2012 年 3 月	诸城	20	苗圃建设、苗圃管理	苗圃升级中遇到的管理及技术问题
2012 年 3 月	诸城	20	GPS 定位、面积测定、数据导出、数据分析、数据校对等	GPS 使用中的技术问题
2012 年 4 月	济南	30	苗圃升级改造程序规范、程序要求、注意事项、报告编写等	苗圃改造升级中存在的问题
2013 年 4 月	沂水	120	世界银行现有林地密度及混交调整和造林成本分析	项目林密度调整
2013 年 4 月	沂水	70	考察沂水县南峪生态造林项目、盆山世界银行项目造林现场	提升项目林建设、管理、防火和抗灾能力
2013 年 4 月	沂水	50	山东生态造林项目会计核算、财务报告的编制、提款报账材料的填制	进一步规范项目的财务制度
2013 年 8 月	济南	100	林下经济相关技术等	如何发展林下经济
2014 年 3 月	济南	40	山东生态造林项目的目标、造林模型及推广培训、财务管理等	项目工作重点、关键技术问题的讨论
2015 年	北京	40	项目进展汇报，项目竣工培训	重点培训 SEAP 竣工材料的准备
2016 年	济南	100	对 9 个项目市、28 个项目县开展如何撰写项目竣工相关材料的培训	重点培训 SEAP 竣工材料的准备
2016 年	泰安	12	项目竣工报告编写	项目竣工报告编写的细节
2016 年	莱芜	14	各分析报告撰写	各分析报告编写的主要内容
现场培训		12 次	项目实施关键技术	解决项目实施的“瓶颈”，促进项目的顺利实施

各市分别按照世界银行项目的要求，结合自身实际组织实施，主要对下辖县（市、区）级项目管理和技术人员进行培训，达到让他们能够组织培训乡镇管理人员、林场管理人员和基层技术人员的目的。共举办培训班 307 次，培训 2 328 人次，分别完成计划的 113.70%和 110.86%，具体培训执行情况见表 4-9。

表 4-9　市级培训计划完成表

培训内容	计划/次	完成/次	完成比例/%
项目管理	144	168	116.67
项目规划设计	18	18	100.00
苗圃改进与种植材料开发技术	81	84	103.70
造林与经营技术	27	37	137.04
合计	270	307	113.70

各县级林业局对乡镇级项目管理、林场项目管理和造林实体技术人员实施培训，使其掌握如何组织培训或指导施工管理人员和作业人员，共举办培训班 1 034 次，完成计划的 104.44%；举办造林实体培训 3 158 期次，完成计划的 105.97%；共培训相关工作人员 94 万多人次，完成计划的 109.12%。具体培训执行情况见表 4-10。

表 4-10　县级培训计划完成表

培训内容	计划/次	完成/次	完成比例/%
项目管理	183	214	116.94
苗圃改进与种植材料开发技术	360	370	102.78
造林与经营技术	447	450	100.67
合计	990	1 034	104.44

4.3.4　科技示范县建立

在 9 个科技示范县共建立科技示范林 380 片，总面积达 2 700 hm^2。各年度科技示范林建设数量和面积见表 4-11。

表 4-11　2010—2013 年度科技示范林建设数量和面积

年度	示范林数量/片	示范林面积/hm^2
2010	60	400
2011	170	1 100
2012	100	800
2013	50	400
合计	380	2 700

为了促进科技示范县的建设，项目强化了科研队伍、推广队伍、施工队伍的建设，开展了技术推广、培训和课题攻关等活动。各科技示范县开展的相关活动见表 4-12。

表 4-12 科技示范县开展的相关活动

科技示范县	开展活动
泗水	干旱瘠薄荒山造林树种和造林模式选择
	优质乡土树种保存与开发利用
	山东生态造林项目监测与评估
雪野	干旱瘠薄荒山造林树种和造林模式选择
	优质乡土树种保存与开发利用
	山东生态造林项目监测与评估
新泰	干旱瘠薄荒山造林树种和造林模式选择
	山东生态造林项目监测与评估
蒙阴	干旱瘠薄荒山造林树种和造林模式选择
	山东生态造林项目监测与评估
莒县	干旱瘠薄荒山造林树种和造林模式选择
	优质乡土树种保存与开发利用
	山东生态造林项目监测与评估
乳山	干旱瘠薄荒山造林树种和造林模式选择
	优质乡土树种保存与开发利用
	山东生态造林项目监测与评估
高密	优质乡土树种保存与开发利用
	山东生态造林项目监测与评估
沾化	优质乡土树种保存与开发利用
	山东生态造林项目监测与评估
	黄河三角洲滨海盐碱地生态治理模型研究
河口	优质乡土树种保存与开发利用
	山东生态造林项目监测与评估
	黄河三角洲滨海盐碱地生态治理模型研究

4.3.5 技术咨询和培训

在技术咨询和培训过程中，始终以问题为导向寻找解决办法，结合咨询服务课题成立的“项目技术支撑办公室”，在技术标准推广，新技术、新成果集成以及项目培训过程中起到了重要作用。项目专家组由省项目办、省林科院、山东农业大学、山东大学等多家科研院所、高校的专家组成，涉及林业、生态、病虫害防治、经济林等多个专业，负责收集项目实施中遇到的各项技术问题，并针对这些困难及时组织专家，通过现场指导、理论培训等方式予以解决，提升了成果对项目的科技支撑力度。

组织专家不定期地深入林场或农户当中进行现场指导和咨询，对造林过程中普遍存在的共性问题，开展培训和演示；对存在的个别技术问题，进行手把手的传授；对较难立刻解决的重大技术问题或技术关键点，则组织专家会诊，提出切实可行的解决方案。现场技术指导和咨询，保证了解决问题的针对性、有效性和时效性。利用农闲季节，组织专家到项目区举办科技大集活动，现场办公、答疑，使实用的科学技术能够在成千上万的农户中得到普及，达到培训的目的。

项目的培训内容既包括项目管理、项目规划、造营林技术等，也包括各层次实施主体急需的实用技术，如森林认证技术、林下经济经营技术等，以满足各层次实施主体的需求，普及林业技术，保障项目的顺利实施。项目在实施过程中引入了很多新理念和新技术，通过多元化的培训内容，使参加培训的人员掌握了多种具有较高科技含量的技术，形成了符合项目要求和生产实际的技术体系，包括造营林知识、病虫害监测、苗圃升级及其他相关知识等，不仅保障了项目的顺利实施，也为其他相关工作奠定了人才基础和技术基础。

4.4　科研成果组装集成与创新支撑模式成效

4.4.1　造林模型在项目执行中得到全面应用

造林模型集中体现了山东生态造林项目科研成果的组装集成，是新技术、新成果的载体，对保证项目目标的实现具有根本作用。通过技术咨询、科研监测及广泛且贯穿始终的培训指导，涉及山东退化山地植被恢复区和滨海盐碱地改良区的 13 种造林模型在山东生态造林项目的实施过程中得以全面应用，并表现出良好效果。模型中对树种搭配、栽植密度、立地条件、抚育措施的优化配置，提高了困难立地条件下的树种成活率，有利于生态环境的恢复保护。项目实施后，生物多样性提高了 69.1%，得到了项目参与单位及相关人员的普遍认可，造林模型在项目区及周边地区得到了积极推广。通过应用造林模型，形成较完备的综合防护林体系，有效发挥了森林保持水土、涵养水源的功能，为众多生物提供了栖息环境，如山雀、戴胜、蛇、斑鸠等动物数量明显增多，其他野生动物资源也大量增加。

4.4.2　引入了新的理念和技术

通过科技支撑体系的创建，项目实施了生态位预留、环境保护、森林认证等先进理念。结合《环境保护规程》的实施，对各级技术人员、管理人员和造林实体进行理论及现场操作培训，在造林整地过程中引入生态位预留的理念，降低了造林密度，减小了整地破土面，项目实施后项目区的土壤侵蚀减少了 50%～70%，既确保了各项生态环境效益预期目标的实现，又为周边地区造林提供了示范样板。

项目启动之初，通过参与式磋商，充分了解当地群众的需求，确立了受群众欢迎的造林模式和项目管理方式，为项目顺利执行打下了坚实基础。在项目实施过程中，为了充分保护环境，按照项目规定的造林标准，采用“三小”（小苗、小穴、小密度）造林技术，改变了传统“粗大密”的栽植习惯，从而减小了破土面，保护了原有植被，维护了生物多样性，降低了造林成本。据统计，仅采用小苗、小密度“两小”造林技术就节约资金约 7 000 万元人民币，有效地抵消了造林成本的提高和汇率变化对项目的影响，确保了造林任务的顺利完成。

4.4.3 丰富了造林树种资源

项目通过对加拿大等国家的物种习性进行实地考察，结合山东省盐碱地区立地条件，引入适合在山东省盐碱地区生长的美国榆、杰克松和白蜡等物种，目前已经进行了催芽育苗，利用这批植物材料进行选育和杂交，为培育适合山东省滨海盐碱地的优良树种奠定基础。在项目实施过程中，树种的选择在考虑适地适树的基础上，也综合考虑了景观的需要，采用了黄栌、五角枫、红叶臭椿、连翘等彩叶、花冠树种。项目实施后，部分项目区已初步形成了“春叶、夏花、秋红、冬雪”的生态景观，带动了当地生态旅游的发展。据统计，由于项目的实施而带动的生态旅游人数年均增长约 14 万。

第 5 章　立地分类体系创建和造林模型应用

5.1　退化山地植被恢复区立地分类体系构建

5.1.1　主导立地因子的确定

山东退化山地丘陵区域内的气候、水文、生物等环境因子基本一致，故在立地分类体系构建中不予考虑；在地形类因子中，与林木生长相关的有海拔、坡向、坡度和坡位；山东省山地丘陵地区主要为石灰岩山区和砂石山区，故考虑土层厚度、裸岩（砂）面积比例和植被盖度。据此，选定坡位、坡向、坡度、裸岩（砂）面积比例、植被盖度、土层厚度、海拔作为影响林木生长的主导因子。根据各因子变化对林木生长产生的不同影响程度构建为不同等级，见表 5-1。

表 5-1　立地因子分级

坡位 A	等级	坡向 B	等级	坡度 C	等级	裸岩（砂）面积比 D	等级	植被盖度 E	等级	土层厚度 F/cm	等级	海拔高度 G/m	等级
顶部	A_1	阳坡	B_1	＞25°	C_1	＞30%	D_1	＜10%	E_1	＜15	F_1	＞500	G_1
上部	A_2	半阳坡	B_2	20°～25°	C_2	20%～30%	D_2	10%～20%	E_2	15～30	F_2	300～500	G_2
中部	A_3	阴坡	B_3	15°～20°	C_3	10%～20%	D_3	20%～30%	E_3	30～50	F_3	200～300	G_3
下部	A_4			8°～15°	C_4	5%～10%	D_4	30%～40%	E_4	50～80	F_4	＜200	G_4
				3°～8°	C_5	＜5%	D_5	40%～50%	E_5	＞80	F_5		
								＞50%	E_6				

5.1.2　立地因子的赋值

对每个立地因子进行赋值。由表 5-1 可知，影响林木生长的 7 个主导因子各自有不同的水平层次，根据各层次对林木生长影响力的不同，进行打分赋值。例如，土层厚度一项，土层越厚，林木长势应该越好，因此厚土层赋予高分值，并且依次递减；植被盖度越大，林木长势应该越好，因此植被盖度高者赋予高分，见表 5-2。

表 5-2 各立地主导因子不同等级赋值情况

坡位 A		坡向 B		坡度 C		裸岩（砂）面积比 D		植被盖度 E		土层厚度 F		海拔高度 G	
分级	赋值	分级	赋值	分级	赋值	分级	赋值	分级	赋值	分级	赋值	分级	赋值
A_1	1	B_1	1	C_1	1	D_1	1	E_1	1	F_1	1	G_1	1
A_2	2	B_2	2	C_2	2	D_2	2	E_2	2	F_2	2	G_2	2
A_3	3	B_3	3	C_3	3	D_3	3	E_3	3	F_3	3	G_3	3
A_4	4			C_4	4	D_4	4	E_4	4	F_4	4	G_4	4
				C_5	5	D_5	5	E_5	5				
								E_6	6				

依据各立地因子的相对重要性建立判断矩阵，应用 AHP 层次分析法计算各立地因子的权重值。

5.1.3 层次分析计算结果

参考国内相关方面的研究，根据山东省山地丘陵区的实际特点，对所选取的指标制定 7 级标度法确定其相对重要程度，对同一等级（层次）的要素进行两两比较，建立判断矩阵。假设有 n 个要素 C_1，C_2，C_3,…，C_n，其判断矩阵如下：

$$\boldsymbol{C}=\begin{bmatrix} c_{11} & c_{12} & \cdots & c_{1n} \\ c_{21} & c_{22} & \cdots & c_{2n} \\ \vdots & \vdots & \ddots & \vdots \\ c_{n1} & c_{n2} & \cdots & c_{nn} \end{bmatrix}$$

式中，C_{ij} 为要素 C_i 对 C_j 的相对重要程度（i=1，2，…，n；j=1，2，…，n），其意义与赋值见表 5-3。

表 5-3 C_{ij} 的含义

C_{ij} 的值	C_{ij} 的含义
1	因素 C_i 和 C_j 因素具有同样的重要性
3	因素 C_i 比 C_j 因素稍微重要
5	因素 C_i 比 C_j 因素明显重要
7	因素 C_i 比 C_j 因素强烈重要
2，4，6	相邻判断的中间值

采用最简单的"和根法"，计算层次单元排序的基本步骤：

①对矩阵 C 的每一列向量归一化；

②对矩阵 C 按行求和；

③归一化即得特征向量的近似值；

④计算 $\lambda = \frac{1}{n}\sum \frac{(Cx)_i}{x_i}$ 作为 λ_{max} 的近似值，$(Cx)_i$ 表示 Cx 的第 i 个分量；

⑤计算一致性检验指标 I：$I = \frac{\lambda_{max} - n}{n-1}$，当 C 具有完全一致性时，$\lambda_{max}=n$，即 $I=0$。由于主观判断矩阵会造成不一致，为了检验矩阵是否具有满意的一致性，需要用 I 与平均随机一致性指标 R 进行比较，$C = I / R$，若 $C<0.1$ 时，认为判断矩阵具有满意的一致性，否则就要对判断矩阵进行调整。

用同一层次中所有层次单元排序的结果，计算评价指标体系中各指标的权重。以各林业小班为立地单元计算得分，各立地单元得分为各立地因子打分乘上各因子权重。立地特征值 $D=\sum A_i \cdot W_i$，其中，A_i 表示立地因子 i 的打分，W_i 表示 i 因子权重。

通过全面调查和对6个示范县的详细测定，结合生态造林项目区内具体的生境特征，把各立地因子的相对重要性进行两两比较，构建各立地因子判断矩阵。

对构建的判断矩阵进行一致性检验，C 值为 0.016 8，小于 0.1，这说明判断矩阵中各因子相对重要性的赋值比较合理，可以作为权重计算判断矩阵。

表 5-4　指标层判断矩阵权重 W_{ij}

指标层	W_{ij}							W_i
	坡位	坡向	坡度	裸岩（砂）面积比	植被盖度	土层厚度	海拔	
坡位	0.098 4	0.098 4	0.133 3	0.142 9	0.077 2	0.098 7	0.142 9	0.113 1
坡向	0.098 4	0.098 4	0.133 3	0.142 9	0.077 2	0.098 7	0.142 9	0.113 1
坡度	0.049 2	0.049 2	0.066 7	0.095 2	0.057 9	0.078 9	0.095 2	0.070 3
裸岩（砂）面积比	0.032 8	0.032 8	0.033 3	0.047 6	0.046 3	0.065 8	0.047 6	0.043 8
植被盖度	0.295 1	0.295 1	0.266 7	0.238 1	0.231 7	0.197 4	0.238 1	0.251 7
土层厚度	0.393 4	0.393 4	0.333 3	0.285 7	0.463 3	0.394 7	0.285 7	0.364 2
海拔	0.032 8	0.032 8	0.033 3	0.047 6	0.046 3	0.065 8	0.047 6	0.043 8

从表 5-4 中可以看出，不同立地因子的权重值与实际较为吻合。土层厚度是决定造林成活率和生长率的重要因子，其权重值最大，为 0.364 2；植被盖度间接反映了立地条件的好坏，其权重值排第二，为 0.251 7；裸岩（砂）面积比率和海拔高度在立地条件中是较为次要的因子，其权重值仅为 0.043 8。

5.2 山东退化山地立地条件类型的构建

依据各立地单元得分值，将全部立地单元构建为 6 种立地条件类型，结果如下：

第 I 类：多裸岩裸砂低覆盖极薄土层低山极陡坡类型。行政区域主要涵盖济宁市邹城市大束镇，临沂市沂水县富官庄乡、高庄镇、圈里乡、夏蔚镇、杨庄镇、诸葛镇，日照市莒县龙山镇，泰安市新泰市青云街道、石莱镇、汶南镇、小协镇、羊流镇、禹村镇，潍坊市王府、王坟镇、庙子镇，莱芜市莱城区雪野镇等。包括以下 2 个组合单元：

$A_1B_1C_1D_1E_2F_1G_2$，$A_1B_2C_1D_1E_2F_1G_2$。

通过对该类型中各立地条件不同等级的频次分布进行统计（表 5-5），坡位、坡度、裸岩（砂）面积比、植被盖度、土层厚度和海拔高度 4 个因子频次均为 8。其中，裸岩（砂）面积比属 D_1 等级（30%～50%），植被盖度属 E_2 等级（10%～20%），土层厚度属 F_1 等级（＜15 cm），海拔高度属 G_2 等级（300～500 m）。可见在该类型中，立地条件的基本特征是裸岩（砂）面积大、土层极薄、植被盖度低、顶端坡位、极陡坡、中低海拔。此类型是山区丘陵地区立地条件最差的部分，由于坡度极陡、土层极薄、裸岩（砂）面积大等，营造阔叶林难度较大，适合选择耐干旱瘠薄的针叶树种造林并采取封育措施，促进天然植被发展，蓄水保土。

表 5-5 立地类型 I 各立地条件等级及频次分布

坡位 A		坡向 B		坡度 C		裸岩（砂）面积比 D		植被盖度 E		土层厚度 F		海拔高度 G	
分级	频次	分级	频次	分级	频次	分级	频次	分级	频次	分级	频次	分级	频次
A_1	8	B_1	4	C_1	8	D_1	8	E_1	0	F_1	8	G_1	0
A_2	0	B_2	4	C_2	0	D_2	0	E_2	8	F_2	0	G_2	8
A_3	0	B_3	0	C_3	0	D_3	0	E_3	0	F_3	0	G_3	0
A_4	0			C_4	0	D_4	0	E_4	0	F_4	0	G_4	0
				C_5	0	D_5	0	E_5	0				
								E_6	0				

注：裸岩裸砂面积＞50%的山区丘陵顶部为不适宜人工造林区域，可采取封育措施逐渐恢复灌草植被。

第 II 类：较多裸岩裸砂低覆盖薄土层低山极陡坡类型。行政区域主要涵盖济宁市曲阜市小雪镇、邹城市大束镇，临沂市蒙阴县桃墟镇、沂水市夏蔚镇、诸葛镇、马站镇、姚店子镇、龙家圈乡，日照市东港区龙山镇、峤山镇、莒县碁山镇、五莲县等，泰安市新泰市羊流镇、汶南镇、太平山林场、龙廷镇、泉沟镇，莱芜市莱城区雪野镇，潍坊市潍城区乐埠山。包括以下 4 个组合单元：

$A_2B_1C_1D_2E_3F_2G_2$，$A_2B_1C_1D_3E_3F_2G_2$，$A_2B_2C_1D_2E_3F_2G_2$，$A_2B_2C_1D_3E_3F_2G_2$。

通过对该类型中各立地条件不同等级的频次分布进行统计（表 5-6），坡位、坡度、植被盖度、土层厚度和海拔高度 5 个因子频次均为 16。其中，裸岩（砂）面积比属 D_3 等级（10%～30%），植被盖度属 E_3 等级（20%～30%），土层厚度属 F_2 等级（15～30 cm），海拔高度属 G_2 等级（300～500 m）。可见在该类型中，立地条件的基本特征是阳坡、半阳坡，薄土层、极陡坡、中低海拔；山坡上部植被盖度低、裸岩（砂）面积较大。由于该类型所处地段土层薄，土壤和水分条件差，营造阔叶林难度较大，适合选择耐干旱瘠薄的针叶树种造林，适合发展灌木林，采取封育措施，促进原生植被发展，蓄水保土。

表 5-6　立地类型 II 各立地条件等级及频次分布

坡位 A		坡向 B		坡度 C		裸岩（砂）面积比 D		植被盖度 E		土层厚度 F		海拔高度 G	
分级	频次	分级	频次	分级	频次	分级	频次	分级	频次	分级	频次	分级	频次
A_1	0	B_1	8	C_1	16	D_1	0	E_1	0	F_1	0	G_1	0
A_2	16	B_2	8	C_2	0	D_2	8	E_2	0	F_2	16	G_2	16
A_3	0	B_3	0	C_3	0	D_3	8	E_3	16	F_3	0	G_3	0
A_4	0			C_4	0	D_4	0	E_4	0	F_4	0	G_4	0
				C_5	0	D_5	0	E_5	0				
								E_6	0				

第III类：少裸岩裸砂高覆盖薄土层低山陡坡类型。行政区域主要涵盖济宁市曲阜市南辛镇、小雪镇，泗水县泉林镇、泗张镇，邹城市大束镇、田黄镇、中心镇；临沂市蒙阴县蒙阴镇、桃墟镇、界牌乡，沂水县圈里乡、富官庄乡、马站镇；日照市东港区桑园镇、石场乡、龙山镇、街头镇，五莲县洪凝镇、叩官镇；泰安市东平县大羊镇，泰安市新泰市羊流镇、禹村镇、汶南镇、岳家庄乡；莱芜市莱城区雪野镇；威海市乳山市崖子镇；潍坊市安丘市石埠子镇，青州市王府街道办事处，潍坊市潍城区乐埠山等。包括以下 4 个组合单元：

$A_3B_1C_2D_4E_4F_2G_2$，$A_3B_2C_2D_4E_5F_2G_2$，$A_3B_1C_2D_4E_4F_2G_2$，$A_3B_2C_2D_4E_5F_2G_2$。

表 5-7　立地类型III各立地条件等级及频次分布

坡位 A		坡向 B		坡度 C		裸岩（砂）面积比 D		植被盖度 E		土层厚度 F		海拔高度 G	
分级	频次	分级	频次	分级	频次	分级	频次	分级	频次	分级	频次	分级	频次
A_1	0	B_1	8	C_1	0	D_1	0	E_1	0	F_1	0	G_1	0
A_2	0	B_2	8	C_2	16	D_2	0	E_2	0	F_2	16	G_2	16
A_3	16	B_3	0	C_3	0	D_3	0	E_3	0	F_3	0	G_3	0

坡位 A		坡向 B		坡度 C		裸岩（砂）面积比 D		植被盖度 E		土层厚度 F		海拔高度 G	
分级	频次	分级	频次	分级	频次	分级	频次	分级	频次	分级	频次	分级	频次
A_4	0			C_4	0	D_4	16	E_4	8	F_4	0	G_4	0
				C_5	0	D_5	0	E_5	8				
								E_6	0				

通过对该类型中各立地条件不同等级的频次分布进行统计（表 5-7），坡位、坡度、裸岩（砂）面积比、土层厚度和海拔高度 5 个因子频次均为 16。其中，裸岩（砂）面积比属 D_4 等级（5%～10%），土层厚度属 F_2 等级（15～30 cm），海拔高度属 G_2 等级（300～500 m）。可见在该类型中，立地条件的基本特征是阳坡、半阳坡，薄土层、陡坡、中低海拔；山坡中部植被盖度较高，裸岩（砂）面积比例较小。此立地类型土壤条件一般，适合发展用材林和水土保持林。树种应选择侧柏、刺槐、黑松、麻栎、黄栌、苦楝、臭椿、五角枫等，可以营造针阔混交林，由于良好的植被本底特征，在生产实践中亦可考虑采取封育措施，促进天然植被发展。

第Ⅳ类：少裸岩裸砂高覆盖中土层低山较陡坡类型。行政区域主要涵盖济宁市泗水县，嘉祥县嘉祥镇、仲山乡，曲阜市南辛镇，邹城市中心镇、峄山镇、张庄镇；临沂市蒙阴县，沂水县富官庄乡、杨庄镇；日照市东港区，五莲县于里镇，莒县安庄镇；莱芜市莱城区雪野镇，泰安市东平县大羊镇；威海市乳山市崖子镇、海阳所；潍坊市安丘市辉渠镇、景芝镇、大盛镇、凌河镇、柘山镇，青州市王坟镇、王府街道办事处，潍坊市潍城区乐埠山、望留街道，潍坊市诸城市林家村镇、皇华镇等。包括以下 3 个组合单元：

$A_3B_1C_3D_4E_6F_3G_2$，$A_3B_2C_3D_4E_6F_3G_2$，$A_3B_3C_3D_4E_6F_3G_2$。

表 5-8　立地类型Ⅳ各立地条件等级及频次分布

坡位 A		坡向 B		坡度 C		裸岩（砂）面积比 D		植被盖度 E		土层厚度 F		海拔高度 G	
分级	频次	分级	频次	分级	频次	分级	频次	分级	频次	分级	频次	分级	频次
A_1	0	B_1	9	C_1	0	D_1	0	E_1	0	F_1	0	G_1	0
A_2	0	B_2	9	C_2	0	D_2	0	E_2	0	F_2	0	G_2	27
A_3	27	B_3	9	C_3	27	D_3	0	E_3	0	F_3	27	G_3	0
A_4	0			C_4	0	D_4	27	E_4	0	F_4	0	G_4	0
				C_5	0	D_5	0	E_5	0				
								E_6	27				

通过对该类型中各立地条件不同等级的频次分布进行统计（表 5-8），坡位、坡度、裸岩（砂）面积比、植被盖度、土层厚度和海拔高度 6 个因子频次均为 27。其中，裸岩（砂）面积比属 D_4 等级（5%～10%），植被盖度属 E_6 等级（＞50%），土层厚度属 F_3 等

级（30～40 cm），海拔高度属 G_2 等级（300～500 m）。可见在该类型中，立地条件的基本特征是全坡位和坡向，较陡坡，中土层，中低海拔，植被盖度高，裸岩（砂）面积比例小。以上特征说明，该立地类型水土条件较好，可发展用材林，选择刺槐、麻栎、苦楝、臭椿、五角枫、黄连木、黄栌、栾树等阔叶树种，保护现有灌草植被，以促进形成乔灌草复合群落。由于天然植被发育较好，植被盖度高，亦可采取封育措施，进一步促进天然植被的发展。

第Ⅴ类：极少裸岩裸砂高覆盖较厚土层丘陵较缓坡类型。行政区域主要涵盖济宁市嘉祥县仲山乡、卧龙山镇，曲阜市南辛镇、小雪镇，泗水县泗张镇、苗馆镇、济河街道、星村镇；临沂市蒙阴县；日照市东港区；莱芜市莱城区雪野镇；泰安市东平县大羊镇；威海市乳山市海阳所；潍坊市诸城市皇华镇、密州街道、龙都街道等。包括以下 6 个组合单位：

$A_3B_1C_4D_5E_6F_3G_3$，$A_4B_1C_4D_5E_6F_3G_3$，$A_3B_2C_4D_5E_6F_3G_3$，$A_4B_2C_4D_5E_6F_3G_3$，$A_3B_3C_4D_5E_6F_3G_3$，$A_4B_3C_4D_5E_6F_3G_3$。

表 5-9　立地类型Ⅴ各立地条件等级及频次分布

坡位 A		坡向 B		坡度 C		裸岩（砂）面积比 D		植被盖度 E		土层厚度 F		海拔高度 G	
分级	频次	分级	频次	分级	频次	分级	频次	分级	频次	分级	频次	分级	频次
A_1	0	B_1	4	C_1	0	D_1	0	E_1	0	F_1	0	G_1	0
A_2	0	B_2	4	C_2	0	D_2	0	E_2	0	F_2	0	G_2	0
A_3	6	B_3	4	C_3	0	D_3	0	E_3	0	F_3	12	G_3	12
A_4	6			C_4	12	D_4	0	E_4	0	F_4	0	G_4	0
				C_5	0	D_5	12	E_5	0				
								E_6	12				

通过对该类型中各立地条件不同等级的频次分布进行统计（表 5-9），坡度、裸岩（砂）面积比、植被盖度、土层厚度和海拔高度 5 个因子频次均为 12。其中，坡度属 C4 等级（8°～15°），裸岩（砂）面积比属 D_5 等级（＜5%），植被盖度属 E_6 等级（＞50%），土层厚度属 F_3 等级（40～50 cm），海拔高度属 G_3 等级（200～300 m）。可见在该类型中，立地条件的基本特征是中下坡位，较缓坡，土层较厚，海拔低，植被盖度高，裸岩（砂）面积比例小。此立地类型水土条件良好，适宜发展经济林，主要树种有核桃、柿树、山楂、花椒、枣、桃、樱桃、香椿等。

第Ⅵ类：极少裸岩裸砂高覆盖厚土层丘陵缓坡类型。行政区域主要涵盖济宁市嘉祥县，曲阜县小雪镇、防山乡，泗水县泗张镇；临沂市蒙阴县旧寨乡、垛庄镇、野店镇、常路镇；日照市东港区南湖镇、两城镇；莱芜市莱城区雪野镇；潍坊市诸城市桃林乡等。包括以下 1 个组合单位：

$A_4B_3C_5D_5E_6F_4G_4$。

通过对该类型中各立地条件不同等级的频次分布进行统计（表 5-10），坡位、坡向、坡度、裸岩（砂）面积比、植被盖度土层厚度和海拔高度 7 个因子频次均为 4。其中，坡位属 A_4 等级（下坡），坡向属 B_3 等级（阴坡），裸岩（砂）面积比属 D_5 等级（<5%），植被盖度属 E_6 等级（>50%），土层厚度属 F_4 等级（50～80 cm），海拔高度属 G_4 等级（<200 m）。可见在该类型中，立地条件的基本特征是下坡位，缓坡，厚土层，低海拔，植被盖度高，裸岩（砂）面积比例很小。该立地类型是立地条件最好的一个类型，适合进行各种营造林技术措施，可发展用材林、经济林（包括水果）等。

表 5-10　立地类型Ⅵ各立地条件及频次分布

坡位 A		坡向 B		坡度 C		裸岩（砂）面积比 D		植被盖度 E		土层厚度 F		海拔高度 G	
分级	频次	分级	频次	分级	频次	分级	频次	分级	频次	分级	频次	分级	频次
A_1	0	B_1	0	C_1	0	D_1	0	E_1	0	F_1	0	G_1	0
A_2	0	B_2	0	C_2	0	D_2	0	E_2	0	F_2	0	G_2	0
A_3	0	B_3	4	C_3	0	D_3	0	E_3	0	F_3	0	G_3	0
A_4	4			C_4	0	D_4	0	E_4	0	F_4	4	G_4	4
				C_5	4	D_5	4	E_5	0				
								E_6	4				

构建适合当地立地条件的土地类型是配置适宜造林模型的前提。为此对山东省退化山地依据岩石种类、裸岩裸砂面积占土地面积的百分数、海拔高度、灌草植被盖度、坡度、坡位、土层厚度等指标，运用 AHP 层次分析法的立地分类体系构建成 6 种立地条件类型。

5.3 退化山地植被恢复区造林模型生态效益

5.3.1 优化确定造林模型并应用

结合退化山地植被恢复区治理模型表（表 3-1、表 3-2），优化确定造林模型 S1～S8 在不同立地分类体系中进行配置应用。

（1）造林模型 S1

对应构建的立地分类体系第Ⅰ类：多裸岩裸砂低覆盖极薄土层低山极陡坡类型。在石灰岩山地山坡上部，裸岩裸砂面积 30%～50%，植被盖度 10%～20%，土层厚度<15 cm，海拔高度 400～600 m，坡度>25°的区域造林。选择的主要造林树种为侧柏，保护原有散生的黄荆、酸枣、胡枝子、杠柳等灌藤植被，形成侧柏+黄荆、侧柏+酸枣、侧柏+胡枝子、侧柏+杠柳等乔灌混交林。栽植密度为 2 500 株/hm^2，采用穴状整地，整地规格长、宽、深为 0.3 m×0.3 m×0.3 m，侧柏采用容器苗，雨季植苗造林，苗高 30～50 cm，苗木地径 0.5～0.6 cm，栽植后浇足水，辅以穴面覆膜、覆草或盖石片等覆盖措施，保持土壤水分，提高造林成活率。

（2）造林模型 S2

对应构建的立地分类体系第Ⅱ类：较多裸岩裸砂低覆盖薄土层低山极陡坡类型。在石灰岩山地山坡上部，裸岩裸砂面积 10%～30%，植被盖度 20%～30%，土层厚度 15～25 cm，海拔高度 400～600 m，坡度＞25°的区域造林。选择的主要造林树种为侧柏、黄栌等，灌藤树种有山杏、连翘、扶芳藤、紫穗槐等，保护原有散生的黄荆、酸枣、胡枝子等灌藤植被，形成侧柏+黄荆、侧柏+酸枣、侧柏+胡枝子、侧柏+山杏、侧柏+连翘、侧柏+扶芳藤、侧柏+紫穗槐、侧柏+黄栌、黄栌+黄荆、黄栌+酸枣、黄栌+胡枝子、黄栌+山杏、黄栌+连翘、黄栌+扶芳藤、黄栌+紫穗槐等乔灌混交的林分类型。栽植密度为 2 500 株/hm^2，采用穴状整地，整地规格长、宽、深为 0.4 m×0.4 m×0.3 m，针叶树种采用容器苗，雨季植苗造林，苗高 30～50 cm，苗木地径 0.5～0.7 cm，阔叶树种采用裸根苗，春季或秋季植苗造林，其中，黄栌苗高 0.8～1.2 m，地径 1.0～1.2 cm；山杏、连翘、扶芳藤、紫穗槐等灌藤苗高 0.6～0.8 m，地径 0.8～1.0 cm。栽植后浇足水，辅以穴面覆膜、覆草、盖石片等覆盖措施，保持土壤水分，提高造林成活率，采用行间、不规则的块状混交。

（3）造林模型 S3

对应构建的立地分类体系第Ⅲ类和第Ⅳ类：少裸岩裸砂高覆盖薄土层低山陡坡类型和少裸岩裸砂高覆盖中土层低山较陡坡类型。在石灰岩山地山坡中部，裸岩裸砂面积 5%～10%，植被盖度 30%～50%，土层厚度 25～40 cm，海拔高度 300～500 m，坡度 15°～25°的区域造林。选择的主要造林树种为侧柏、刺槐、黄栌、五角枫等，伴生树种有黄连木、栾树、臭椿、苦楝、皂荚等，保护原有散生的黄荆、酸枣、胡枝子、杠柳等灌藤植被，形成侧柏+刺槐、侧柏+臭椿、侧柏+黄连木等针阔混交林；形成侧柏+黄栌、侧柏+五角枫等针叶与彩叶树种混交林；形成刺槐+黄栌、刺槐+五角枫等绿叶与彩叶树种混交林。栽植密度为 1 667 株/hm^2，采用穴状整地，整地规格长、宽、深为 0.7 m×0.5 m×0.4 m，针叶树种采用容器苗，雨季植苗造林，侧柏苗高 30～50 cm，苗木地径 0.5～0.6 cm，阔叶树种采用裸根苗，春季或秋季植苗造林，刺槐、黄栌、五角枫、黄连木、栾树、臭椿、苦楝、皂荚等苗高 1.2～1.5 m，地径 1.5～2.0 cm，栽植后浇足水，辅以穴面覆膜、覆草、盖石片等覆盖措施，保持土壤水分，提高造林成活率，采用不规则的块状、带状混交。

（4）造林模型 S4

对应构建的立地分类体系第Ⅴ类和第Ⅵ类：极少裸岩裸砂高覆盖较厚土层丘陵较缓坡类型和极少裸岩裸砂高覆盖厚土层丘陵缓坡类型。在石灰岩山地山坡下部，裸岩裸砂面积＜5%，植被盖度＞50%，土层厚度 40～50 cm，海拔高度 100～300 m，坡度 8°～15°的区域造林。选择的经济林主要树种有核桃、柿树、山楂、杏、桃等，伴生树种有花椒、香椿、金银花等，梯田地坎防护林树种有侧柏、臭椿、苦楝、栾树、黄连木等，保护原有散生的黄荆、酸枣、胡枝子、连翘、杠柳等灌藤植被。梯田内经济林采用不规则块状混交，梯田地坎防护林树种采用不规则的带状混交。先整修窄幅水平梯田，窄幅水平梯田的规格为宽度 8～15 m，长度 50～80 m，然后在窄幅水平梯田内根据栽植密度进行穴状整地，经济林的栽植密度为 500 株/hm^2，整地规格长、宽、深为 0.6 m×0.6 m×0.5 m，采用裸根苗，春季或秋季植苗造林，经济林苗高 1.2～1.5 m，地径 1.5～2.0 cm；梯田地坎防护林的栽植密度为 1 110 株/hm^2；整地规格长、宽、深为 0.5 m×0.5 m×0.4 m，针叶树种采用容器苗，雨季植苗造林，阔叶树种采用裸根苗，春季或秋季植苗造林，侧柏苗高 50～80 cm，地径 1.0～1.2 cm，阔叶树种苗高 1.2～1.5 m，地径 1.5～2.0 cm。栽植后浇足水，辅以穴面覆膜、覆草等覆盖措施，保持土壤水分，提高造林成活率。

（5）造林模型 S5

对应构建的立地分类体系第Ⅰ类和第Ⅱ类：多裸岩裸砂低覆盖极薄土层低山极陡坡类型和较多裸岩裸砂低覆盖薄土层低山极陡坡类型。在砂石山区山坡上部，裸岩裸砂面积 30%～50%，植被盖度 10%～20%，土层厚度＜20 cm，海拔高度 400～600 m，坡度＞25°的区域造林。选择的主要造林树种为黑松、油松等，灌藤树种有山杏、连翘、扶芳藤等，保护原有散生的黄荆、酸枣、胡枝子等灌藤植被，形成黑松+黄荆、黑松+酸枣、黑松+胡枝子、黑松+山杏、黑松+连翘、黑松+扶芳藤、油松+山杏、油松+连翘、油松+扶芳藤、油松+黄荆、油松+酸枣、油松+胡枝子等乔灌混交的林分类型。栽植密度为 1 667 株/hm^2，采用穴状整地，整地规格长、宽、深为 0.4 m×0.4 m×0.3 m，针叶树种采用容器苗，雨季植苗造林，苗高 30～50 cm，苗木地径 0.5～0.7 cm；阔叶树种采用裸根苗，春季或秋季植苗造林，山杏、连翘、扶芳藤等灌藤苗高 0.6～0.8 m，地径 0.8～1.0 cm。栽植后浇足水，辅以穴面覆膜、覆草等覆盖措施，保持土壤水分，提高造林成活率，采用行间、不规则的块状混交。

（6）造林模型 S6

对应构建的立地分类体系第Ⅲ类和第Ⅳ类：少裸岩裸砂高覆盖薄土层低山陡坡类型和少裸岩裸砂高覆盖中土层低山较陡坡类型。在砂石山区山坡中部，裸岩裸砂面积 5%～10%，植被盖度 30%～50%，土层厚度 25～40 cm，海拔高度 300～500 m，坡度 15°～25°的区域造林。选择的主要造林树种为黑松、油松、刺槐、麻栎等，伴生树种有黄连木、栾树、臭椿、苦楝、黄栌、五角枫等，保护原有散生的黄荆、酸枣、胡枝子等灌木植被，形成黑松+刺槐、黑松+麻栎、黑松+黄连木等针阔混交林，黑松+黄栌、黑松+五角枫、黑松+栾树等针叶与彩叶树种混交林，刺槐+麻栎、刺槐+黄栌、刺槐+五角枫等绿叶与彩叶树种混交林。栽植密度为 1 110 株/hm^2，采用穴状整地，整地规格长、宽、深为 0.5 m×0.5 m×0.4 m，针叶树种采用容器苗，雨季植苗造林，苗高 30～50 cm，苗木地径 0.5～0.7 cm；阔叶树种采用裸根苗，春季或秋季植苗造林，麻栎、刺槐、黄连木、栾树、臭椿、五角枫、黄栌、苦楝等苗高 1.2～1.5 m，地径 1.5～2.0 cm。栽植后浇足水，辅以穴面覆膜、覆草等覆盖措施，保持土壤水分，提高造林成活率，采用不规则的块状、带状混交。

（7）造林模型 S7

对应构建的立地分类体系第Ⅴ类和第Ⅵ类：极少裸岩裸砂高覆盖较厚土层丘陵较缓坡类型和极少裸岩裸砂高覆盖厚土层丘陵缓坡类型。在砂石山区山坡下部，裸岩裸砂面积<5%，植被盖度>50%，土层厚度 40～50 cm，海拔高度 100～300 m，坡度 8°～15°的区域造林。选择的经济林主要树种有核桃、板栗、柿树、山楂、杏、桃等，伴生树种有花椒、香椿、金银花等，梯田地坎防护林树种有黑松、臭椿、苦楝、栾树、黄连木等，保护原有散生的黄荆、酸枣、胡枝子、连翘等灌藤植被，梯田内经济林采用不规则块状混交，梯田地坎防护林树种采用不规则的带状混交。先整修窄幅水平梯田，窄幅水平梯田的规格为宽度 10～20 m，长度 50～100 m，然后在窄幅水平梯田内根据栽植密度进行穴状整地，经济林的栽植密度为 500 株/hm^2，整地规格长、宽、深为 0.6 m×0.6 m×0.5 m，采用裸根苗，春季或秋季植苗造林，经济林苗高 1.2～1.5 m，地径 1.5～2.0 cm；梯田地坎防护林的栽植密度为 1 110 株/hm^2，整地规格长、宽、深为 0.5 m×0.5 m×0.4 m，针叶树种采用容器苗，雨季植苗造林；阔叶树种采用裸根苗，春季或秋季植苗造林，黑松苗高 50～80 cm，地径 1.0～1.2 cm，阔叶树种苗高 1.2～1.5 m，地径 1.5～2.0 cm，栽植后浇足水，辅以穴面覆膜、覆草等覆盖措施，保持土壤水分，提高造林成活率。

（8）造林模型 S8

对应构建立地分类体系的第Ⅴ类和第Ⅵ类：极少裸岩裸砂高覆盖较厚土层丘陵较缓坡类型和极少裸岩裸砂高覆盖厚土层丘陵缓坡类型。在砂石山区山坡下部，裸岩裸砂面积<5%，植被盖度>50%，土层厚度 50～80 cm，海拔高度<200 m，坡度 3°～8°的区域造林。在砂石山区缓坡 pH<6.5 的酸性棕壤的沙壤土上，整修宽幅水平梯田，宽幅水平梯田的规格为宽度 10～50 m，长度 100～150 m，在梯田内种植茶树，根据茶树行距，在宽幅水平梯田内挖水平沟，水平沟的宽度为 0.8～1.2 m，长度 100～150 m，深 0.5 m，播种茶树种子，茶树保留密度 45 000～60 000 株/hm^2，在梯田地坎栽植黑松、蜀桧、龙柏、樱桃等树种组成的防护林带，采用不规则的带状混交。防护林带的栽植密度为 1 110 株/hm^2，采用穴状整地，整地规格长、宽、深为 0.6 m×0.6 m×0.5 m，针叶树种采用容器苗，雨季植苗造林，阔叶树种采用裸根苗，春季或秋季植苗造林，黑松、蜀桧、龙柏苗高 50～80 cm，地径 1.0～1.2 cm，阔叶树种苗高 1.2～1.5 m，地径 1.5～2.0 cm，栽植后浇足水，辅以穴面覆膜、覆草等覆盖措施，保持土壤水分，提高造林成活率。

5.3.2 石灰岩山地 S1 造林模型生态效益

从试验区中选取在石灰岩退化山地山坡上部，土层厚度<15 cm，坡度>25°，干旱瘠薄，立地条件极差的区域，选择 2005 年雨季采用长、宽、深为 0.3 m×0.3 m×0.3 m 的穴状整地栽植的 5 个造林密度及 3 个林龄的侧柏林为研究对象，5 个造林密度分别为 a：5 000 株/hm^2、b：2 500 株/hm^2、c：1 660 株/hm^2、d：1 110 株/hm^2 和 e：830 株/hm^2。

分别测量树高、胸径、冠幅，枯落物蓄积量、土壤总孔隙度、非毛管孔隙度、林下灌草生物量、土壤蓄水量增加值、灌草盖度、土壤渗透速率、侵蚀量等指标，结果见图 5-1。

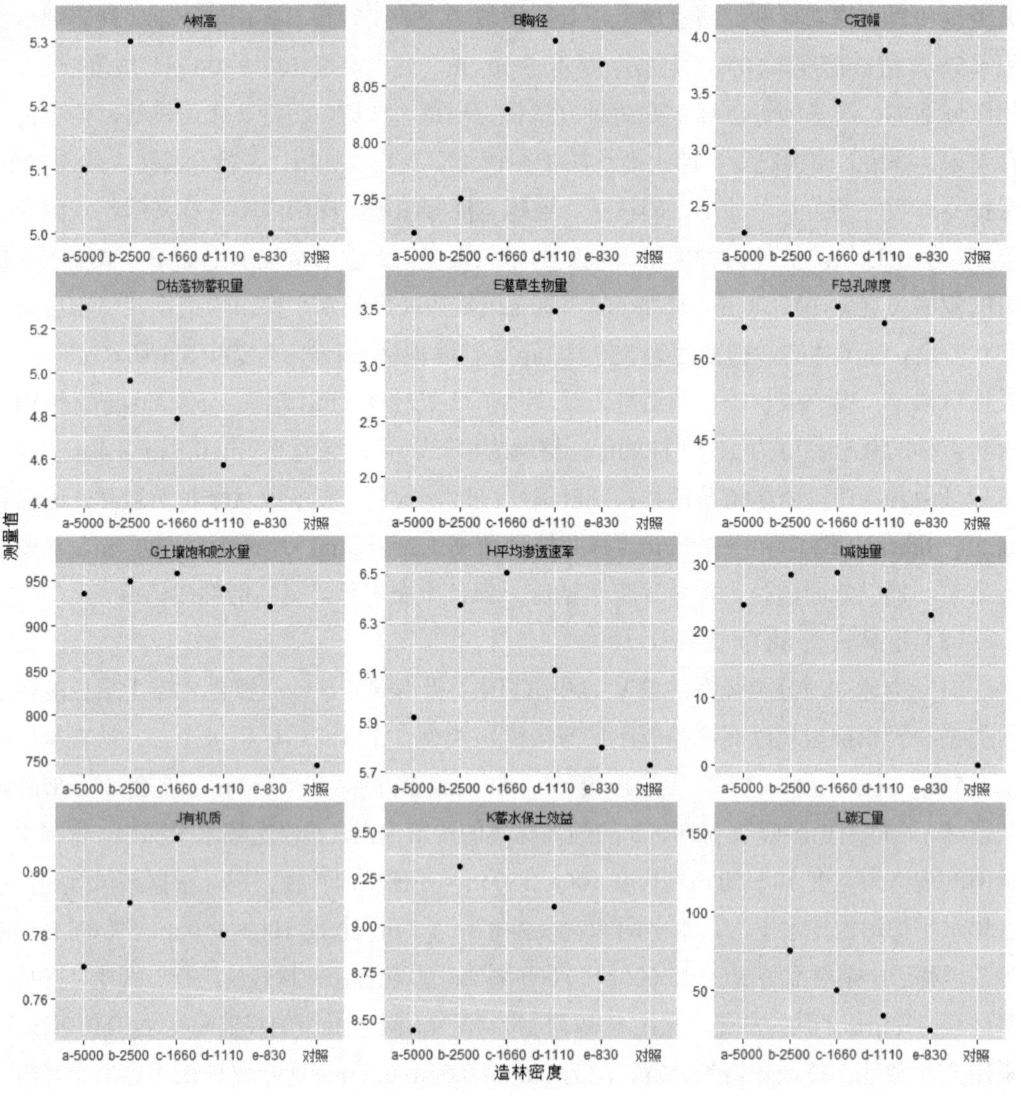

图 5-1 S1 模型不同密度造林生长状况及生态效益

指标单位：树高（m），胸径（cm），冠幅（m），枯落物蓄积量（$t\cdot hm^{-2}$），灌草生物量（$t\cdot hm^{-2}$），总孔隙度（%），土壤饱和贮水量（$m^3\cdot hm^{-2}$），平均渗透速率（$mm\cdot min^{-1}$），减蚀量（$t\cdot hm^{-2}\cdot a^{-1}$），有机质（%），蓄水保土效益（无量纲），碳汇量（$t\cdot hm^{-2}$）。

林木生长方面：10 年生侧柏林 5 种密度的林木生长状况有一定的规律，树高以 2 500 株/hm^2 最高，密度过大或过低均影响树高生长；胸径随造林密度降低而增加，但密度过低（830 株/hm^2）会造成胸径降低；冠幅随造林密度降低而增加，变化趋势具有一致性（图 5-1A、图 5-1B、图 5-1C）；林木生长量较大的密度是 2 500 株/hm^2，1 660 株/hm^2、1 110 株/hm^2 的次之，5 000 株/hm^2 的较小。

生态效益方面：随着造林密度降低，枯落物蓄积量也同步降低，灌草生物量则随之增加，但 1 600 株/hm^2 以上变化不大；碳汇量也随造林密度的降低而减少（图 5-1D、图 5-1E、图 5-1L）。

土壤总孔隙度、土壤饱和贮水量、平均渗透速率、减蚀量、有机质含量以及蓄水保土效益均随造林密度变化呈现出先增加再减小的趋势。峰值均出现在 1 600 株/hm^2 的密度，体现出较强的生态效益。

5.3.3 石灰岩山地造林模型 S2 生态效益

造林模型 S2 配置在构建的立地分类体系第Ⅱ类：较多裸岩裸砂低覆盖薄土层低山极陡坡类型。适用于石灰岩山地山体中上部的区域治理造林，坡度>25°，土层 15～25 cm，应保护和培育现有的黄荆、酸枣、杠柳等灌藤植被，营造侧柏、黄栌、连翘、扶芳藤、山杏等乔灌木树种，形成不规则的行间、株间、带状、块状乔灌混交林。2005 年春季采用长、宽、深为 0.4 m×0.4 m×0.3 m 的穴状整地，于 2005 年雨季以栽植的侧柏连翘混交林（a 侧连）、侧柏扶芳藤混交林（b 侧扶）、侧柏山杏混交林（c 侧山）、侧柏黄栌混交林（d 侧黄）4 个林分类型为研究对象，以侧柏纯林（e 侧纯）作为对照。测量结果见图 5-2。

不同混交林的侧柏及其混交树种生长存在显著差异。例如，造林 3 年时，从不同林龄、不同混交林的总体生长状况来看，林木生长量大的类型为侧柏黄栌混交林、侧柏扶芳藤混交林，侧柏连翘混交林和侧柏山杏混交林次之，侧柏纯林的较小。乔灌混交林从不同林龄的层面来看，10 年生乔灌混交林的蓄水保土效益较大，5 年生的次之，3 年生的较小。从不同混交林的类型上来看，不同林龄混交林均有一定的差异性，方差结果如表中字母标记所示，其中，侧柏黄栌混交林、侧柏连翘混交林的蓄水保土效益较大，侧柏扶芳藤混交林、侧柏山杏混交林的次之，侧柏纯林的较小。

5.3.4 石灰岩山地造林模型 S3 生态效益

造林模型 S3 配置在构建的立地分类体系第Ⅲ类和第Ⅳ类：少裸岩裸砂高覆盖薄土层低山陡坡类型和少裸岩裸砂高覆盖中土层低山较陡坡类型。适用于石灰岩山地山体中部的区域治理造林。坡度 15°～25°，土层 25～40 cm，采取针阔混交、针叶与彩叶混交、阔叶与彩叶混交的混交方式，选择侧柏、黄栌、刺槐、五角枫、苦楝、臭椿、黄连木等树种，营造不规则的行间、株间、带状、块状混交林。采用长、宽、深为 0.7 m×0.5 m×0.4 m 的鱼鳞坑整地，保留林地内黄荆、酸枣等灌木。主要研究的混交类型为侧柏五角枫混交林、侧柏刺槐混交林、侧柏苦楝混交林、侧柏黄连木混交林、侧柏臭椿混交林等，其中，以侧柏林作为对照。

其中，侧柏刺槐混交林、侧柏五角枫混交林和侧柏臭椿混交林的林木生长量较大，侧柏苦楝混交林和侧柏黄连木混交林的次之，侧柏纯林的较小。

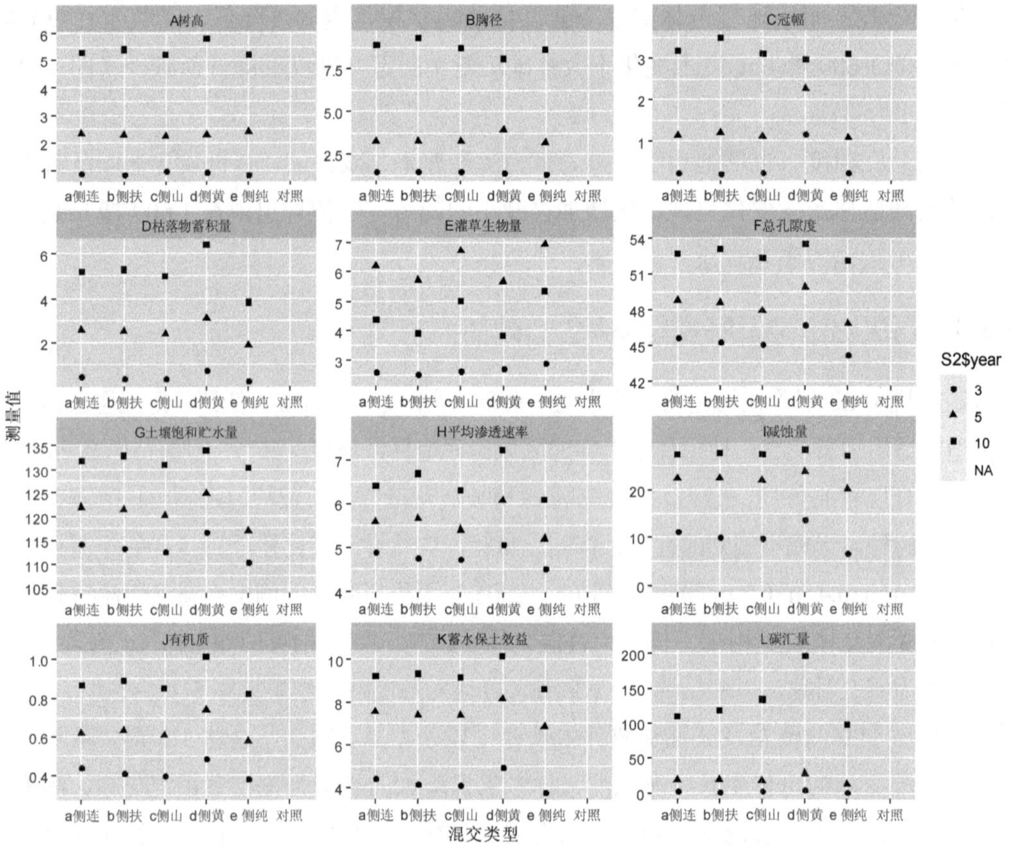

图 5-2 S2 模型不同密度造林生长状况及生态效益

指标单位：树高（m），胸径（cm），冠幅（m），枯落物蓄积量（$t·hm^{-2}$），灌草生物量（$t·hm^{-2}$），总孔隙度（%），土壤饱和贮水量（$m^3·hm^{-2}$），平均渗透速率（$mm·min^{-1}$），减蚀量（$t·hm^{-2}·a^{-1}$），有机质（%），蓄水保土效益（无量纲），碳汇量（$t·hm^{-2}$）。

选取的枯落物蓄积量、灌草生物量、土壤总孔隙度、与对照相比增加的土壤饱和贮水量、土壤平均渗透速率、减蚀量、土壤有机质含量等因子的单位不统一，无法进行直接汇总，在数据整理后还需对数据进行消除量纲。从不同林龄上来看，10 年生混交林的蓄水保土效益较大，5 年生的次之，3 年生的较小。表明随着林龄的增长，混交林的林下灌草植被、枯落物蓄积量、土壤理化性质、土壤水文效应、土壤渗透和土壤侵蚀向着愈加良好的方向发展，从而发挥出较大的蓄水保土效益。

对 3 种林龄混交林的蓄水保土效益进行方差分析，结果如图 5-3 中的字母标记所示。从不同混交类型上来看，3 种林龄混交林均表现为侧柏刺槐混交林和侧柏苦楝混交林的蓄水保土效益较大，侧柏五角枫混交林、侧柏臭椿混交林和侧柏黄连木混交林的次之，侧柏纯林的蓄水保土效益较小。

综上所述，侧柏刺槐混交林和侧柏苦楝混交林具有较好的枯落物层蓄积量、灌草生物量、土壤总孔隙度、与对照相比增加的土壤饱和贮水量、土壤平均渗透速率、减蚀量、土壤有机质，因此其具有较大的蓄水保土效益。

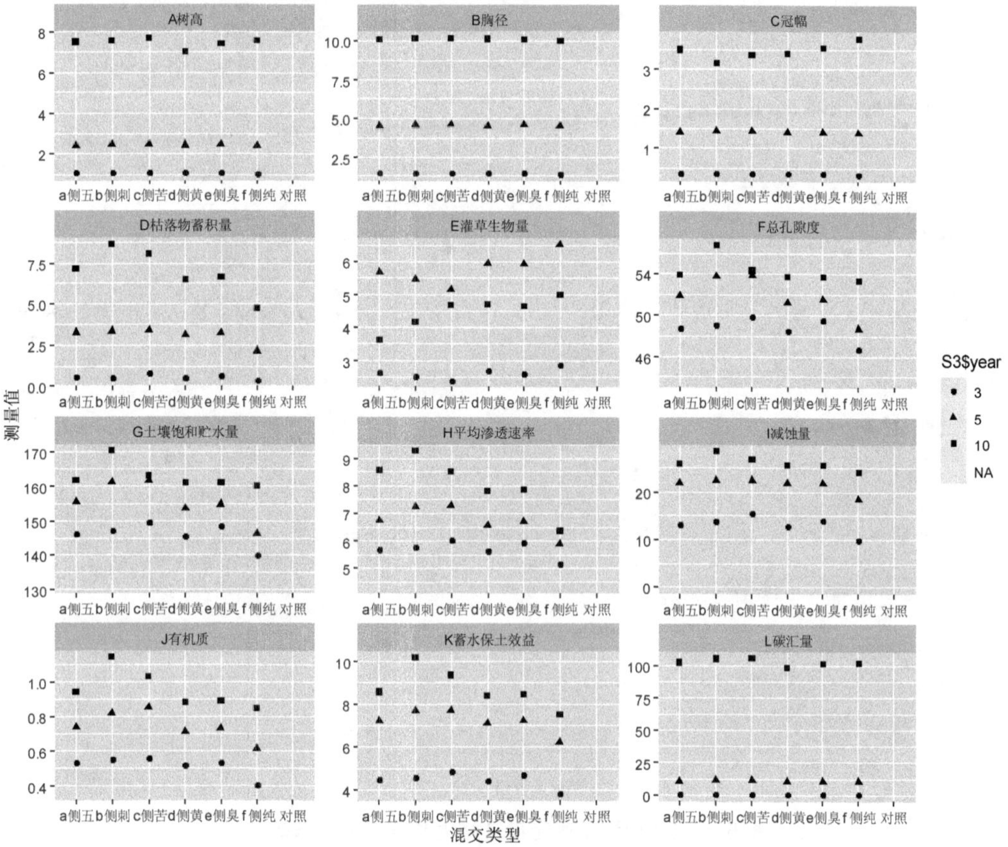

图 5-3　S3 模型不同密度造林生长状况及生态效益

指标单位：树高（m），胸径（cm），冠幅（m），枯落物蓄积量（$t\cdot hm^{-2}$），灌草生物量（$t\cdot hm^{-2}$），总孔隙度（%），土壤饱和贮水量（$m^3\cdot hm^{-2}$），平均渗透速率（$mm\cdot min^{-1}$），减蚀量（$t\cdot hm^{-2}\cdot a^{-1}$），有机质（%），蓄水保土效益（无量纲），碳汇量（$t\cdot hm^{-2}$）。

5.3.5　石灰岩山地造林模型 S4 生态效益

造林模型 S4 配置在构建的立地分类体系第Ⅴ类和第Ⅵ类：极少裸岩裸砂高覆盖较厚土层丘陵较缓坡类型和极少裸岩裸砂高覆盖厚土层丘陵缓坡类型。适用于石灰岩山地山体下部的区域治理造林。坡度 8°～15°，土层＞40 cm，修建水平梯田，在梯田内营造香椿、花椒、柿树、山楂、核桃、桃树等经济林树种，保护堰坡、空隙地的现有灌草，形成不规则的带状、块状阔阔混交林。2006 年春季采用窄幅水平梯田整地，在此基础上挖长、宽、深为 0.6 m×0.6 m×0.5 m 的穴状整地，栽植不规则的块状、带状经济林，栽植的树种有香椿、花椒、桃树、核桃、山楂、柿树等。其中，香椿林的密度较大，为 5 000 株/hm^2；花椒林的密度次之，为 1 660 株/hm^2；其余林分均为 500 株/hm^2。

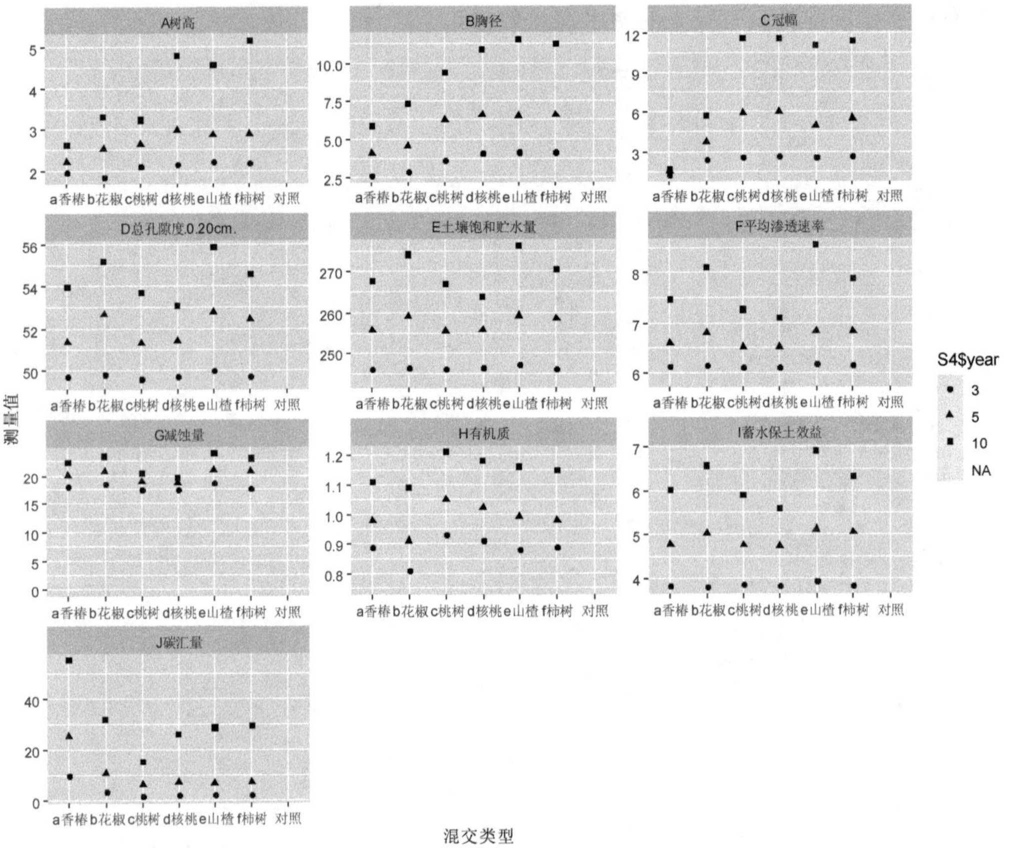

图 5-4 S4 模型不同密度造林生长状况及生态效益

指标单位：树高（m），胸径（cm），冠幅（m），总孔隙度（%），土壤饱和贮水量（$m^3 \cdot hm^{-2}$），平均渗透速率（$mm \cdot min^{-1}$），减蚀量（$t \cdot hm^{-2} \cdot a^{-1}$），有机质（%），蓄水保土效益（无量纲），碳汇量（$t \cdot hm^{-2}$）。

不同经济林的树高、地径之间存在显著差异性，其中，以核桃林、山楂林和柿树林的生长状况较好，花椒林和桃树林的次之，香椿林的较差。

选取不同经济林的土壤总孔隙度、与对照相比增加的土壤饱和贮水量、土壤平均渗透速率、与对照相比减少的土壤侵蚀量、土壤有机质进行蓄水保土效益计算，结果如图 5-4 所示。可知不同林龄不同类型的经济林中山楂林的蓄水保土效益最大，10 年生的为 6.91，5 年生的为 5.12，3 年生的为 3.94；从不同林龄上来看，6 种经济林均表现为 10 年生林分的蓄水保土效益较大，5 年生的次之，3 年生的较小。

对不同林龄 6 种经济林的蓄水保土效益进行方差分析，结果表明，3 年生各经济林的蓄水保土效益之间无显著差异，其中，以山楂林（3.94）为最大，花椒林（3.80）为最小；10 年生和 5 年生各经济林的蓄水保土效益之间存在显著差异，均表现为山楂林和花椒林的蓄水保土效益显著大于其他林分，柿树林、香椿林和桃树林的次之，核桃林的较小。

综上所述，山楂林和花椒林的蓄水保土效益较大，柿树林、香椿林和桃树林的次之，核桃林的较小。

5.3.6 砂石山地造林模型 S5 生态效益

造林模型 S5 配置在构建的立地分类体系第 I 类和第 II 类：多裸岩裸砂低覆盖极薄土层低山极陡坡类型和较多裸岩裸砂低覆盖薄土层低山极陡坡类型。适用于砂石山地山体上部的区域治理造林。该区域山体坡度大，坡度>25°，岩石裸露，土壤干旱瘠薄，土层<20 cm，适宜造林的树种少，造林难度大。应保护和培育现有的黄荆、胡枝子、扁担木、连翘等灌藤植被，营造黑松林，形成不规则的行间、株间、带状、块状乔灌混交林。2005 年雨季采用长、宽、深为 0.4 m×0.4 m×0.3 m 的穴状整地以栽植的 4 个林分密度及 3 个林龄的黑松林为研究对象，4 个林分密度分别为 2 500 株/hm^2、2 000 株/hm^2、1 660 株/hm^2 和 1 110 株/hm^2，3 个林龄分别为 3a、5a 和 10a。

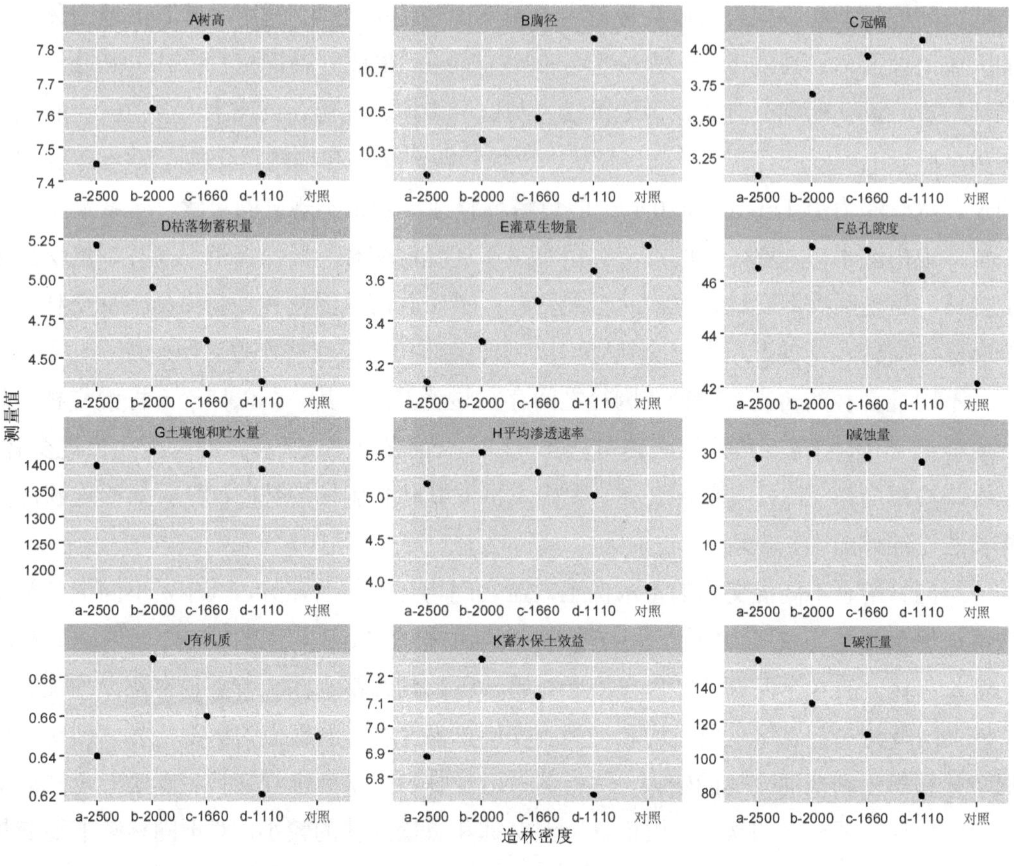

图 5-5　S5 模型不同密度造林生长状况及生态效益

指标单位：树高（m），胸径（cm），冠幅（m），枯落物蓄积量（$t \cdot hm^{-2}$），灌草生物量（$t \cdot hm^{-2}$），总孔隙度（%），土壤饱和贮水量（$m^3 \cdot hm^{-2}$），平均渗透速率（$mm \cdot min^{-1}$），减蚀量（$t \cdot hm^{-2} \cdot a^{-1}$），有机质（%），蓄水保土效益（无量纲），碳汇量（$t \cdot hm^{-2}$）。

其中，1 660 株/hm^2 生长状况较好，2 000 株/hm^2 和 1 110 株/hm^2 的生长状况次之，2 500 株/hm^2 的生长状况较差。

对不同造林密度的黑松林的蓄水保土效益进行方差分析，结果显示不同造林密度的黑松林蓄水保土效益的显著性为 p=0.000，表明不同造林密度对黑松林土壤蓄水保土效益的影响极显著。在方差分析显著的基础上对其进行多重分析，结果如图 5-5 中的字母标记所示，不同造林密度黑松林的蓄水保土效益有显著差异，且两两之间差异显著。

总之，4 种造林密度的黑松林中，2 000 株/hm^2 黑松林的蓄水保土效益较大，1 660 株/hm^2 和 2 500 株/hm^2 的次之，1 110 株/hm^2 的较小。

5.3.7 砂石山地造林模型 S6 生态效益

造林模型 S6 配置在构建的立地分类体系第III类和第IV类：少裸岩裸砂高覆盖薄土层低山陡坡类型和少裸岩裸砂高覆盖中土层低山较陡坡类型。适用于砂石山地山体中部的区域治理造林。坡度 15°～25°，土层 20～40 cm，采取针阔混交、针叶与彩叶混交、阔叶与彩叶混交的混交方式，营造黑松、刺槐、黄栌、臭椿、黄连木、五角枫、麻栎等树种，形成不规则的行间、株间、带状、块状针阔混交林和阔阔混交林。2006 年春季采用长、宽、深为 0.7 m×0.5 m×0.4 m 的鱼鳞坑整地，栽植不规则的块状、带状混交林，保留林地内灌木。主要研究的混交类型有黑松连翘混交林、黑松黄栌混交林、黑松臭椿混交林、黑松刺槐混交林、黑松麻栎混交林、黑松五角枫混交林、刺槐臭椿混交林、刺槐麻栎混交林、刺槐五角枫混交林等，以刺槐纯林和黑松纯林作为对照。

不同混交林的树高、地径或胸径之间存在显著差异，其中，以黑松麻栎混交林、刺槐麻栎混交林、刺槐五角枫混交林和刺槐臭椿混交林的生长量较大，黑松五角枫混交林、黑松刺槐混交林、黑松臭椿混交林、黑松黄栌混交林和刺槐纯林的次之，黑松连翘混交林和黑松纯林的生长量较小。

不同林龄、不同混交林的蓄水保土效益之间均存在显著差异，其中，不同混交类型的蓄水保土效益均表现为 10 年生的较大，5 年生的次之，3 年生的较小，表明随着林龄的增长，林分的水土保持功能也在不断完善，所起到的蓄水保土效益也在逐渐增加。其中，不同林龄的蓄水保土效益均表现为刺槐麻栎混交林、刺槐五角枫混交林、刺槐臭椿混交林和黑松刺槐混交林的较大，黑松黄栌混交林、黑松麻栎混交林、黑松五角枫混交林和黑松连翘混交林的次之，黑松臭椿混交林和黑松纯林的较小。对不同林龄下混交林的蓄水保土效益进行方差分析，结果表明，不同混交类型的蓄水保土效益之间均存在显著差异。

综上所述，刺槐麻栎混交林、刺槐五角枫混交林、刺槐臭椿混交林和黑松刺槐混交林的蓄水保土效益较大，黑松黄栌混交林、黑松麻栎混交林、黑松五角枫混交林和黑松连翘混交林的次之，黑松臭椿混交林和黑松纯林的蓄水保土效益较小。

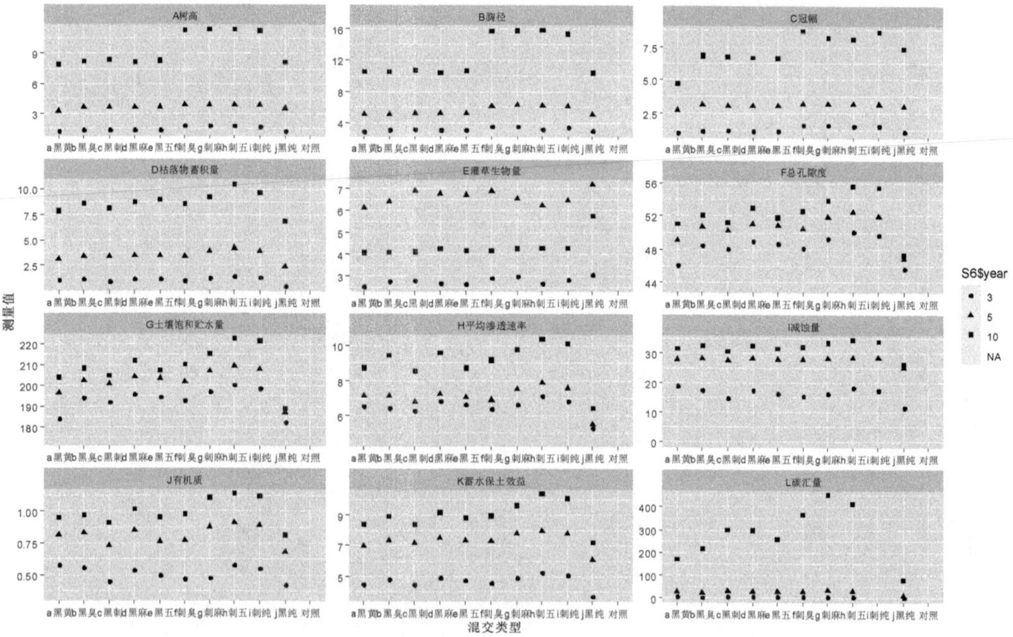

图 5-6　S6 模型不同密度造林生长状况及生态效益

指标单位：树高（m），胸径（cm），冠幅（m），枯落物蓄积量（$t{\cdot}hm^{-2}$），灌草生物量（$t{\cdot}hm^{-2}$），总孔隙度（%），土壤饱和贮水量（$m^3{\cdot}hm^{-2}$），平均渗透速率（$mm{\cdot}min^{-1}$），减蚀量（$t{\cdot}hm^{-2}{\cdot}a^{-1}$），有机质（%），蓄水保土效益（无量纲），碳汇量（$t{\cdot}hm^{-2}$）。

5.3.8　砂石山地造林模型 S7 生态效益

造林模型 S7 配置在构建的立地分类体系第Ⅴ类和第Ⅵ类：极少裸岩裸砂高覆盖较厚土层丘陵较缓坡类型和极少裸岩裸砂高覆盖厚土层丘陵缓坡类型。适用于砂石山地山体下部的区域治理造林。坡度 8°～15°，土层厚度 40～50 cm，修建窄幅水平梯田，在梯田内营造花椒、板栗、核桃、杏树、桃树、山楂等经济林树种，保护堰坡、空隙地的现有灌草，形成不规则的带状、块状阔阔混交林。2006 年春季采用窄幅水平梯田整地，在此基础上挖长、宽、深为 0.6 m×0.6 m×0.5 m 的穴状整地，栽植不规则的块状、带状经济林，其造林密度均为 500 株/hm^2。

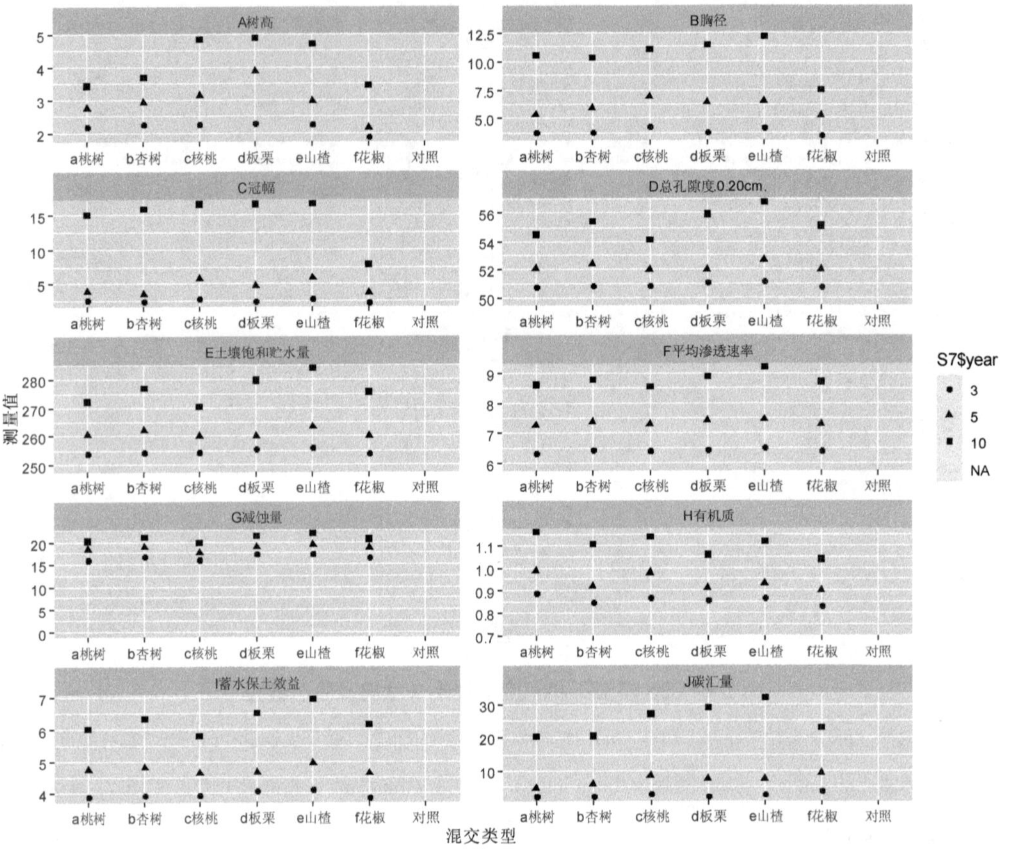

图 5-7　S7 模型不同密度造林生长状况及生态效益

指标单位：树高（m），胸径（cm），冠幅（m），枯落物蓄积量（$t \cdot hm^{-2}$），灌草生物量（$t \cdot hm^{-2}$），总孔隙度（%），土壤饱和贮水量（$m^3 \cdot hm^{-2}$），平均渗透速率（$mm \cdot min^{-1}$），减蚀量（$t \cdot hm^{-2} \cdot a^{-1}$），有机质（%），蓄水保土效益（无量纲），碳汇量（$t \cdot hm^{-2}$）。

山楂林和板栗林的林木生长量较大，核桃林、桃树林和杏树林的次之，花椒林的林木生长量较小。

不同经济林的蓄水保土效益之间有一定的差异性，其中，山楂林、板栗林和杏树林的蓄水保土效益较大，花椒林和桃树林的次之，核桃林的较小。对不同经济林的蓄水保土效益进行方差分析，结果表明不同经济林的蓄水保土效益之间存在显著差异。

综上所述，山楂林、板栗林和杏树林的蓄水保土效益较大，花椒林和桃树林的次之，核桃林的较小。

5.3.9　砂石山地造林模型 S8 生态效益

造林模型 S8 配置在立地分类体系构建的第Ⅴ类和第Ⅵ类：极少裸岩裸砂高覆盖较厚土层丘陵较缓坡类型和极少裸岩裸砂高覆盖厚土层丘陵缓坡类型。2006 年冬季在乳山市的砂石山区阳坡且背风向阳山体中下部，在坡度 3°～5°的山坡整修水平梯田，梯田宽度 40 m，长度 80 m；在坡度 6°～8°的山坡整修水平梯田，梯田宽度 20 m，长度 80 m；在坡度 9°～12°的山坡整修水平梯田，梯田宽度 12 m，长度 80 m；在坡度 13°～15°的山坡整修水平梯田，梯田宽度 8 m，长度 80 m。即形成 40 m×80 m、20 m×80 m、12 m×80 m、8 m×80 m 的 4 种网格茶园防护林网。

2007 年春季在水平梯田内选择从浙江省杭州市引进的鸠坑茶树种子播种造林，茶树栽植密度为 60 600 株/hm^2；2007 年雨季在梯田地埂栽植 1 行株距为 1.5 m 的黑松，形成单行稀疏结构副林带，在茶园道路内侧栽植 1 行株间混交的蜀桧、龙柏、黑松；2007 年秋季在道路外侧栽植 1 行樱桃，株行距为 1.5 m×3 m，形成 4 行紧密结构的针阔混交的主林带。

试验区冬春季以东北风为主，因此，防护林主林带走向为南北方向，主林带与副林带垂直。图 5-8 为主林带间距 80 m，副林带间距 8 m，面积 8 m×80 m 的防护林网格配置图，其他 3 种面积的防护林除副林带间距分别为 12 m、20 m、40 m 之外，其他配置均与图中所示配置相同。

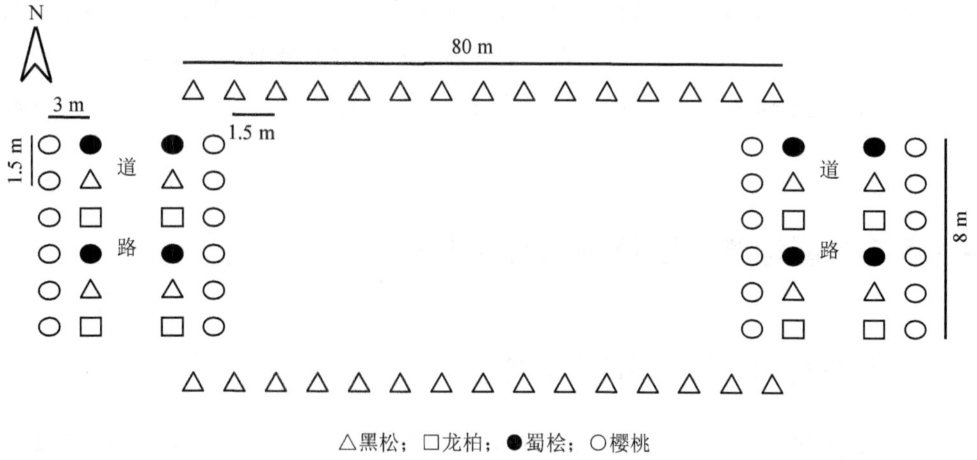

图 5-8　茶园防护林配置图

经测定，4 月、8 月和 12 月对照茶园的日平均风速分别为 4.77 m/s、3.67 m/s 和 4.10 m/s，根据茶园防护林内的平均风速与对照茶园相比，得出 4 种茶园防护林在不同季节的防风效能。由图 5-9 可知，4 种茶园防护林的防风效能之间有一定的差异性，在 4 月、8 月和 12 月中，茶园防护林的防风效能均表现为 8 m×80 m 的显著大于其他三种网格，12 m×80 m 和 20 m×80 m 防护林的防风效能之间无显著差异，40 m×80 m 的防风效能最小。因此，网格面积较小的茶园防护林有较好的防风效能。

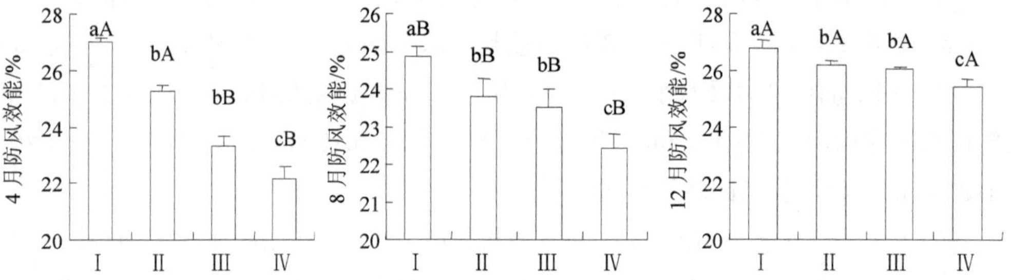

Ⅰ：8 m×80 m；Ⅱ：12 m×80 m；Ⅲ：20 m×80 m；Ⅳ：40 m×80 m

注：小写字母表示不同网格之间的显著差异（$p<0.05$）；大写字母表示不同月份之间的显著差异（$p<0.05$）。

图 5-9 茶园防护林防风效能（平均值±标准误差）

引起乳山地区茶树冻害的主要原因源于茶树自身抗寒性、外界气候条件等，而气候是众多因素中最主要的，本书中试验地的气候特征主要表现为低温、干旱、大风，低温能直接导致茶树冻害，干旱对茶树冻害程度起决定性作用，而大风则直接影响着茶园内的温度及干旱状况。防风效能越好的防护林，越具有较好的调节茶园微环境的能力，因此，8 m×80 m、12 m×80 m、20 m×80 m 的茶园防护林在维持茶叶高产稳产方面具有较大潜力。

5.4 滨海盐碱地改良区特点和治理方式

5.4.1 黄河三角洲滨海盐碱地土壤类型

与山地复杂的立地类型特点不同，黄河三角洲滨海盐碱地土壤类型较少，主要为盐土、盐化潮土、潮土、潮盐土和盐碱土，因此，黄河三角洲盐碱地的治理应该主要针对以上土类进行。

黄河三角洲的土壤盐分具有明显的地带性和层次性，越靠近海岸线，地下水位越高，土壤盐分含量就越大。同时，土壤盐分还具有斑块性，同一块土地的土壤盐分含量差异较大。土壤中盐分随季节和水位的变化而变化，并且受土壤水分蒸发影响显著，因此研究土壤水盐运动规律对于了解土壤盐分的变化规律十分重要。

分别在 2013 年春季（5 月 10 日）和秋季（9 月 10 日）用电导率测定仪对混交林地土壤 0～20 cm 和 20～40 cm 处的土壤盐分进行了测定（图 3-3），用地统计学软件包 GS+进行半方差的计算与半方差图的绘制和插值，结果见图 5-10。

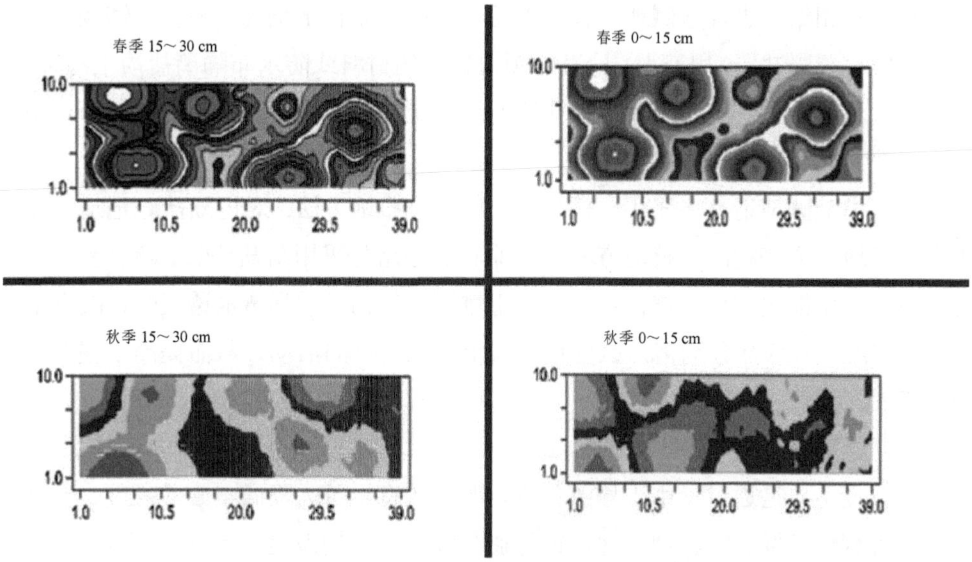

图 5-10　土壤盐分电导率插值分析结果

结合研究结果发现，土壤盐分含量有明显的季节差异性，春季显著高于秋季。针对这种情况，在条件允许的情况下，应选择在雨季或者秋季造林。如果必须在春季造林，应该通过灌溉等措施来降低土壤盐分含量，以提高苗木成活率和保存率。土壤盐分含量有明显的层次性，土壤含盐量在春季上层大于下层，在秋季上层小于下层。由于土壤上层盐分季节间变异幅度较大，因此要加强对土壤上层盐分的调控。

不同季节土壤表层和下层盐分在空间分布上具有明显的斑块性。由于盐分分布的斑块性，在盐分分布较高的斑块点或区域应采取一些重点措施降低盐分，以此来保证该土壤上苗木的成活率，防止出现林中空地，促进林相整齐。

地下水位与降水量存在显著相关性，由于黄河三角洲地区地下水位较高，基本在 0.8～2.5 m，当短时间内降水量达到一定的阈值时，会显著地影响地下水位的高低。因此，当短时间内发生较强的降雨时，要采取排水措施，防止土壤返盐，增加土壤表层含盐量。

5.4.2　黄河三角洲盐碱地综合治理技术

黄河三角洲盐碱地综合治理技术主要包括工程改良、化学改良和生物改良。

（1）工程改良

工程改良主要有沟渠排碱、灌水压碱、客土改碱、修筑台田、铺隔离层等措施。沟渠排碱就是深挖条沟，修建排盐碱沟；灌水压碱可加速重盐碱地的改造，特别是在具备排水系统的情况下，引用淡水来溶解土壤中的盐分，再通过排水沟将盐分排走；客土改碱与修筑台田相结合进行盐碱地改良的方法，一般采取客土垫高台种树；铺隔离层一般是在树沟底设置隔盐层，用石屑、炉渣等颗粒较大的材料或防水布隔离盐渍土与种植土，阻断毛细管水的上升，使毛细管水上升的前缘稳定在植物根层以下，避免盐分对植物根系的伤害[48]。

目前滨海盐碱地造林多采用台田、条田和大坑整地方法；对内陆盐碱地造林多采用机耕全面整地、沟垄和高台整地方法；平原花碱地造林采用防盐躲盐、沟垄整地方法。还可以通过深耕细耙防止土壤板结，改善土壤团粒结构，增强透水透气性，改良土壤性状，保水保肥，降低盐分危害，这也有利于土壤微生物的活动，从而提高土壤肥力，抑制盐分积累。

（2）化学改良

化学改良主要是通过使用土壤改良剂，既可改良土壤、降低土壤酸碱度、提高土壤肥力，又可给土壤增加铁、钾、锰、铜等微量元素。常用改良剂包括以下几种：

①石膏。最好用的是硬石膏，可以直接粉碎施用。通过钙离子和土壤中游离的重碳酸钠的化学作用，生成碳酸钙、重碳酸钙和硫酸钠，降低土壤碱性，消除碳酸钠及重碳酸钠对作物的毒害。钙离子可以代换土壤胶体上的钠离子，使钠黏土变为钙黏土。通过在盐碱地中加入脱硫石膏，可以使土壤孔隙度变大、渗水性能提高、土壤含盐量降低，土壤 pH 和钠吸附比会随着改良时间的延长呈下降趋势，土壤有效养分和土壤有机质的含量呈上升趋势[49]。

②黑矾。又叫皂矾，主要化学成分为硫酸亚铁。硫酸亚铁和水作用可生成硫酸，所生成的硫酸，可直接起到中和作用，降低土壤的碱性。如果用在石灰性土壤中，又可和土壤中的石灰起作用，生成石膏，起到石膏的化学改良效果。

③煤矸石或粉煤灰。煤矸石中含有硫酸铁、硫黄、硫酸铝和游离的硫酸等物质，煤矸石可以就近取材作为改土之用。粉煤灰、磷肥隔离层阻碱法造林，可大大提高盐碱地的造林成活率。造林后前两年树木生长情况良好，高生长量较常规客土造林有很大提高，并有效地阻止了盐碱的上升，遏制树木根系周围盐碱的积累，可有效地解决盐碱地客土造林后返盐、返碱的问题。

④腐殖酸。采用腐殖酸钠离子吸附剂、活性促根剂、化学改良剂、土壤酸化剂、基础酸性化肥等多种原料制成。内含一定比例的氮、磷、钾和多种微量元素，有机改良剂和无机改良剂相结合，速效与迟效相结合，利用酸碱中和反应、离子交换、盐类转化等原理，使盐碱土壤的理化性状得到改善，使花木在盐碱地可以正常生长。

⑤草炭或风化煤泥炭。草炭具有较大的离子交换容量，易促进土壤团聚体的形成，对土壤良好结构的形成具有积极的作用。泥炭和风化煤具有提高土壤孔隙度、降低 pH、激活离子、增加养分和增强酶生物学活性等效果。

（3）生物改良

生物改良主要是通过构建农林复合生态等措施，选用耐盐植物进行地表植被恢复，可降低土壤盐分、抑制土壤返盐，达到改良保育土壤的目的，是目前成本最低、改良效果较好、稳定性较好的一种盐碱地改良方法。

在黄河三角洲地区，主要有下列几个方面的生物改良方式：

①对于地下水位较低、土壤含盐量较低、立地条件较好的地段，可以选用耐盐树种直接进行造林，以营建混交林为主、纯林为辅，同时结合农林复合种植进行植被恢复和生态改良，主要生态改良模式有白蜡（榆树、杨树、柳树）+玉米（棉花、大豆）等。利用这种技术可以提高造林成活率 30%、降低风速 50%、降低土壤含盐量 60%～77%（4 月）。

②对于地下水位较高、土壤含盐量较高的地段，造林要选用耐盐能力强的树种，如柽柳、白刺、白榆等；或者先进行台田整地，利用雨水或者引用黄河水进行盐分淋洗，待土壤盐分下降后再选用其他如白蜡、柳树、榆树、臭椿等乔木树种和紫穗槐、柽柳等灌木树种进行乔灌混交造林。在高盐碱地区，可以使用柽柳进行片状造林。

为提高造林成活率可采取“包裹式造林技术”。挖穴规格为 1 m×1 m×1 m，底部设置 15～20 cm 的炉渣或者沙子隔盐层，在隔盐层上面垫 5 cm 左右的底肥。种植穴正中央放置一个直径 80 cm 左右的圆桶，桶壁四周与种植穴壁的距离保持一致。在种植穴内、桶的外围，填满秸秆或者沙子，踏实，形成“外方内圆”的秸秆层。在桶内按照“三埋两踩一提苗”技术进行植树，填土的同时，注意逐渐往上抽出桶。浇大水、覆细土，以利于洗盐，防止蒸发。这种方法能有效地抑制返盐，如苦楝成活率可从 70%提高到 85%。

中国盐碱地资源较为丰富，合理开发利用盐碱地资源是变不利条件为有利因素、促进土壤盐碱化地区可持续发展的重要途径之一。在未来盐碱地的治理与利用中，应该更新思想观念，从强调治理改造转向追求人与自然的和谐统一，立足盐碱环境，因地制宜地发展盐碱林业，促进中国盐碱化地区生态效益、经济效益和社会效益的三统一。对盐碱地资源的利用，要从盐渍土资源、植物资源、水资源等诸方面综合考虑，努力拓展盐碱地开发利用途径。

5.4.3 丰富造林树种和品种

通过引进耐盐碱树种，丰富了盐碱地造林树种和品种，由原先的 25 个造林树种（品种）增加到 30 个，新引进的 6 个树种分别为欧洲光叶榆、美洲榆树、美洲白蜡、沙柳、杜梨、蒙古莸。可供造林的无性系树种（品种）达到 56 个，其中，柳树 41 个、杨树 5 个、白蜡 9 个、柽柳 6 个。这些新引进选育的树种和品种，已经在滨海盐碱地的造林治理中进行了大面积的推广，改变了黄河三角洲造林树种和品种单一的局面，对增加造林树种的多样性、提高林分的生态稳定性和改良效果具有重要作用。

5.5 黄河三角洲滨海盐碱地造林模型生态效益

滨海盐碱地生态林是一种多功能林分，既有防止水土流失、涵养水源、保护农田等生态功能，也有木材、果品、林下产品等实物产出。生态功能主要包括生物多样性保护、地球环境保护、防止水土流失和土壤保育、净化空气和减少噪声、水源涵养、保健休闲和文化文明等多个方面，本部分对各模型生态效益进行初步分析，主要涉及各模型间相对比较，需对监测部分进行更深入的研究。

5.5.1 植物多样性显著增加

项目在选择造林地时，注重保护自然或文化遗产、珍稀植物、公益林、自然保护区、重要动物栖息地等；在整地时，注重保护造林地原有灌藤草植被；在造林时，注重选择多树种和乡土树种，可以有效地保护和提高项目区的植物多样性。项目不同造林模型植物多样性变化见表 5-11。

表 5-11 SEAP 不同造林模型植物多样性变化 单位：种

	2010 年				2015 年				增加物种数量			
造林模型	乔木数量	灌藤数量	草本数量	物种数量	乔木数量	灌藤数量	草本数量	物种数量	乔木数量	灌藤数量	草本数量	物种数量
Y1	0	2	4	6	6	6	10	22	6	4	6	16
Y2	0	2	5	7	9	6	11	26	9	4	6	19
Y3	0	2	4	6	6	8	10	24	6	6	6	18
Y4	0	2	5	7	3	8	9	20	3	6	4	13
Y5	0	2	4	6	10	9	12	31	10	7	8	25

5.5.2 改善土壤质量，减少水土流失

项目在生态造林的清理与整地阶段严禁炼山和全垦整地，严格规范整地措施，保护林地灌草植被和枯落物，林地草本植被和枯枝落叶经过腐烂分解，进入表层土壤，借助雨水下渗逐渐渗入中下层土壤内，从而改善了土壤的物理性状，增加了土壤中的团粒结构，使土壤孔隙度增加，土壤容重降低，增加了土壤有机质和氮、磷、钾等养分的含量。项目不同造林模型土壤理化性状变化见表 5-12。

表 5-12　SEAP 不同造林模型土壤理化性状变化

造林模型	土壤容重/（g/cm^3）	总孔隙度/%	毛管孔隙度/%	非毛管孔隙度/%	有机质/%	速效氮/（mg/kg）	速效磷/（mg/kg）	速效钾/（mg/kg）
Y1	1.21	50.34	42.28	8.06	0.76	68.65	5.26	131.73
Y2	1.20	50.72	41.86	8.86	0.80	69.74	6.28	102.14
Y3	1.31	49.57	43.28	6.29	0.69	62.98	4.84	89.42
Y4	1.38	45.25	38.46	6.79	0.66	63.56	5.79	89.99
Y5	1.20	50.72	42.65	8.07	0.72	81.04	4.72	105.33
2010 年荒地基准	1.42	41.26	35.18	6.08	0.32	52.17	3.82	38.96

滨海盐碱地改良区在造林时注重选择耐盐树种和品种，采用多树种混交，可增加森林覆盖率，保护林下灌草植被，减少水分蒸发，防止土壤返盐；林木根系吸收土壤水分，可降低地下水位，抑制土壤返盐；林分大量枯枝落叶和林下草本植物腐烂分解，可改善土壤理化性状，增强雨水下渗，促进淋盐，从而达到降低土壤盐分的效果。滨海盐碱地改良区不同造林模型土壤含盐量变化见表 5-13。

表 5-13　SEAP 滨海盐碱地改良区不同造林模型土壤含盐量变化

造林模型	土层厚度/cm	荒地土壤盐分含量/%	4 月土壤盐分含量/%	与荒地相比盐分含量下降/%	7 月土壤盐分含量/%	与荒地相比盐分含量下降/%
Y1	0～20	0.35	0.08	0.27	0.06	0.29
	20～40	0.38	0.10	0.28	0.08	0.30
	40～60	0.37	0.11	0.26	0.08	0.29
Y2	0～20	0.35	0.07	0.28	0.05	0.30
	20～40	0.38	0.09	0.29	0.06	0.32
	40～60	0.37	0.10	0.27	0.08	0.29
Y3	0～20	0.35	0.07	0.28	0.05	0.30
	20～40	0.38	0.11	0.27	0.07	0.31
	40～60	0.37	0.13	0.24	0.09	0.28
Y4	0～20	0.35	0.12	0.23	0.10	0.25
	20～40	0.38	0.15	0.23	0.12	0.26
	40～60	0.37	0.14	0.23	0.14	0.23
Y5	0～20	0.35	0.09	0.26	0.07	0.28
	20～40	0.38	0.11	0.27	0.09	0.29
	40～60	0.37	0.12	0.25	0.10	0.27

5.5.3 森林碳汇量显著增加

项目在造林时注重选择多林种、多树种，营造复层乔灌混交林、针阔混交林、阔阔混交林，保护林内灌草植被和枯落物，林内主要树种、伴生树种、灌草植被的总生物量大，吸收的 CO_2 增多，储存碳源的能力强，可将 CO_2 更好地固定在植物体内，对净化空气、改善生态环境有重要作用。项目不同造林模型碳汇量见表 5-14。

表 5-14 SEAP 不同造林模型碳汇量

造林模型	林龄/a	林分密度/（株/hm^2）	林内总蓄积量/（m^3/hm^2）	吸收 CO_2 量/[t/（m^3·a）]	碳汇量/[t/（hm^2·a）]
Y1	6	830	73.63	1.83	134.74
Y2	6	500	35.67	1.83	65.28
Y3	6	830	66.15	1.83	121.05
Y4	6	1 110	49.72	1.83	90.99
Y5	6	1 110	68.97	1.83	126.22

5.5.4 防风效果显著提高

滨海盐碱地改良区在造林时注重多树种、多林种、多种混交方式营造带状和块状混交林，形成林带、林网、片状用材林、片状经济林、林粮间作的带、网、片、间相结合的综合防护林体系，可以起到降低风速、减轻风灾对农作物危害的作用。滨海盐碱地改良区不同造林模型 4 月防风效应见表 5-15。

表 5-15 SEAP 滨海盐碱地改良区不同造林模型 4 月防风效应

造林模型	旷野风速/（m/s）	林内风速/（m/s）	5*H* 处风速/（m/s）	10*H* 处风速/（m/s）	15*H* 处风速/（m/s）	林内降低风速/%	5*H* 处降低风速/%	10*H* 处降低风速/%	15*H* 处降低风速/%	平均降低风速/%
Y1	4.38	1.16	1.74	2.45	3.12	73.52	60.27	44.06	28.77	51.66
Y2	5.12	1.30	2.04	3.17	3.83	74.61	60.16	38.09	25.20	49.51
Y3	5.68	1.52	2.26	3.49	4.19	73.24	60.21	38.56	26.23	49.56
Y4	4.08	1.14	1.68	2.56	2.82	72.06	58.82	37.25	30.88	49.75
Y5	6.12	1.58	2.52	3.56	4.35	74.18	58.82	41.83	28.92	50.94

第 6 章　优良树种汇集保存和选择

6.1　优良乡土树种汇集保存

6.1.1　优质乡土树种的汇集

在乳山、泗水、新泰、蒙阴、莱芜雪野、莒县、高密、东阿、河口、垦利、利津等地建立 11 处乡土树种汇集基地，总面积 66.7 hm^2，汇集了刺槐、杨树、麻栎、楸树、核桃、花椒、金银花、银杏、柳树、臭椿、白蜡、榆树、苦楝、国槐、紫穗槐、木槿、紫叶李、连翘、君迁子等优质乡土树种 100 余个，丰富了山东省优质乡土树种资源。各保存库概况分述如下：

（1）新泰

新泰研究区造林 260 亩，分为三部分：树种选择试验区造林面积 75 亩，汇集 22 个针阔叶树种；造林技术集成试验区造林面积 115 亩，设计了不同的造林密度、苗木规格、地表覆盖、保水剂应用、整地规格等措施；造林模式试验区造林面积 70 亩，设计了阔阔、针阔、乔灌 3 种混交模式，汇集 5 个造林树种。试验区布局见图 6-1。

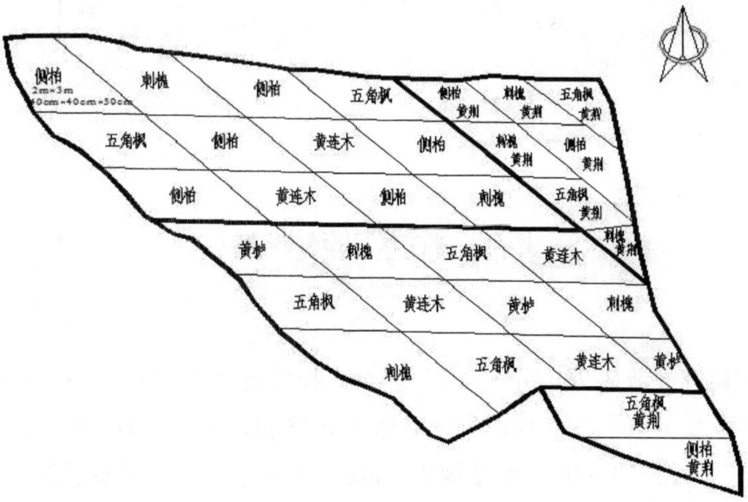

图 6-1　新泰研究区造林布局

（2）蒙阴

蒙阴研究区造林 70 亩，为造林模式试验区，设计了阔阔、针阔、乔灌 3 种混交模式，汇集 5 个造林树种。试验区布局见图 6-2。

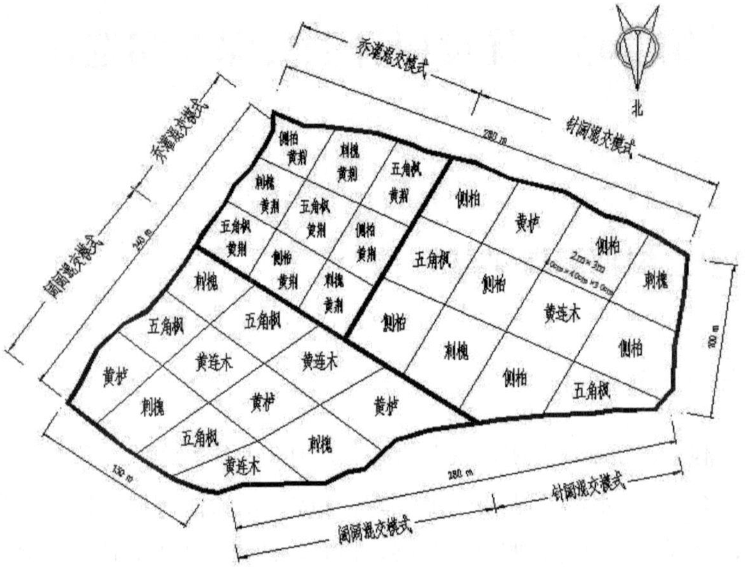

图 6-2　蒙阴研究区造林布局

（3）泗水

泗水研究区造林 50 亩，为造林模式试验区，设计了阔阔、针阔、乔灌 3 种混交模式，汇集 7 个造林树种。试验区布局见图 6-3。

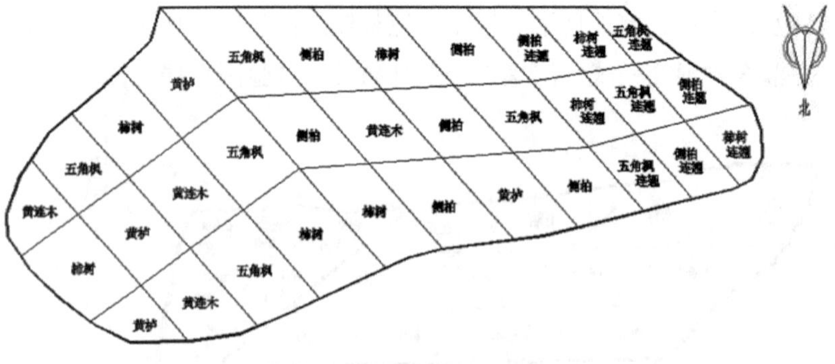

图 6-3　泗水研究区造林布局

（4）莱芜

莱芜雪野研究区造林 260 亩，分为三部分：树种选择试验区造林面积 65 亩，汇集 22 个针阔叶树种；造林技术集成试验区造林面积 85 亩，设计了不同的造林密度、苗木规格、地表覆盖、保水剂应用、整地规格等措施；造林模式试验区造林面积 110 亩，设计了阔阔、针阔、乔灌 3 种混交模式，汇集 5 个造林树种。试验区布局见图 6-4。

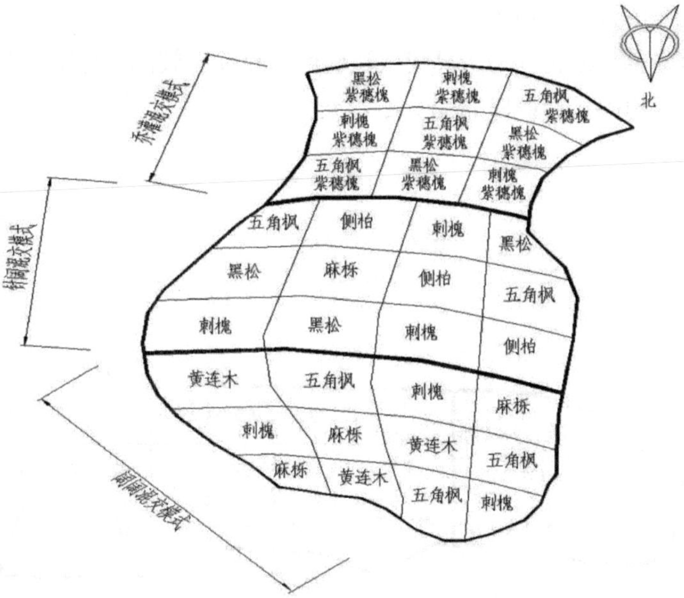

图 6-4 莱芜雪野研究区造林布局

（5）莒县

莒县研究区造林 140 亩，分为三部分：树种选择试验区造林面积 75 亩，汇集 22 个针阔叶树种；造林技术集成试验区造林面积 115 亩，设计了不同的造林密度、苗木规格、地表覆盖、保水剂应用、整地规格等措施；造林模式试验区造林面积 70 亩，设计了阔阔、针阔、乔灌 3 种混交模式，汇集 5 个造林树种。试验区布局见图 6-5。

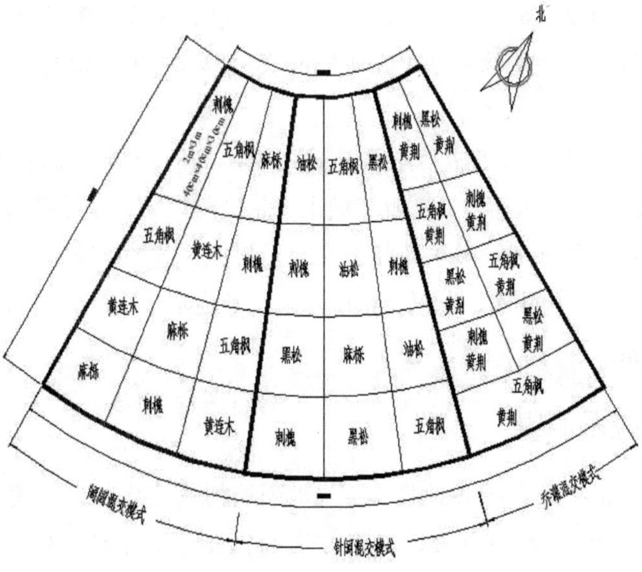

图 6-5 莒县研究区造林布局

（6）乳山干旱瘠薄山地研究区

乳山研究区造林 120 亩，为造林模式试验区，设计了阔阔、针阔、乔灌 3 种混交模式，汇集 8 个造林树种。试验区布局见图 6-6。

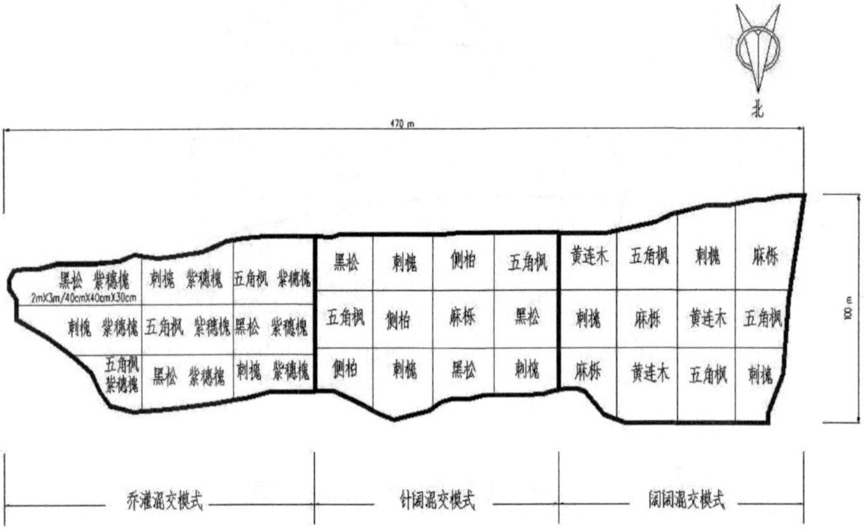

图 6-6 乳山研究区造林布局

（7）乳山基地

项目组在乳山建立树种汇集基地，汇集茶树、山桃、山杏、黑松、刺槐、杨树、麻栎、楸树、黄栌、核桃、板栗、柿树、李子、枣、杏、石榴、香椿、花椒、金银花、银杏、柳树、臭椿、白蜡、榆树、苦楝、国槐、紫穗槐、木槿、紫叶李、连翘、黄连木、君迁子、五角枫等物种。造林密度 1 m×1.5 m，每个树种 20～30 株。

（8）泗水万紫园基地

万紫园项目位于山东省济宁市泗水县泗张镇，泗河一级支流济河上游青界水库区域，东邻平邑县、西连圣水峪乡、南毗邹城市、北接苗馆镇，靠近泗水县著名的泉林镇。在泗水万紫园树种汇集基地汇集了荷花玉兰、五角枫、黄栌、花椒、臭椿、黄连木、刺槐、核桃、水榆花楸、盐肤木、麻栎、光皮木瓜、皱皮木瓜 13 个树种，每个树种 30 株，栽植密度 4 m×4 m。

6.1.2 优良无性系汇集

项目组在 2010 年从全国各地搜集了 68 个杨树优良无性系，完成了 4 个试验点 68 个杨树优良品种的试验林建设，在泗水国有苗圃建立了杨树优良无性系汇集圃，并进行了繁殖。详见表 6-1。

表 6-1　38 个杨树优良无性系树种平均胸径

树种型号	平均胸径/cm	树种型号	平均胸径/cm	树种型号	平均胸径/cm
盖杨	12.11	A5	11.73	T66	14.11
107	13.15	中菏 1 号	13.34	咸宁 7 号	13.13
T26	12.87	14	11.14	卡帕茨杨	10.10
JM-4	14.33	109	10.70	JX	14.22
中林 23	20.82	7848	13.30	NL669	12.97
3X	14.25	咸宁 10	11.68	中阳 10 号	14.25
L324	13.05	耐盐碱 2 号	12.45	766	12.70
欧 X 小黑 407	12.48	W-141	11.34	咸宁 1 号	14.27
L802	9.30	中绥 12 号	10.40	DW-4	14.77
辽育 3 号	12.21	3016	10.45	L323	13.95
辽育 1 号	11.18	69	13.60	2X	11.52
中林 46	13.43	辽育 2 号	10.34	JM-1	13.02
NL895	12.83	NL1388	12.17		

6.1.3　优质乡土树种应用

通过研究，筛选出如下优质乡土树种，优先推广到项目造林。

（1）优良杨树品系筛选

筛选出平原地区适生杨树品系 8 个：L324、NL895、L35、2014、L324、中荷 1 号、卡帕次、W141、I-69、NL895、中林 46；

内陆盐碱地区适生杨树品系 5 个：L35、中林 23、L323、中林 46、I69；

丘陵地区适生杨树品系 6 个：中天杨、2001、I-107、卡帕次、W-141、L35；

（2）黑核桃家系材用良种选育

选育出材用和砧用优良黑核桃品种 5 个：美黑 1 号、美黑 6 号、美黑 11 号、美黑 K2 号、美黑 K5 号，形态见表 6-2。

表 6-2　黑核桃家系材用品种形态及适宜种植区域

品种名称	形态特征	适宜种植的区域、环境以及栽培技术
美黑 1 号	落叶乔木；树干直，树皮深灰色，有纵向浅灰色斑纹，4 年生浅纵裂，3 年生以下不开裂，皮孔线形，较小，淡褐色，横向排列，分布密集；树冠长卵形，分枝密集，侧枝长，分枝角度 50°～80°；当年生枝绿色，被短柔毛，冬季木质化后无毛，灰褐色；冬芽小，腋芽较小，主芽、副芽叠生；奇数羽状复叶，中等长度，复叶轴被绒毛；小叶 5～9 对，中等大小，长卵形，先端渐尖，基部不对称，叶片主脉偏斜，叶缘有细锯齿，小叶柄极短，叶色绿。在济南地区 4 月上旬叶芽萌动，4 月中旬展叶，雄花期 4 月下旬至 5 月上旬，雌花期 5 月上旬、中旬，果实成熟期 8 月下旬至 9 月上旬	耐干旱、耐瘠薄，适宜多种土壤和气候条件，在华北、西北、东北南部等广大区域均能栽植，可作为材林、城镇园林绿化树种。 繁殖技术：以黑核桃种子苗为砧木嫁接繁育，嫁接方法采用双舌接、劈接、侧接和芽接。 栽植技术：春季树芽即将萌动时栽植成活率最高，修剪苗干侧枝，打掉嫩梢。用 1 年生或 2 根 1 干苗木造林，株行距为 3 m×3 m 或 3 m×4 m。造林地要求排水良好，不能有积水，忌在土壤黏重、地势低洼处栽植。 肥水管理：喜水肥，有条件可多次浇水施肥。在速生期之前应浇水和施肥，5—6 月视旱情适时浇水。春季宜施以氮肥为主的速效肥，秋季宜施复混肥或有机肥
美黑 6 号	落叶乔木；树干直，树皮灰褐色至褐色，有纵向黄绿色斑纹，4 年生浅纵裂，3 年生以下不开裂，皮孔线形，淡褐色，横向排列，分布密集；树冠卵圆形，分枝密度中等，分枝角度 70°～80°；当年生枝绿色，被短柔毛，冬季木质化后无毛，灰褐色；冬芽小，腋芽较小，主芽、副芽叠生；奇数羽状复叶，中等长度，复叶轴被绒毛；小叶 5～9 对，中等大小，长卵状披针形，先端尾尖，基部不对称，叶片主脉偏斜，叶缘有细锯齿，小叶柄极短，叶色绿。在济南地区 4 月上旬叶芽萌动，4 月中旬展叶，雄花期 4 月下旬至 5 月上旬，雌花期 5 月上旬、中旬，果实成熟期 8 月下旬至 9 月上旬	耐干旱、耐瘠薄，适宜多种土壤和气候条件，在华北、西北、东北南部等广大区域均能栽植，可作为材林、城镇园林绿化树种。 繁殖技术：以黑核桃种子苗为砧木嫁接繁育，嫁接方法采用双舌接、劈接、侧接和芽接。 栽植技术：春季树芽即将萌动时栽植成活率最高，修剪苗干侧枝，打掉嫩梢。用 1 年生或 2 根 1 干苗木造林，株行距为 3 m×3 m 或 3 m×4 m。造林地要求排水良好，不能有积水，忌在土壤黏重、地势低洼处栽植。 肥水管理：喜水肥，有条件可多次浇水施肥，5—6 月视旱情适时浇水。春季宜施以氮肥为主的速效肥，秋季宜施复混肥或有机肥
美黑 11 号	落叶乔木；树干直，树皮深灰色，有纵向浅绿色斑纹，4 年生浅纵裂，3 年生以下不开裂，皮孔线形，淡褐色，横向排列，分布密集，树干隐芽不萌发；树冠卵圆形，分枝少，分枝角度 70°～80°；当年生枝绿色，被短柔毛，冬季木质化后无毛，灰褐色；冬芽小，腋芽较小，主芽、副芽叠生；奇数羽状复叶，中等长度，复叶轴被绒毛；小叶 5～9 对，中等大小，长卵状披针形，先端尾尖，基部不对称，叶片主脉偏斜，叶缘有细锯齿，小叶柄极短，叶色绿。在济南地区 4 月上旬叶芽萌动，4 月中旬展叶，雄花期 4 月下旬至 5 月上旬，雌花期 5 月上旬、中旬，果实成熟期 8 月下旬至 9 月上旬	耐干旱、耐瘠薄，适宜多种土壤和气候条件，在华北、西北、东北南部等广大区域均能栽植，可作为材林、城镇园林绿化树种。 繁殖技术：以黑核桃种子苗为砧木嫁接繁育，嫁接方法采用双舌接、劈接、侧接和芽接。 栽植技术：春季树芽即将萌动时栽植成活率最高，修剪苗干侧枝，打掉嫩梢。用 1 年生或 2 根 1 干苗木造林，株行距为 3 m×3 m 或 3 m×4 m。造林地要求排水良好，不能有积水，忌在土壤黏重、地势低洼处栽植。 肥水管理：喜水肥，有条件可多次浇水施肥。在速生期之前应浇水和施肥，5—6 月视旱情适时浇水。春季宜施以氮肥为主的速效肥，秋季宜施复混肥或有机肥

品种名称	形态特征	适宜种植的区域、环境以及栽培技术
美黑 K2 号	落叶乔木；树干直或稍弯，树皮灰褐色，有纵向浅灰色斑纹，4 年生浅纵裂，3 年生以下不开裂，皮孔线形，较大，浅褐色，横向排列；树冠阔卵形，分枝稀疏，侧枝短，分枝角度小，平均枝角 45°左右；当年生枝绿色，被短柔毛，冬季木质化后无毛，灰褐色；腋芽主芽较大，副芽较小；奇数羽状复叶，中等长度，复叶轴被绒毛；小叶 5～9 对，中等大小，长卵状披针形，先端尾尖，基部不对称，叶片主脉偏斜，叶缘有细锯齿，小叶柄极短，叶色绿。在济南地区 4 月上旬叶芽萌动，4 月中旬展叶，雄花期 4 月下旬至 5 月上旬，雌花期 5 月上旬、中旬，果实成熟期 8 月下旬至 9 月上旬	耐干旱、耐瘠薄，适宜多种土壤和气候条件，在华北、西北、东北南部等广大区域均能栽植，可作为材林、城镇园林绿化树种。 繁殖技术：以黑核桃种子苗为砧木嫁接繁育，嫁接方法采用双舌接、劈接、侧接和芽接。 栽植技术：春季树芽即将萌动时栽植成活率最高，修剪苗干侧枝，打掉嫩梢。用 1 年生或 2 根 1 干苗木造林，株行距为 3 m×3 m 或 3 m×4 m。造林地要求排水良好，不能有积水，忌在土壤黏重、地势低洼处栽植
美黑 K5 号	落叶乔木；树干直，树皮绿至灰绿色，光滑不裂，皮孔粗线形至椭圆形，较小，灰白色，横向排列；分枝稀疏，顶梢常干枯，分枝角度小，平均枝角 45°；当年生枝绿色，被短柔毛，冬季木质化后无毛，灰褐色；腋芽主芽较大，副芽较小；奇数羽状复叶，小叶 3～6 对，叶片较大，长卵形，先端渐尖，基部不对称，叶片主脉偏斜，叶缘有细锯齿，小叶柄极短，叶色绿。在济南地区 4 月上旬叶芽萌动，4 月中旬展叶，雄花期 4 月下旬至 5 月上旬，雌花期 5 月上旬、中旬，果实成熟期 8 月下旬至 9 月上旬	耐干旱、耐瘠薄，适宜多种土壤和气候条件，在华北、西北、东北南部等广大区域均能栽植，可作为材林、城镇园林绿化树种。 繁殖技术：以黑核桃种子苗为砧木嫁接繁育，嫁接方法采用双舌接、劈接、侧接和芽接。 栽植技术：春季树芽即将萌动时栽植成活率最高，修剪苗干侧枝，打掉嫩梢。用 1 年生或 2 根 1 干苗木造林，株行距为 3 m×3 m 或 3 m×4 m。造林地要求排水良好，不能有积水，忌在土壤黏重、地势低洼处栽植。 肥水管理：喜水肥，有条件可多次浇水施肥。在速生期之前应浇水和施肥，5—6 月视旱情适时浇水。春季宜施以氮肥为主的速效肥，秋季宜施复混肥或有机肥

（3）项目区可供选择的乡土树种

综合不同树种表现，筛选出项目区可供选择的乡土树种，见表 6-3。

表 6-3 项目区可供选择的乡土树种

树种	学名	树种	学名
刺槐	*Robinia pseudoacacia* L.	山杏	*Armeniaca sibirica*（L.）Lam.
侧柏	*Platycladus orientalis*（L.）Franco	楸树	*Catalpa bungei* C. A. Mey
五角枫	*Acer oliverianum* Pax	核桃	*Juglans regia* L.
黄连木	*Pistacia chinensis* Bunge	板栗	*Castanea mollissima* BL
黄栌	*Cotinus coggygria* Scop.	李	*Prunus salicina* L.

树种	学名	树种	学名
柿树	*Diospyros kaki* Thunb.	杜梨	*Pyrus betulifolia* Bunge
黑松	*Pinus thunbergii* Parlatore	杏	*Armeniaca vulgaris* Lam.
麻栎	*Quercus acutissima* Carr.	枣	*Ziziphus jujuba* Mill.
油松	*Pinus tabulaeformis* Carr.	香椿	*Toona sinensis*（*A. Juss.*）Roem.
金叶女贞	*Ligustrum* vicaryi	花椒	*Zanthoxylum bungeanum* Maxim.
紫穗槐	*Amorpha fruticosa* Linn.	金银花	*Lonicera japonica* Thunb.
连翘	*Forsythia suspensa*（Thunb.）Vahl.	银杏	*Ginkgo biloba* L.
黄荆	*Vitex negundo* Linn.	臭椿	*Ailanthus altissima*（Mill.）Swingle
构树	*Broussonetia papyrifera*（Linn.）L'Hér. ex Vent.	紫叶李	*Prunus cerasifera Ehrhart f. atropurpurea*（*Jacq.*）*Rehd.*
柽柳	*Tamarix chinensis* Lour.	君迁子	*Diospyros lotus* L.
旱柳	*Salix matsudana* Koidz.	水榆花楸	*Sorbus alnifolia*（Sieb. et Zucc.）K. Koch
木槿	*Hibiscus syriacus* L.	盐肤木	*Rhus chinensis* Mill.
白榆	*Ulmus pumila* L.	梨	*Pyrus bretschneideri* Rehd.
桑树	*Morus alba* L.	杞柳	*Salix integra* Thunb.
竹柳	*Salix fragilis* L.	合欢	*Albizia julibrissin* Durazz.
国槐	*Sophora japonica* L.	白蜡	*Fraxinus chinensis* Roxb.
苦楝	*Melia azedarach* L.	沙枣	*Elaeagnus angustifolia* L.
欧美杨	*Populus euramericana* Neva.	海州常山	*Clerodendrum trichotomum* Thunb.
山桃	*Prunus davidiana*（Carr.）C. de Vos	龙柏	*Sabina chinensis*（L.）Ant. var. chinensis cv. Kaizuca Hort.
冬枣	*Ziziphus jujuba* Mill.cv.Dong Zao	山槐	*Albizia kalkora*（Roxb.）Prain
皂荚	*Gleditsia sinensis* Lam.	扶芳藤	*Euonymus fortunei*（Turcz.）Hand.-Mazz.
蜀桧	*Sabina chinensis*（L.）Ant. cv. Pyramidalis		

6.2 干旱瘠薄山地造林树种选择

通过盆栽抗旱性实验和大田综合表现分析，按阔叶、针叶、经济树种及灌藤树种分类分别测定生理指标，不同干旱梯度下各树种表现如下：

6.2.1 盆栽阔叶树种抗旱能力评价

6.2.1.1 阔叶生态造林树种对土壤干旱的生理响应及评价

白蜡、麻栎、皂荚的土壤水分梯度划分为 T1、T2、T3、T4、T5，相对含水量分别为 75%～90%、40%～65%、30%～40%、20%～30%、15%～20%。这 3 个树种各指标在不同含水量下的响应见图 6-7。

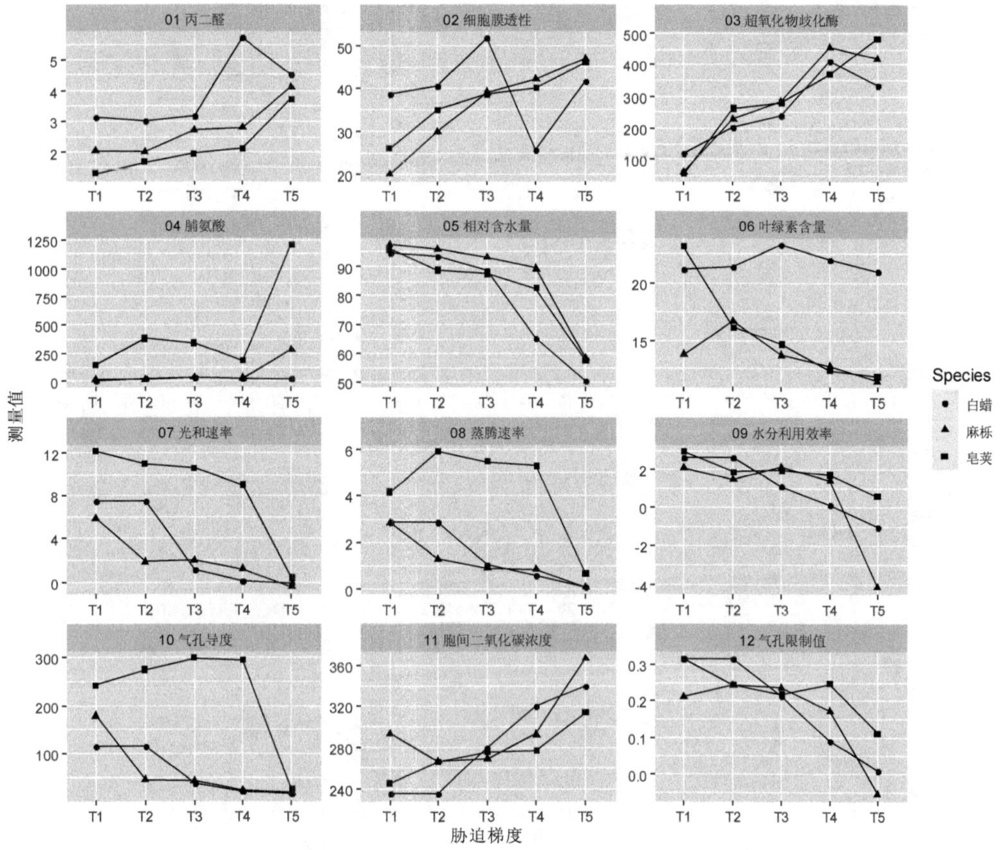

图 6-7　白蜡、麻栎、皂荚干旱胁迫生理响应

指标单位：丙二醛（$\mu mol\cdot g^{-1}$）、细胞膜透性（%），超氧化物歧化酶（$U\cdot g^{-1}$）、脯氨酸含量（μg/g）、叶片相对含水量（%）、叶绿素（SPAD）、光合速率（$\mu mol\cdot m^{-2}\cdot s^{-1}$）、蒸腾速率（$mmol\cdot m^{-2}\cdot s^{-1}$）、水分利用效率（$\mu mol\cdot mmol^{-1}$）、气孔导度（$\mu mol\cdot m^{-2}\cdot s^{-1}$）、树种胞间 CO_2 浓度（$\mu mol\cdot mol^{-1}$）、气候限制值（%）。

根据实测结果划分土壤水分梯度，臭椿、黄连木、五角枫 3 个阔叶乔木树种可划分出 6 个水分梯度，分别为 T1、T2、T3、T4、T5、T6，其土壤相对含水量分别为 70%～85%、55%～70%、40%～55%、30%～40%、21%～30%、16%～21%。这 3 个树种各指标在不同含水量下的变化情况见图 6-8。

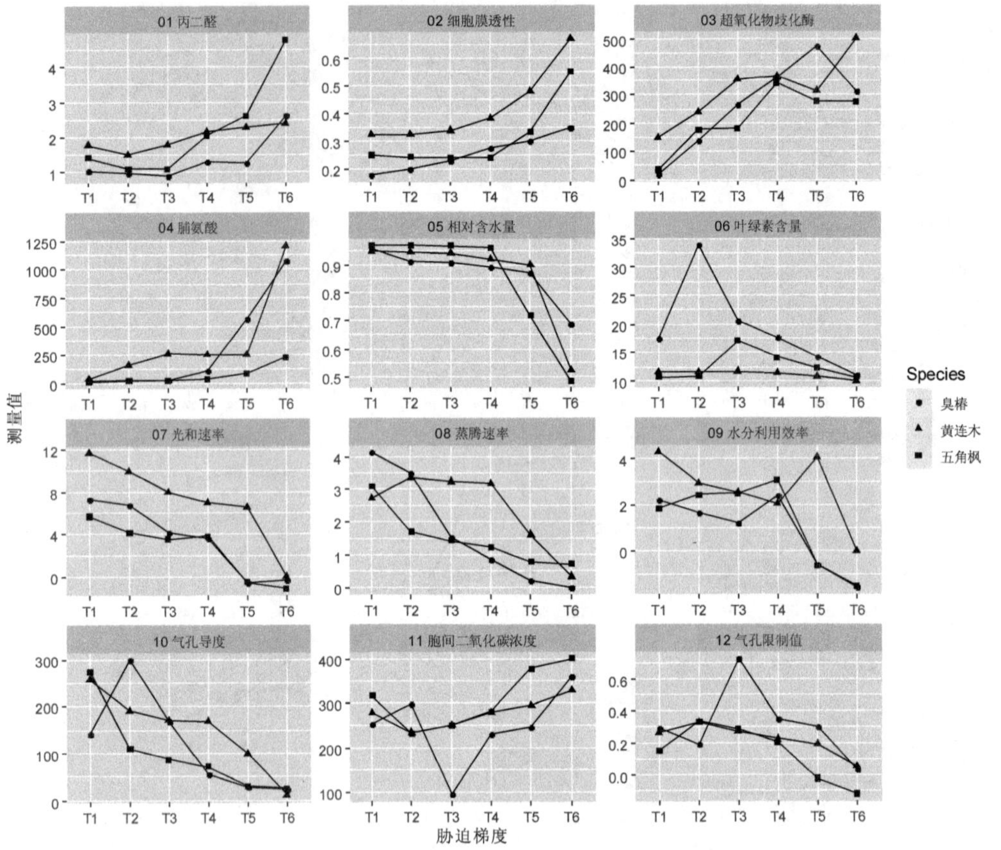

图 6-8 臭椿、黄连木、五角枫干旱胁迫生理响应

指标单位：丙二醛（μmol·g^{-1}）、细胞膜透性（%），超氧化物歧化酶（U·g^{-1}）、脯氨酸含量（μg/g）、叶片相对含水量（%）、叶绿素（SPAD）、光合速率（μmol·m^{-2}·s^{-1}）、蒸腾速率（mmol·m^{-2}·s^{-1}）、水分利用效率（μmol·mmol^{-1}）、气孔导度（μmol·m^{-2}·s^{-1}）、树种胞间 CO_2 浓度（μmol·mol^{-1}）、气候限制值（%）。

根据土壤水分实测结果划分黄栌、栾树共有的土壤水分梯度，可划分出 5 个水分梯度，分别为 T1、T2、T3、T4、T5，其土壤相对含水量分别为 70%～80%、50%～70%、31%～46%、22%～29%、19%～22%。栾树和黄栌在干旱胁迫下生理指标变化情况见图 6-9。

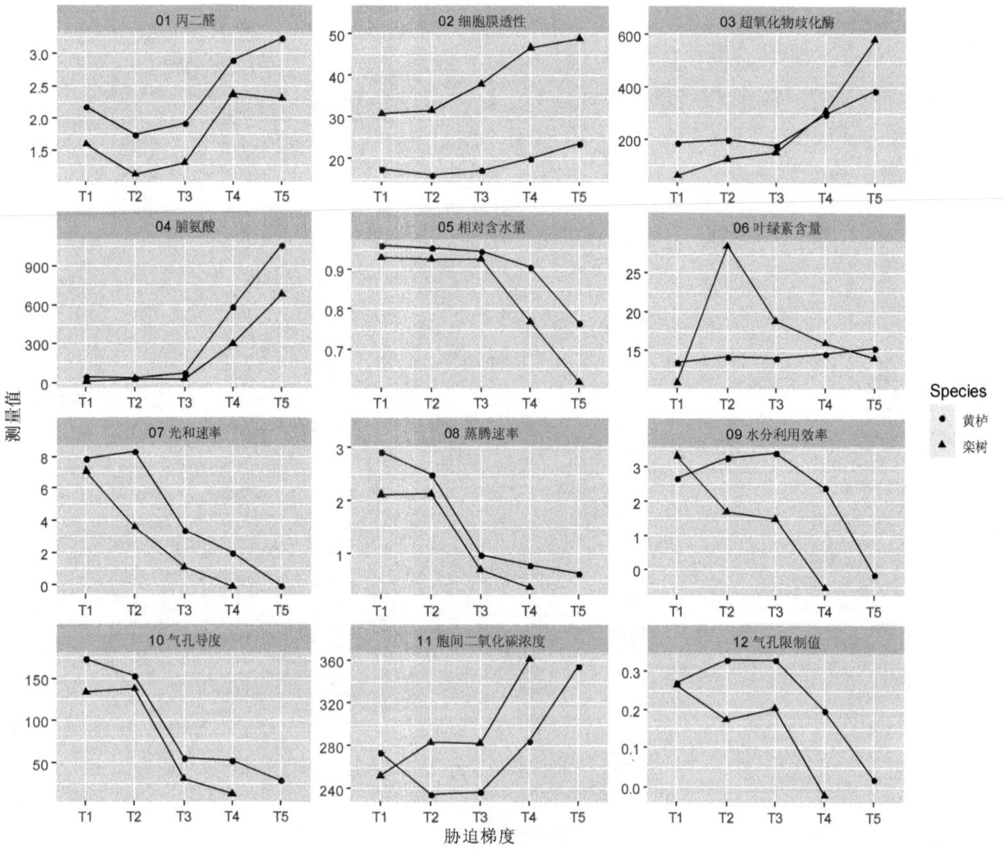

图 6-9 黄栌、栾树干旱胁迫生理响应

指标单位：丙二醛（$\mu mol\cdot g^{-1}$）、细胞膜透性（%），超氧化物歧化酶（$U\cdot g^{-1}$）、脯氨酸含量（μg/g）、叶片相对含水量（%）、叶绿素（SPAD）、光合速率（$\mu mol\cdot m^{-2}\cdot s^{-1}$）、蒸腾速率（$mmol\cdot m^{-2}\cdot s^{-1}$）、水分利用效率（$\mu mol\cdot mmol^{-1}$）、气孔导度（$\mu mol\cdot m^{-2}\cdot s^{-1}$）、树种胞间 CO_2 浓度（$\mu mol\cdot mol^{-1}$）、气候限制值（%）。

因苦楝的生理特殊性，单独对其进行分析。试验开始时苦楝苗高的平均值为 1.63 m，枝繁叶茂，在所测的 24 个树种中，属于树高最高的树种之一，在水分供应充足时，苦楝总的蒸腾量大，这也是短短 4 d 内苦楝的土壤水分会变化较大的原因。当土壤水分降低后，苦楝大量落叶，与其他大部分树种不同的是，苦楝落叶是从下部开始，逐渐往上，树顶梢无枯萎迹象；而其他树种是上部先枯梢落叶。根据土壤水分实测结果，可划分出 5 个水分梯度对苦楝进行生理响应方面的分析，5 个水分梯度分别为 T1、T2、T3、T4、T5，其土壤相对含水量分别为 65%～66%、23%～28%、20%～22%、19%～21%、18%～19%。不同含水量下苦楝的生理指标变化情况见图 6-10。

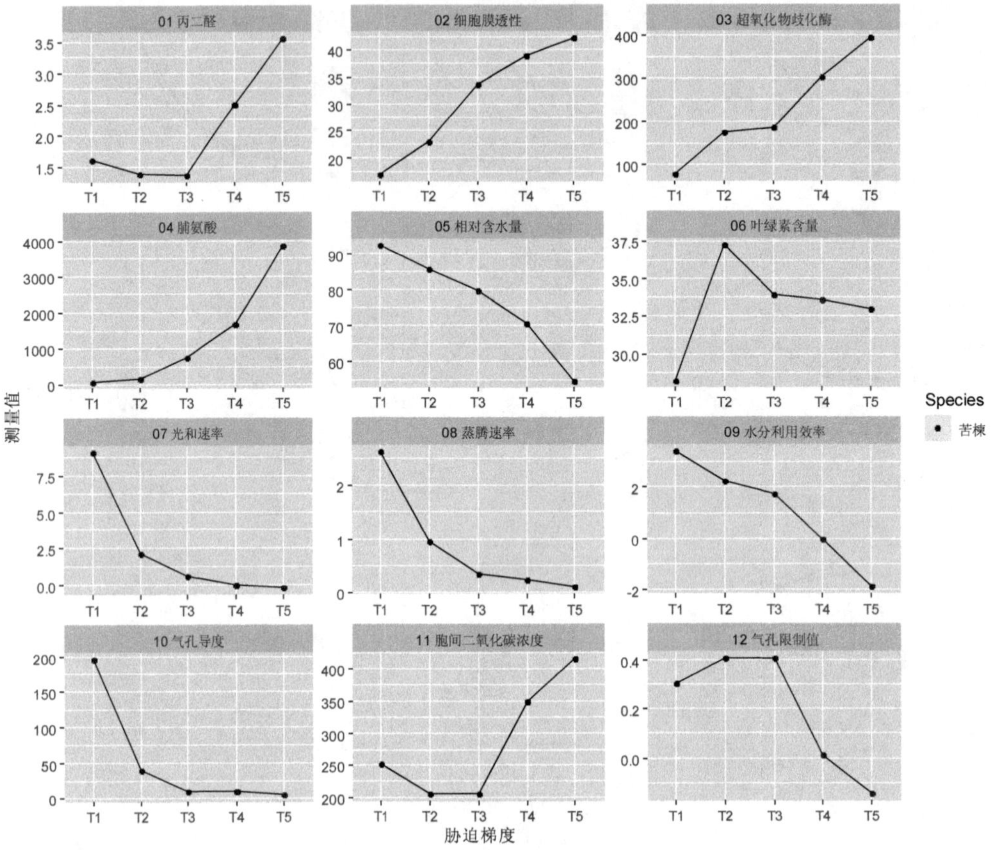

图 6-10 苦楝干旱胁迫生理响应

指标单位：丙二醛（$\mu mol \cdot g^{-1}$）、细胞膜透性（%），超氧化物歧化酶（$U \cdot g^{-1}$）、脯氨酸含量（μg/g）、叶片相对含水量（%）、叶绿素（SPAD）、光合速率（$\mu mol \cdot m^{-2} \cdot s^{-1}$）、蒸腾速率（$mmol \cdot m^{-2} \cdot s^{-1}$）、水分利用效率（$\mu mol \cdot mmol^{-1}$）、气孔导度（$\mu mol \cdot m^{-2} \cdot s^{-1}$）、树种胞间 CO_2 浓度（$\mu mol \cdot mol^{-1}$）、气候限制值（%）。

在 11 个防护林阔叶乔木树种中，刺槐与桑树的凋萎含水量最高，凋萎土壤相对含水量在 0.2 之上，其他 9 个树种的凋萎土壤相对含水量都在 0.2 以下，可认为这 2 个树种比其他 9 个树种的抗旱性弱，因此，将这 2 个树种对土壤干旱的生理响应在一起进行分析比较。根据土壤水分实测结果划分刺槐、桑树共有的土壤水分梯度，可划分出 5 个水分梯度，分别为 T1、T2、T3、T4、T5，其土壤相对含水量分别为 65%～80%、44%～54%、27%～29%、22%～24%、21%～22%。这 2 个树种干旱胁迫下生理指标变化见图 6-11。

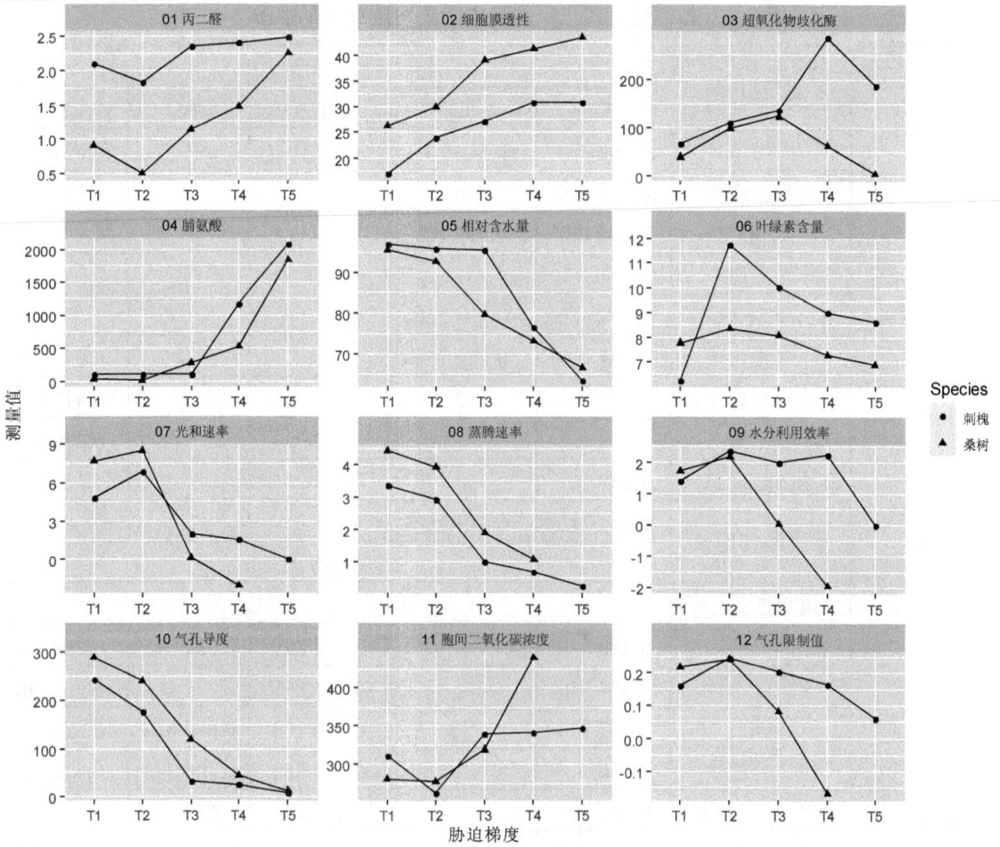

图 6-11　刺槐和桑树干旱胁迫生理响应

指标单位：丙二醛（$\mu mol \cdot g^{-1}$）、细胞膜透性（%），超氧化物歧化酶（$U \cdot g^{-1}$）、脯氨酸含量（μg/g）、叶片相对含水量（%）、叶绿素（SPAD）、光合速率（$\mu mol \cdot m^{-2} \cdot s^{-1}$）、蒸腾速率（$mmol \cdot m^{-2} \cdot s^{-1}$）、水分利用效率（$\mu mol \cdot mmol^{-1}$）、气孔导度（$\mu mol \cdot m^{-2} \cdot s^{-1}$）、树种胞间 CO_2 浓度（$\mu mol \cdot mol^{-1}$）、气候限制值（%）。

可见上述树种在干旱胁迫的情况下，不同生理指标响应既有相似趋势，也有不同趋势。如果进行分别的比较，很容易得到碎片化的信息但无法综合评价其抗旱性能。因此，采用隶属函数法对所测定信息进行提炼和压缩。

在隶属函数法的应用中，首先选取刺槐、桑树之外的 9 个树种，选取具有可比性的 5 个梯度进行分析，分别为 T1、T2、T3、T4、T5，对应的土壤相对含水量分别为 40%～55%、30%～40%、25%～30%、20%～25%、16%～20%。以隶属函数均值作为抗旱性的综合指标，各树种的隶属函数值见表 6-4。

表 6-4 各树种生理指标的隶属函数均值及抗旱性排序

树种	生理指标	水分梯度				
		T1	T2	T3	T4	T5
皂荚	丙二醛	0.792 874	0.342 701			0.431 992
	细胞膜透性	0.232 759	0			0.559 682
	SOD	0.604 191	0.599 125			0.924 333
	净光合速率	1	1			1
	水分利用效率	0.298 489	0.284 220			1
	叶绿素含量	0.081 409	0.080 754			0.076 310
	叶片相对含水量	0	0			0.413 927
	脯氨酸	1	1			0.250 894
	隶属函数值总和	4.009 721	3.306 799			4.657 137
	隶属函数均值	0.501 215	0.413 350			0.582 142
		0.498 9				
	抗旱性排序	5				
麻栎	丙二醛	0.486 640		0.102 829	0.638 635	0.268 175
	细胞膜透性	0.424 259		0.741 897	1	0.706 202
	SOD	0.463 994		0.370 103	0.680 872	0.630 863
	净光合速率	0		0.323 383	0.708 333	0.571 429
	水分利用效率	0.109 706		0.583 241	0.657 143	0
	叶绿素含量	0.283 279		0.190 186	0.156 979	0.114 459
	叶片相对含水量	0.886 502		1	0.960 314	0.455 885
	脯氨酸	0		0.022 472	0	0.012 911
	隶属函数值总和	2.654 380		3.334 112	4.802 276	2.759 923
	隶属函数均值	0.331 798		0.416 764	0.600 285	0.344 990
		0.423 5				
	抗旱性排序	6				
苦楝	丙二醛			0.948 532	0.978 591	0.495 174
	细胞膜透性			0.890 225	0.678 368	0.951 301
	SOD			0	0	0.521 971
	净光合速率			0.348 259	0.458 333	0.761 905
	水分利用效率			0.611 971	1	0.668 776
	叶绿素含量			0.999 817	1.000 173	1
	叶片相对含水量			0.541 259	0.665 403	1
	脯氨酸			0.489 953	1	0.926 848
	隶属函数值总和			4.830 015	5.780 869	6.325 975
	隶属函数均值			0.603 752	0.722 609	0.790 747
		0.705 7				
	抗旱性排序	1				

树种	生理指标	水分梯度				
		T1	T2	T3	T4	T5
栾树	丙二醛	0.906 680	1	0.353 193	0.733 183	
	细胞膜透性	0.382 554	0.040 249	0.109 433	0.217 449	
	SOD	0	0	0.451 405	1	
	净光合速率	0.192 308	0	0		
	水分利用效率	0.222 726	0	0		
	叶绿素含量	0.969 976	1	0.190 186	0.156 979	
	叶片相对含水量	0.492 888	0.619 121	0	0.116 978	
	脯氨酸	0.032 430	0	1.000 014	0.890 271	
	隶属函数值总和	3.199 562	2.659 369	2.104 233	3.114 860	
	隶属函数均值	0.399 945	0.332 421	0.263 029	0.519 143	
		0.378 6				
	抗旱性排序	8				
白蜡	丙二醛	0		0	0	
	细胞膜透性	0		0.297 802	0	
	SOD	0.339 515		0.182 428	0.473 822	
	净光合速率	0.615 385		0.089 552		
	水分利用效率	0.627 358		0.222 605		
	叶绿素含量	0.557 571		0.465 886	0.453 967	
	叶片相对含水量	0.586 864		0.494 548	0	
	脯氨酸	0.006 921		0	0	
	隶属函数值总和	2.733 614		1.752 821	0.927 789	
	隶属函数均值	0.341 702		0.219 103	0.154 632	
		0.238 5				
	抗旱性排序	9				
五角枫	丙二醛	0.912 352	0.248 674	0.339 252	0.651 733	0
	细胞膜透性	0.533 892	1	1	0.681 005	0.316 209
	SOD	0.252 059	0.881 246	1	0.233 634	0
	净光合速率	0.186 813	0.287 958	0.052 239	0	0.285 714
	水分利用效率	0.580 296	1	0.145 808	0	0.557 431
	叶绿素含量	0.548 092	0.753 701	0.076 075	0.000 204	0.024 212
	叶片相对含水量	1	1	0.548 616	0.427 006	0
	脯氨酸	0.019 903	0.015 043	0.099 904	0.078 859	0
	隶属函数值总和	4.033 408	5.186 622	3.261 893	2.072 441	1.183 565
	隶属函数均值	0.504 176	0.648 328	0.407 737	0.259 055	0.147 946
		0.393 4				
	抗旱性排序	7				

树种	生理指标	水分梯度				
		T1	T2	T3	T4	T5
黄栌	丙二醛	0.526 236			0.579 223	1
	细胞膜透性	1			0.642 780	1
	SOD	0.223 707			0.273 473	0.328 094
	净光合速率	0.166 667			1	0
	水分利用效率	1			0.621 247	0.316 423
	叶绿素含量	0.130 412			0.182 435	0.233 010
	叶片相对含水量	0.752 221			1.001 418	0.428 426
	脯氨酸	0.138 948			0.758 222	0.730 213
	隶属函数值总和	3.938 192			5.058 799	4.036 165
	隶属函数均值	0.492 274			0.632 350	0.504 521
		0.543				
	抗旱性排序	3				
臭椿	丙二醛	1		1	1	0.869 091
	细胞膜透性	0.879 310		0.891 089	0.878 049	0.851 459
	SOD	0.605 652		0.633 023	0.730 536	0.167 720
	净光合速率	0.258 242		0.567 164	0	0.523 810
	水分利用效率	0		0.638 757	0.009 524	0.879 747
	叶绿素含量	1		0.532 522	0.411 540	0.037 263
	叶片相对含水量	0.264 961		0.835 837	0.960 228	0.919 643
	脯氨酸	0.022 009		0.299 460	0.730 952	0.217 116
	隶属函数值总和	4.030 174		5.397 853	4.720 829	4.465 849
	隶属函数均值	0.503 772		0.674 732	0.590 104	0.558 231
		0.581 7				
	抗旱性排序	2				
黄连木	丙二醛	0.099 912	0	0.868 030		0.961 743
	细胞膜透性	0.275 862	0.012 654	0		0
	SOD	1	1	0.458 523		1
	净光合速率	0.518 315	0.570 681	1		0.809 524
	水分利用效率	0.392 859	0.708 952	1		0.879 747
	叶绿素含量	0	0	0		0
	叶片相对含水量	0.689 600	0.509 261	0.795 594		0.181 214
	脯氨酸	0.683 064	0.707 083	0.833 749		1
	隶属函数值总和	3.659 612	3.508 632	4.955 897		4.832 228
	隶属函数均值	0.457 451	0.438 579	0.619 487		0.604 029
		0.529 9				
	抗旱性排序	4				

综上所述，由隶属函数法得出这 9 个树种的抗旱性排序依次为苦楝＞臭椿＞黄栌＞黄连木＞皂荚＞麻栎＞五角枫＞栾树＞白蜡。

刺槐与桑树的抗旱性进行单独比较，水分梯度采用刺槐与桑树进行生理响应比较时的 T4、T5 两个梯度。

由表 6-5 隶属函数得分排序可得，刺槐抗旱能力大于桑树。

表 6-5　刺槐与桑树生理指标的隶属函数均值及抗旱性排序

	刺槐		桑树	
	T4	T5	T4	T5
丙二醛	0	0	1	1
细胞膜透性	1	1	0	0
SOD	1	1	0	0
净光合速率	1	1	0	0
水分利用效率	1	1	0	0
叶绿素含量	1	1	0	0
叶片相对含水量	1	0	0	1
脯氨酸	1	1	0	0
隶属函数值总和	0.875	0.750	0.125	0.250
隶属函数均值	0.812 5		0.187 5	
抗旱性排序	1		2	

综合表 6-4、表 6-5，用隶属函数法得出 11 个阔叶树种的抗旱性排序依次为苦楝＞臭椿＞黄栌＞黄连木＞皂荚＞麻栎＞五角枫＞栾树＞白蜡＞刺槐＞桑树。

此外，为了研究结论可以相互参照，也用凋萎土壤含水量法评价了 11 个树种的抗旱性，11 个阔叶树种的凋萎土壤相对含水量见表 6-6。

表 6-6　11 个阔叶树种的凋萎土壤相对含水量　　单位：%

树种	凋萎土壤相对含水量	树种	凋萎土壤相对含水量	树种	凋萎土壤相对含水量
栾树	19.80	臭椿	16.90	白蜡	17.00
桑树	22.40	苦楝	16.49	麻栎	18.44
黄栌	16.49	五角枫	18.40	皂荚	＜18.00
刺槐	21.50			黄连木	18.20

根据实测的 11 个阔叶树种的凋萎土壤相对含水量，得出 11 个树种的抗旱性排序为苦楝=黄栌＞臭椿＞白蜡＞皂荚＞黄连木＞五角枫＞麻栎＞栾树＞刺槐＞桑树，与生理指标分析方法所得结果基本一致。

6.2.1.2 针叶生态造林树种对土壤干旱的生理响应及评价

对侧柏、黑松进行测定，由于叶片性质所限，仅测定了丙二醛、细胞膜透性、脯氨酸、相对含水量、SOD 指标，结果见图 6-12。

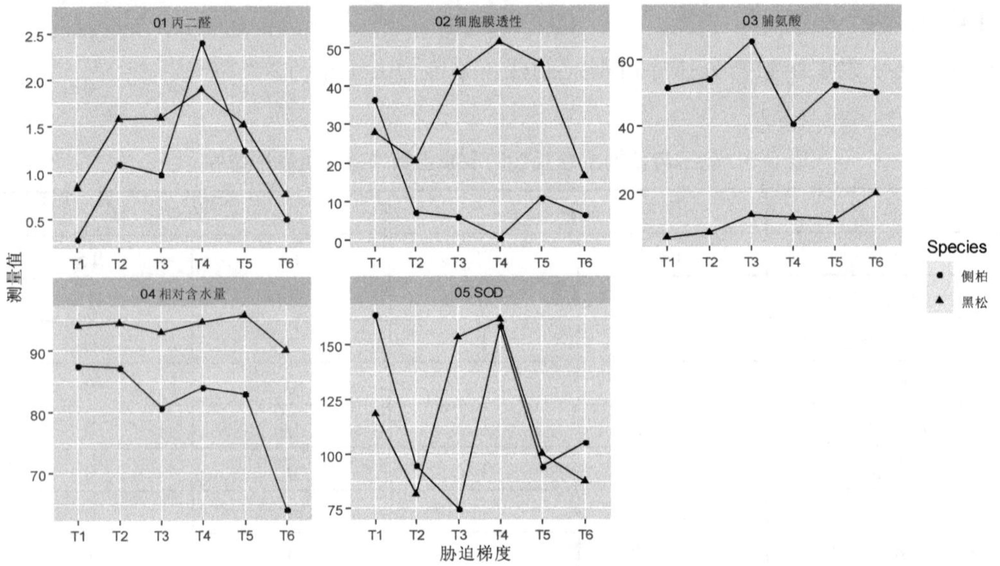

图 6-12 侧柏、黑松应对干旱胁迫生理响应

指标单位：丙二醛（$\mu mol \cdot g^{-1}$）、细胞膜透性（%），脯氨酸含量（μg/g）、叶片相对含水量（%）、超氧化物歧化酶 SOD（$U \cdot g^{-1}$）。

由图 6-12 可知，土壤干旱胁迫下 2 个树种的丙二醛含量随土壤水分的减少先升高后降低，这种响应规律与大部分已分析的其他树种的丙二醛数据不同。推测针叶树种自我修复的能力比较强。

采用隶属函数法评价侧柏和黑松的抗旱性能，在 T5、T6、T7 三个土壤水分梯度下测定指标，隶属函数值及抗旱性排序见表 6-7。

表 6-7 侧柏与黑松生理指标的隶属函数均值及抗旱性排序

生理指标	侧柏			黑松		
	T5	T6	T7	T5	T6	T7
丙二醛	1	1		0	0	
细胞膜透性	1	1		0	0	
SOD	0	1		1	0	
相对含水量	0	0	0	1	1	1
脯氨酸	1	1		0	0	
隶属函数值总和	7			4		
隶属函数均值	0.636			0.364		
排序	1			2		

得出抗旱性排序为侧柏＞黑松。

6.2.1.3　经济树种对土壤干旱的生理响应及抗旱性评价

选择 8 个经济树种，在尽量多的水分梯度上进行比较，柿树、花椒、山杏、珍珠油杏、文冠果的土壤水分梯度比较一致，将其作为一组进行分析评价；核桃、香椿、金银花的土壤水分梯度比较一致，将其作为另一组进行分析评价。

柿树、花椒、文冠果、山杏、珍珠油杏，根据土壤水分实测结果可划分出 6 个土壤水分梯度：T1、T2、T3、T4、T5、T6，其土壤相对含水量分别为 70%～80%、60%～70%、40%～50%、30%～40%、20%～30%、16%～20%。测定其指标变化见图 6-13。

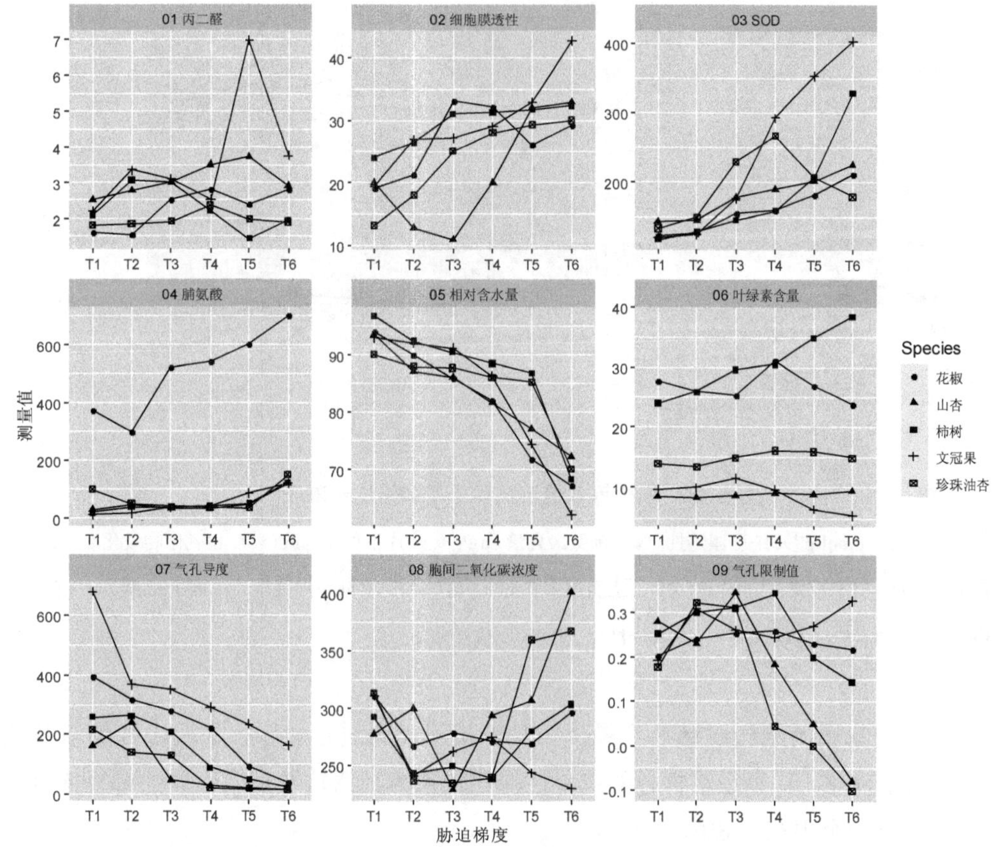

图 6-13　柿树等 5 经济树种干旱胁迫生理响应

指标单位：丙二醛（$\mu mol \cdot g^{-1}$）、细胞膜透性（%），超氧化物歧化酶（$U \cdot g^{-1}$）、脯氨酸含量（μg/g）、叶片相对含水量（%）、叶绿素（SPAD）、气孔导度（$\mu mol \cdot m^{-2} \cdot s^{-1}$）、树种胞间 CO_2 浓度（$\mu mol \cdot mol^{-1}$）、气候限制值（%）。

根据土壤水分实测结果，核桃、香椿、金银花 3 个经济树种可划分出 4 个水分梯度：T1、T2、T3、T4，其土壤相对含水量分别为 70%～90%、50%～60%、28%～34%、18%～22%。测定其指标变化见图 6-14。

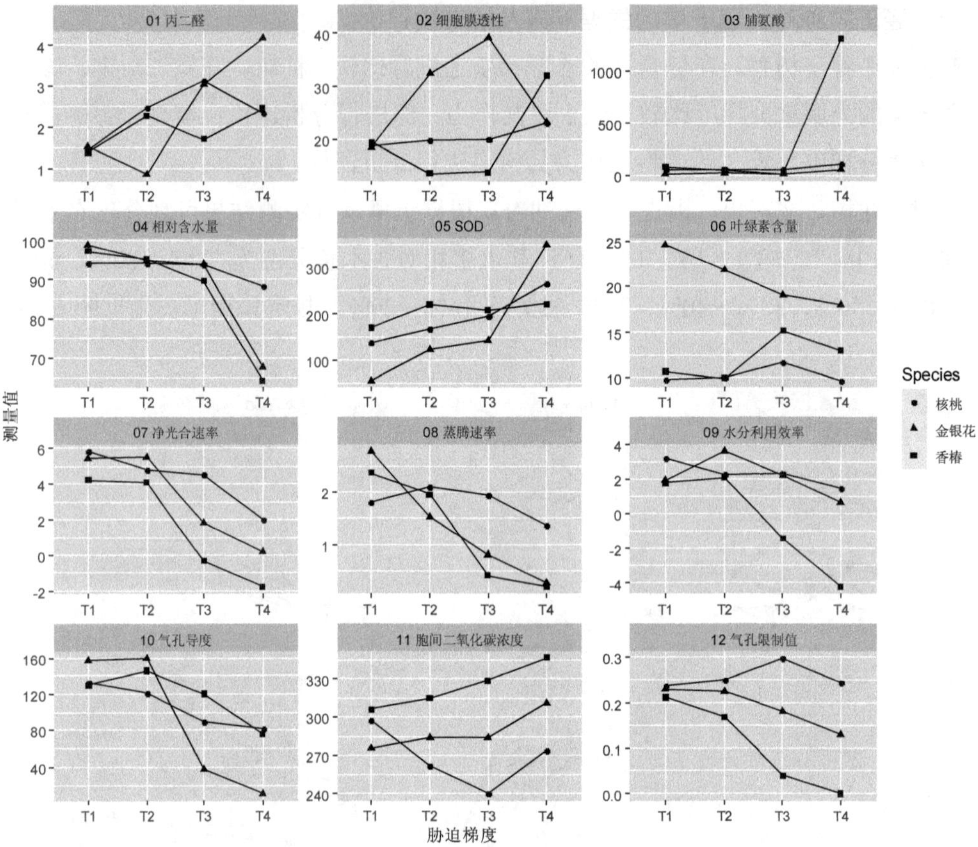

图 6-14 核桃等 3 经济树种干旱胁迫生理响应

指标单位：丙二醛（μmol·g^{-1}）、细胞膜透性（%），脯氨酸含量（μg/g）、叶片相对含水量（%）、超氧化物歧化酶（U·g^{-1}）、叶绿素（SPAD）、光合速率（μmol·m^{-2}·s^{-1}）、蒸腾速率（mmol·m^{-2}·s^{-1}）、水分利用效率（μmol·mmol^{-1}）、气孔导度（μmol·m^{-2}·s^{-1}）、树种胞间 CO_2 浓度（μmol·mol^{-1}）、气候限制值（%）。

同样采用隶属函数法对这 8 个经济树种的抗旱能力进行排序，隶属函数均值及抗旱性排序见表 6-8。8 个经济树种的抗旱性排序依次为柿树＞花椒＞珍珠油杏＞核桃＞文冠果＞山杏＞金银花＞香椿。

表 6-8 8 个经济树种生理指标的隶属函数均值及抗旱性排序

生理指标	金银花	香椿	山杏	文冠果	核桃	花椒	柿树	珍珠油杏
丙二醛	0.304 77	0.730 81	0.615 31	0	1	0.695 02	0.988 76	0.851 276
细胞膜透性	0.862 62	0	0.597 12	0.594 34	0.848 56	0.740 93	0.812 33	1
SOD	0.785 30	0.286 77	0.214 31	1	0	0.192 75	0.235 25	0.235 295
净光合速率	0.039 84	0	0.262 94	1	0.326 69	0.394 42	0.626 82	0.262 948
水分利用效率	0.202 83	0	0.415 11	0.461 94	0.382 00	0.464 12	1	0.533 046
叶绿素含量	0.453 59	0.338 12	0.096 95	0	0.058 82	0.984 18	1	0.375 018
叶片相对含水量	0.307 82	0.182 85	0.967 10	0.328 90	0.902 11	0	0.995 46	1

生理指标	金银花	香椿	山杏	文冠果	核桃	花椒	柿树	珍珠油杏
脯氨酸	0.011 26	0.575 65	0.004 58	0.030 66	0.034 05	1	0.007 37	0
隶属函数值总和	2.968 07	2.114 22	3.173 44	3.415 84	3.552 25	4.471 45	5.666 02	4.257 583
隶属函数均值	0.371 00	0.264 27	0.396 68	0.426 98	0.444 03	0.558 93	0.708 25	0.532 198
排序	7	8	6	5	4	2	1	3

6.2.1.4　灌藤树种对土壤干旱的生理响应及抗旱性评价

海州常山叶片大，蒸腾量大，土壤水分变化比连翘和扶芳藤大，3 个树种相似的土壤水分梯度少，很难一起作生理响应方面的比较。因此，将海州常山对土壤干旱的生理响应单独分析，连翘和扶芳藤在一起比较。

根据实测结果，海州常山可划分出 5 个水分梯度：T1、T2、T3、T4、T5，其土壤相对含水量分别为 90%～100%、80%～90%、60%～70%、34%～40%、22%～26%。测定其指标变化见图 6-15。

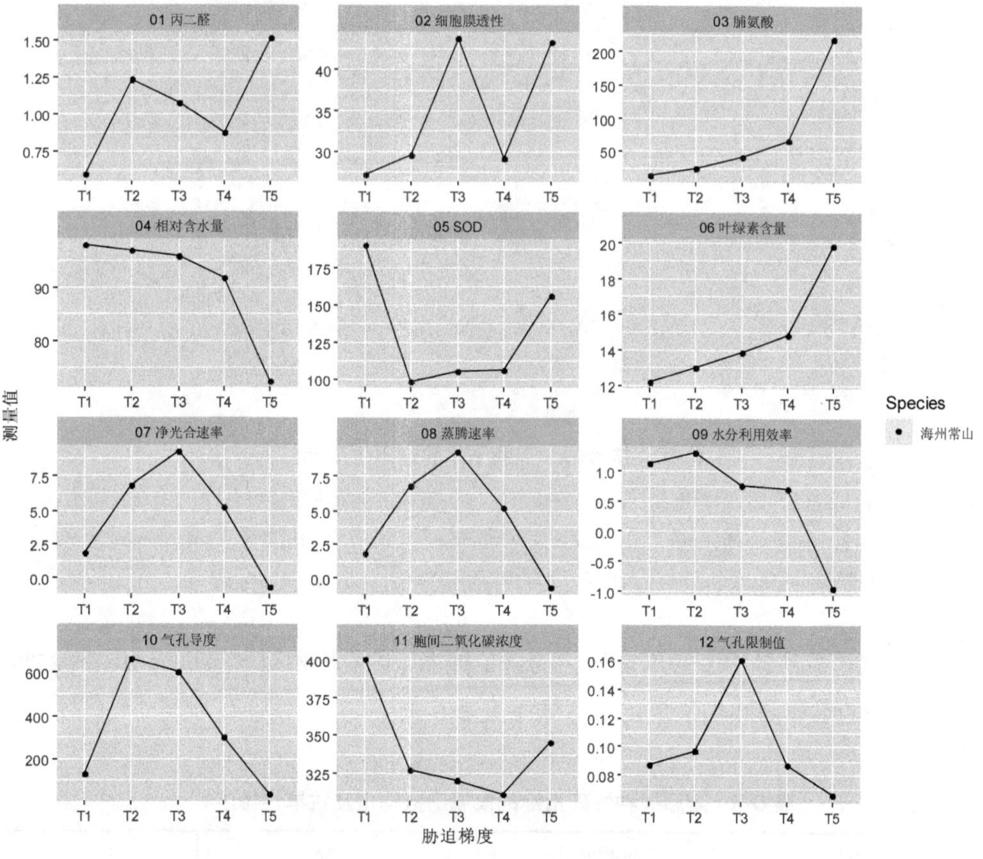

图 6-15　海州常山干旱胁迫下生理响应

指标单位：丙二醛（$\mu mol \cdot g^{-1}$）、细胞膜透性（%），脯氨酸含量（μg/g）、叶片相对含水量（%）、超氧化物歧化酶（$U \cdot g^{-1}$）、叶绿素（SPAD）、光合速率（$\mu mol \cdot m^{-2} \cdot s^{-1}$）、蒸腾速率（$mmol \cdot m^{-2} \cdot s^{-1}$）、水分利用效率（$\mu mol \cdot mmol^{-1}$）、气孔导度（$\mu mol \cdot m^{-2} \cdot s^{-1}$）、树种胞间 CO_2 浓度（$\mu mol \cdot mol^{-1}$）、气候限制值（%）。

扶芳藤与连翘划分出 6 个水分梯度：T1、T2、T3、T4、T5、T6，其土壤相对含水量分别为 80%～90%、60%～70%、45%～55%、37%～45%、31%～37%、20～25%。各指标变化见图 6-16。

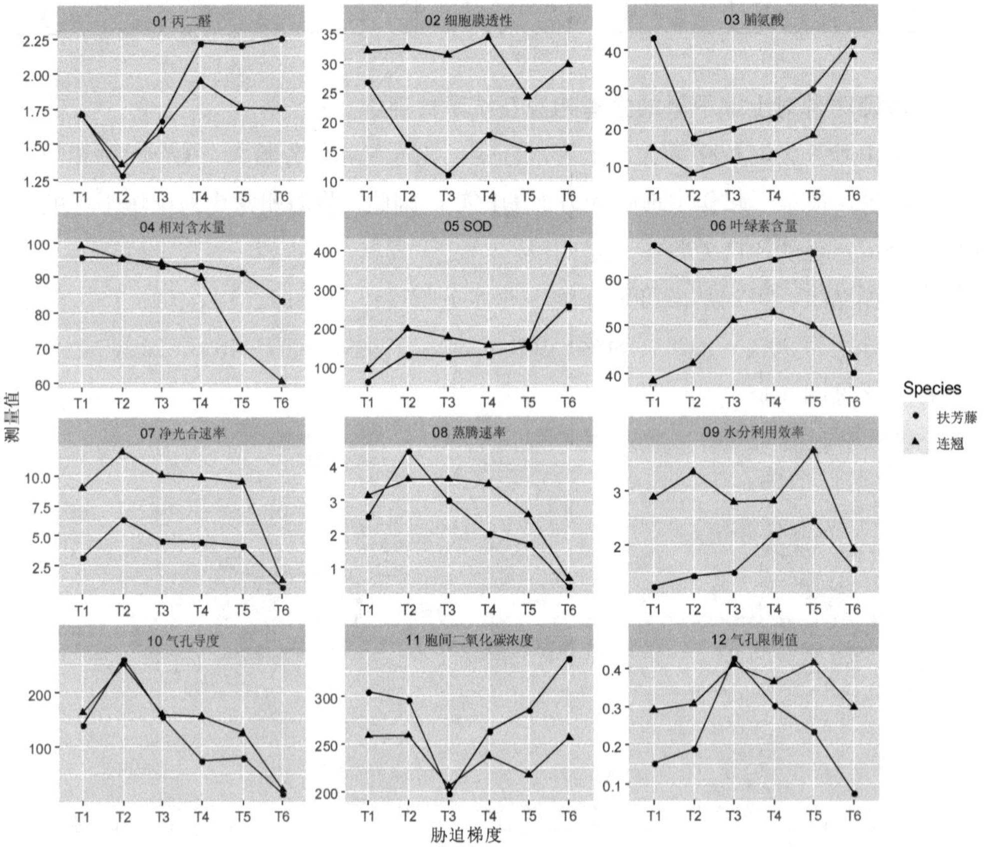

图 6-16 扶芳藤、连翘干旱胁迫下生理响应

指标单位：丙二醛（$\mu mol \cdot g^{-1}$）、细胞膜透性（%），脯氨酸含量（μg/g）、叶片相对含水量（%）、超氧化物歧化酶（$U \cdot g^{-1}$）、叶绿素（SPAD）、光合速率（$\mu mol \cdot m^{-2} \cdot s^{-1}$）、蒸腾速率（$mmol \cdot m^{-2} \cdot s^{-1}$）、水分利用效率（$\mu mol \cdot mmol^{-1}$）、气孔导度（$\mu mol \cdot m^{-2} \cdot s^{-1}$）、树种胞间 CO_2 浓度（$\mu mol \cdot mol^{-1}$）、气候限制值（%）。

采用隶属函数法计算 3 种灌藤植物的抗旱性能，以土壤相对含水量为 20%～25%计算，3 个树种的隶属函数均值及抗旱性排序见表 6-9。

表 6-9 灌藤树种生理指标的隶属函数均值及抗旱性排序

生理指标	海州常山	连翘	扶芳藤
丙二醛	1	0.674	0
细胞膜透性	0	0.495	1
SOD	0	1	0.380
净光合速率	0	1	0.669

生理指标	海州常山	连翘	扶芳藤
水分利用效率	0	1	0.873
叶绿素含量	0	1	0.862
叶片相对含水量	0.533	0	1
脯氨酸	1	0	0.020
隶属函数值总和	2.533	5.168	4.805
隶属函数均值	0.317	0.646	0.601
排序	3	1	2

可得出，3 个灌藤树种的抗旱性排序依次为连翘>扶芳藤>海州常山。

6.2.2 大田栽植条件下各树种评价

树木的生长指标主要包括生长量（胸径、树高、新梢长等）、产量（单叶叶面积、果实及材积等）、生物量、干旱后的植株存活率等。这些都可归为直观的抗旱生产力指标，也是判断该树种是否适合在该地区生长的最重要指标，成活率、生长量树高是判断该树种适应该地区充分的、有力的证明。

6.2.2.1 石灰岩山地不同造林树种的抗旱性评价

石灰岩山地不同造林树种的林木生长指标见表 6-10。

表 6-10　石灰岩山地不同造林树种的林木生长指标

类型	树种	2013 年测定					2015 年测定				
		树高/m	根径/cm	冠幅/m^2	当年新枝长度/cm	生长表现	树高/m	根径/cm	冠幅/m^2	当年新枝长度/cm	生长表现
生态型防护林	侧柏	1.19	1.52	0.26	28.1	优	2.44	4.59	1.41	50.9	优
	黑松	0.82	1.03	0.25	18.1	中	1.91	3.47	1.03	29.7	中
	黄栌	1.36	2.44	0.93	32.4	优	2.81	5.52	2.88	56.7	优
	连翘	0.99	1.46	1.23	41.6	优	1.64	3.58	2.68	69.7	优
	扶芳藤	0.75	1.06	0.74	37.2	优	1.57	3.42	2.32	59.9	优
	海州常山	0.66	1.38	0.22	31.7	中	1.54	3.15	2.26	38.2	中
	山杏	1.42	0.58	0.52	30.3	优	2.62	5.18	2.43	51.8	优
	金银花	0.57	1.13	0.43	20.7	良	1.78	3.86	2.87	49.9	良
	桑树	0.64	1.25	0.14	14.5	中	1.75	3.77	1.24	25.6	中
用材型防护林	刺槐	1.52	1.39	0.32	24.9	良	2.78	5.27	2.16	35.2	良
	五角枫	1.38	1.31	0.47	23.5	良	2.52	5.15	2.52	34.8	良
	黄连木	1.28	1.47	0.50	21.4	良	2.59	4.91	1.91	36.5	良
	苦楝	1.62	2.26	0.68	28.9	优	3.21	5.58	3.11	59.8	优
	臭椿	1.33	2.16	0.61	30.2	优	2.76	5.21	2.28	57.2	优

类型	树种	2013 年测定					2015 年测定				
		树高/m	根径/cm	冠幅/m^2	当年新枝长度/cm	生长表现	树高/m	根径/cm	冠幅/m^2	当年新枝长度/cm	生长表现
用材型防护林	皂荚	0.82	1.54	0.27	23.1	良	2.18	3.96	1.33	33.8	良
	君迁子	1.18	1.68	0.43	29.5	优	2.48	4.92	2.16	47.6	优
	栾树	0.93	1.32	0.38	15.7	良	2.16	3.87	1.18	24.2	良
	白蜡	0.81	1.29	0.32	14.8	中	2.09	3.86	1.05	30.9	中
经济型防护林	花椒	1.62	1.93	0.72	32.7	优	2.53	4.56	2.71	56.2	优
	柿树	1.74	1.54	0.41	23.8	优	2.91	4.58	2.54	59.8	优
	核桃	1.91	1.92	0.53	24.2	优	2.99	4.57	2.98	54.2	优
	文冠果	0.96	1.32	0.25	16.2	中	2.07	3.62	1.09	25.7	中
	香椿	1.84	1.55	0.54	27.9	优	2.24	4.13	1.54	55.2	优
	珍珠油杏	1.97	2.13	0.13	28.7	优	2.46	5.59	2.42	58.7	优
	桃	1.98	2.19	0.59	27.1	优	2.59	5.38	2.57	58.6	优

将各树种的树高、根径、冠幅、当年新枝长度均值化并求和，结果见表 6-11。

表 6-11 石灰岩山地不同造林树种的林木生长指标均值化

类型	树种	2013 年测定					2015 年测定				
		树高/m	根径/cm	冠幅/m^2	当年新枝长度/cm	均值化求和	树高/m	根径/cm	冠幅/m^2	当年新枝长度/cm	均值化求和
生态型防护林	侧柏	0.95	0.98	0.55	1.09	3.56	1.04	1.03	0.67	1.10	3.83
	黑松	0.66	0.66	0.53	0.70	2.54	0.81	0.78	0.49	0.64	2.72
	黄栌	1.09	1.57	1.96	1.25	5.87	1.20	1.24	1.37	1.22	5.02
	连翘	0.79	0.94	2.59	1.61	5.93	0.70	0.80	1.27	1.50	4.27
	扶芳藤	0.60	0.68	1.56	1.44	4.28	0.67	0.77	1.10	1.29	3.83
	海州常山	0.53	0.89	0.46	1.22	3.10	0.66	0.71	1.07	0.82	3.26
	山杏	1.13	0.37	1.10	1.17	3.77	1.12	1.16	1.15	1.12	4.55
	金银花	0.46	0.73	0.91	0.80	2.89	0.76	0.86	1.36	1.07	4.06
	桑树	0.51	0.80	0.29	0.56	2.17	0.75	0.84	0.59	0.55	2.73
用材型防护林	刺槐	1.21	0.89	0.67	0.96	3.74	1.19	1.18	1.03	0.76	4.15
	五角枫	1.10	0.84	0.99	0.91	3.84	1.07	1.15	1.20	0.75	4.17
	黄连木	1.02	0.95	1.05	0.83	3.85	1.10	1.10	0.91	0.79	3.90
	苦楝	1.29	1.45	1.43	1.12	5.30	1.37	1.25	1.48	1.29	5.38
	臭椿	1.06	1.39	1.28	1.17	4.90	1.18	1.17	1.08	1.23	4.66
	皂荚	0.66	0.99	0.57	0.89	3.11	0.93	0.89	0.63	0.73	3.18
	君迁子	0.94	1.08	0.91	1.14	4.07	1.06	1.10	1.03	1.03	4.21
	栾树	0.74	0.85	0.80	0.61	3.00	0.92	0.87	0.56	0.52	2.87
	白蜡	0.65	0.83	0.67	0.57	2.72	0.89	0.86	0.50	0.67	2.92

类型	树种	2013 年测定					2015 年测定				
		树高/m	根径/cm	冠幅/m^2	当年新枝长度/cm	均值化求和	树高/m	根径/cm	冠幅/m^2	当年新枝长度/cm	均值化求和
经济型防护林	花椒	1.29	1.24	1.52	1.26	5.32	1.08	1.02	1.29	1.21	4.60
	柿树	1.39	0.99	0.86	0.92	4.16	1.24	1.03	1.21	1.29	4.76
	核桃	1.53	1.24	1.12	0.93	4.81	1.28	1.02	1.41	1.17	4.88
	文冠果	0.77	0.85	0.53	0.63	2.77	0.88	0.81	0.52	0.55	2.76
	香椿	1.47	1.00	1.14	1.08	4.68	0.96	0.92	0.73	1.19	3.80
	珍珠油杏	1.57	1.37	0.27	1.11	4.33	1.05	1.25	1.15	1.26	4.71
	桃	1.58	1.41	1.24	1.05	5.28	1.10	1.20	1.22	1.26	4.79

将基于石灰岩山地不同造林树种的林木生长指标均值化求和后的值进行排序，结果如下：

生态型防护林：黄栌＞山杏＞连翘＞金银花＞侧柏=扶芳藤＞海州常山＞桑树＞黑松；

用材型防护林：苦楝＞臭椿＞君迁子＞五角枫＞刺槐＞黄连木＞皂荚＞白蜡＞栾树；

经济型防护林：核桃＞桃＞柿树＞珍珠油杏＞花椒＞香椿＞文冠果。

均值化求和后的值总体排名情况为①黑松＜②桑树＜③文冠果＜④栾树＜⑤白蜡＜⑥皂荚＜⑦海州常山＜⑧香椿＜⑨扶芳藤＜⑩侧柏＜⑪黄连木＜⑫金银花＜⑬刺槐＜⑭五角枫＜⑮君迁子＜⑯连翘＜⑰杏＜⑱花椒＜⑲臭椿＜⑳珍珠油杏＜㉑柿树＜㉒桃＜㉓核桃＜㉔黄栌＜㉕苦楝。

6.2.2.2　砂石山区不同造林树种的抗旱性评价

砂石山区不同造林树种的林木生长指标见表 6-12。

表 6-12　砂石山区不同造林树种的林木生长指标

类型	树种	2013 年测定					2015 年测定				
		树高/m	根径/cm	冠幅/m^2	当年新枝长度/cm	生长表现	树高/m	根径/cm	冠幅/m^2	当年新枝长度/cm	生长表现
生态型防护林	黑松	1.25	2.89	0.98	28.3	优	3.58	5.16	3.11	68.3	优
	侧柏	1.17	1.43	0.24	26.5	良	2.57	4.26	2.55	42.1	良
	黄栌	1.46	2.65	1.31	31.6	优	3.12	6.28	3.51	73.5	优
	连翘	1.05	1.57	1.28	49.3	优	1.92	3.88	3.94	102.5	优
	扶芳藤	0.97	1.52	1.23	43.2	优	1.89	3.72	0.54	96.8	优
	海州常山	1.01	1.65	0.32	26.1	中	2.11	3.48	3.06	42.3	中
	山杏	1.43	1.80	0.58	28.4	优	2.92	5.32	3.62	62.3	优
	金银花	0.62	1.82	1.14	23.8	中	1.96	3.91	3.88	86.5	中
	紫穗槐	1.13	1.73	1.18	46.4	优	1.91	4.55	3.58	106.2	优

类型	树种	2013 年测定					2015 年测定				
		树高/m	根径/cm	冠幅/m^2	当年新枝长度/cm	生长表现	树高/m	根径/cm	冠幅/m^2	当年新枝长度/cm	生长表现
用材型防护林	刺槐	1.98	2.94	1.25	32.7	优	3.85	6.24	3.23	73.9	优
	五角枫	1.62	2.96	1.22	36.3	优	3.72	5.72	3.08	59.2	优
	黄连木	1.35	2.38	0.95	23.7	良	2.81	5.36	2.98	49.3	良
	栾树	1.08	1.91	0.47	21.4	良	2.75	4.58	2.13	46.2	良
	麻栎	1.75	3.29	1.41	30.6	优	3.29	6.42	3.53	71.3	优
	皂荚	0.99	1.83	0.29	23.4	良	3.08	4.85	3.27	47.8	良
	臭椿	1.54	2.39	1.18	29.3	良	3.16	5.25	3.02	52.4	良
	苦楝	1.58	2.47	0.81	27.1	良	3.26	4.91	3.06	51.6	良
	山槐	1.16	2.16	1.32	46.9	良	3.07	5.32	3.01	59.2	良
	杜梨	1.53	2.81	1.42	46.3	良	3.09	5.27	3.03	58.7	良
经济型防护林	花椒	1.23	1.67	0.22	21.4	优	2.16	5.27	3.68	71.2	优
	核桃	1.93	2.44	0.46	24.7	良	3.15	5.41	4.10	52.3	良
	香椿	1.99	2.17	0.49	25.3	优	2.98	4.81	3.29	75.7	优
	板栗	1.98	2.46	1.08	29.7	优	3.19	5.47	4.80	71.8	优
	桃	1.96	2.31	1.09	28.9	优	2.76	5.66	3.86	73.2	优
	杏	1.69	2.18	1.05	28.7	优	2.45	4.92	3.46	72.4	优

将各树种的树高、根径、冠幅、当年新枝长度均值化并求和，结果见表 6-13。

表 6-13 砂石山区不同造林树种的林木生长指标均值化

类型	树种	2013 年测定					2015 年测定				
		树高/m	根径/cm	冠幅/m^2	当年新枝长度/cm	均值化求和	树高/m	根径/cm	冠幅/m^2	当年新枝长度/cm	均值化求和
生态型防护林	黑松	0.88	1.30	1.07	0.91	4.16	1.27	1.02	0.96	1.02	4.27
	侧柏	0.83	0.64	0.26	0.85	2.58	0.91	0.85	0.78	0.63	3.17
	黄栌	1.03	1.20	1.43	1.01	4.66	1.10	1.25	1.08	1.10	4.53
	连翘	0.74	0.71	1.39	1.58	4.42	0.68	0.77	1.21	1.54	4.20
	扶芳藤	0.68	0.69	1.34	1.38	4.09	0.67	0.74	0.17	1.45	3.02
	海州常山	0.71	0.74	0.35	0.84	2.64	0.75	0.69	0.94	0.63	3.01
	山杏	1.01	0.81	0.63	0.91	3.36	1.03	1.06	1.11	0.93	4.13
	金银花	0.44	0.82	1.24	0.76	3.26	0.69	0.78	1.19	1.30	3.96
	紫穗槐	0.80	0.78	1.28	1.49	4.35	0.67	0.90	1.10	1.59	4.27

类型	树种	2013 年测定					2015 年测定				
		树高/m	根径/cm	冠幅/m^2	当年新枝长度/cm	均值化求和	树高/m	根径/cm	冠幅/m^2	当年新枝长度/cm	均值化求和
用材型防护林	刺槐	1.40	1.33	1.36	1.05	5.13	1.36	1.24	0.99	1.11	4.70
	五角枫	1.14	1.34	1.33	1.16	4.97	1.31	1.13	0.95	0.89	4.28
	黄连木	0.95	1.07	1.03	0.76	3.82	0.99	1.06	0.92	0.74	3.71
	栾树	0.76	0.86	0.51	0.69	2.82	0.97	0.91	0.65	0.69	3.23
	麻栎	1.23	1.48	1.53	0.98	5.23	1.16	1.27	1.09	1.07	4.59
	皂荚	0.70	0.83	0.32	0.75	2.59	1.09	0.96	1.01	0.72	3.77
	臭椿	1.09	1.08	1.28	0.94	4.39	1.12	1.04	0.93	0.79	3.87
	苦楝	1.11	1.11	0.88	0.87	3.98	1.15	0.97	0.94	0.77	3.84
	山槐	0.82	0.97	1.44	1.50	4.73	1.08	1.06	0.93	0.89	3.95
	杜梨	1.08	1.27	1.55	1.48	5.38	1.09	1.05	0.93	0.88	3.95
经济型防护林	花椒	0.87	0.75	0.24	0.69	2.55	0.76	1.05	1.13	1.07	4.01
	核桃	1.36	1.10	0.50	0.79	3.75	1.11	1.07	1.26	0.78	4.23
	香椿	1.40	0.98	0.53	0.81	3.73	1.05	0.95	1.01	1.14	4.15
	板栗	1.40	1.11	1.18	0.95	4.63	1.13	1.09	1.48	1.08	4.76
	桃	1.38	1.04	1.19	0.93	4.54	0.98	1.12	1.19	1.10	4.38
	杏	1.19	0.98	1.14	0.92	4.24	0.87	0.98	1.06	1.09	3.99

将基于砂石山区不同造林树种的林木生长指标均值化求和后的值进行排序，结果如下：

生态型防护林：黄栌＞黑松＞紫穗槐＞连翘＞山杏＞金银花＞侧柏＞扶芳藤＞海州常山；

用材型防护林：刺槐＞麻栎＞五角枫＞杜梨＞山槐＞臭椿＞苦楝＞皂荚＞黄连木＞栾树；

经济型防护林：板栗＞桃＞核桃＞香椿＞花椒＞杏。

①海州常山＜②扶芳藤＜③侧柏＜④栾树＜⑤黄连木＜⑥皂荚＜⑦苦楝＜⑧臭椿＜⑨山槐=⑩杜梨＜⑪金银花＜⑫杏＜⑬花椒＜⑭山杏＜⑮香椿＜⑯连翘＜⑰核桃＜⑱紫穗槐＜⑲黑松＜⑳五角枫＜㉑桃＜㉒黄栌＜㉓麻栎＜㉔刺槐＜㉕板栗。

第 7 章　监测与评价

有效的监测和评价是保证项目顺利实施、评估项目成效的关键。本课题确定了项目监测指标体系（表 7-1），对项目产生的生态效果、环境效果、社会效果、技术效果、经济效果进行全面评估，为项目的顺利实施提供科学依据，为同类项目的实施提供参考。

表 7-1　山东生态造林项目监测指标体系

目标层	控制层	指标构成	
项目发展目标	年度进展	①造林面积 ③模型使用情况	②抚育完成情况 ④模型调整情况
	造林质量	①造林穴合格率 ③成活率 ⑤火灾发生率	②Ⅰ级苗使用率 ④保存率
生态效益	植物多样性	①植物种类/组成 ③植被高度、地径 ⑤乔木丰富度 ⑦乔木生长量 ⑨灌木覆盖率 ⑪草本盖度	②总盖度 ④植被密度 ⑥乔木郁闭度 ⑧灌木丰富度 ⑩草本丰富度 ⑫重要值
	土壤理化性质指标	①土壤含水量 ③总孔隙度 ⑤非毛管孔隙度 ⑦饱和持水量 ⑨有机质 ⑪速效 N ⑬速效 K	②土壤容重 ④毛管孔隙度 ⑥毛管持水量 ⑧pH ⑩全盐含量 ⑫速效 P
	病虫害监测指标	①虫害种类 ③病害种类 ⑤农药种类	②虫株率 ④感病指数 ⑥使用数量
	小气候监测指标	①风速（林内、5*H*、10*H*、15*H*） ②风速降低值 ④气温	 ③大气相对湿度 ⑤地温
	土壤侵蚀	①降水量 ③单位面积土壤侵蚀量 ⑤侵蚀减少量	②单位面积径流量 ④径流减少值

目标层	控制层	指标构成	
社会经济效益	社会效果	①碳商式农户数量/人数	②农户满意率
		③农民参与度	④农民环保意识
		⑤技术培训人数	⑥技术培训效果
		⑦技术推广情况	⑧市场带动情况
	经济效益	①创造就业机会	②就业人数
		③农民人均收入	④增加收益机会

7.1 项目发展目标监测评估

7.1.1 项目进展和造林质量

截至 2015 年年底，9 个项目市累计完成造林面积为 66 915.3 hm^2，占造林总任务的 101.43%，各市总造林面积及分模型造林面积汇总见表 7-2。

表 7-2　截至 2015 年各市总造林面积及分模型造林面积汇总　　单位 hm^2

单位	东营	滨州	潍坊	济宁	临沂	泰安	日照	威海	莱芜	合计
S1	0	0	1 746.9	1 976.6	3 531.8	2 216.5	207.8	0	238.0	9 917.6
S2	0	0	220.0	783.9	20.2	859.4	245.5	0	0	2 129.0
S3	0	0	579.5	14.0	1 073.7	238.3	62.6	0	197.0	2 165.1
S4	0	0	220.8	1 671.1	1 021.9	1 912.6	46.1	0	256.9	5 129.4
S5	0	0	767.7	686.2	335.4	844.7	1 449.4	2 026.6	314.6	6 424.6
S6	0	0	53.8	256.9	403.2	112.4	1 031.9	1 001.9	977.2	3 837.3
S7	0	0	2 848.9	1 286.8	165.0	340.9	1 011.9	321.3	729.9	6 704.7
S8	0	0	189.4	0	0	0	292.0	108.0	0	589.4
小计	0	0	6 627.0	6 675.5	6 551.2	6 524.8	4 347.2	3 457.8	2 713.6	36 897.1
Y1	1 437.20	4 221.9	703.0	0	0	0	0	0	0	6 362.1
Y2	3 129.90	5 467.2	3 063.5	0	0	0	0	0	0	11 660.6
Y3	1 115.94	136.6	306.0	0	0	0	0	0	0	1 558.5
Y4	2 793.52	952.6	240.0	0	0	0	0	0	0	3 986.1
Y5	5 345.64	630.7	474.5	0	0	0	0	0	0	6 450.8
小计	13 822.20	11 409.0	4 787.0	0	0	0	0	0	0	30 018.2
合计	13 822.20	11 409.0	11 414.0	6 675.5	6 551.2	6 524.8	4 347.2	3 457.8	2 713.6	66 915.3

2010—2015年，退化山地造林面积为36 897.1 hm^2，占该区域造林总计划的96.23%；滨海盐碱地造林面积为30 018.2 hm^2，占该区域造林总计划的108.65%。

监测结果表明，退化山地植被恢复区总体上完成了造林计划任务的96.23%，其中，石灰岩退化山地植被恢复区完成了造林计划任务的102.13%；砂石山退化山地植被恢复区完成了造林计划任务的90.47%；滨海盐碱地改良区完成了造林计划任务的108.65%。滨海盐碱地改良区盐分含量小于2‰的项目区完成了造林计划任务的93.96%；盐分含量为2‰～3‰的项目区完成了造林计划任务的117.00%；大于3‰的项目区完成了造林计划任务的84.43%；沟渠路完成了造林计划任务的269.47%，具体监测指标详见表7-3。

表7-3 生态造林质量监测指标

项目	计划	实际	实际/计划
1. 造林面积	65 972.6 hm^2	66 915.2 hm^2	101.43%
—退化山地	38 343.4 hm^2	36 897.1 hm^2	96.23%
◆ 石灰岩	18 937.6 hm^2	19 341.1 hm^2	102.13%
◆ 砂石山	19 405.8 hm^2	17 556.0 hm^2	90.47%
—滨海盐碱地	27 629.2 hm^2	30 018.2 hm^2	108.65%
◆ 盐分含量小于2‰	19 182.0 hm^2	18 022.7 hm^2	93.96%
◆ 盐分含量2‰～3‰	1 332.1 hm^2	1 558.5 hm^2	117.00%
◆ 盐分含量大于3‰	4 721.2 hm^2	3 986.1 hm^2	84.43%
◆ 沟渠路	2 393.9 hm^2	6 450.8 hm^2	269.47%
2. 造林质量			
—造林穴合格率%	100%	100%	
—Ⅰ级苗使用率	100%	100%	
—幼林生长达标率		100%	
—造林成活率		92%	
◆ 退化山地		95%以上	
◆ 滨海盐碱地		86%以上	
—林木保存率		96%以上	
3. 森林火灾发生频率		0	

退化山地植被恢复区造林面积的减少和滨海盐碱地改良区造林面积的增加主要是由于原计划中徂徕山林场退出的项目和任务调整到无棣盐碱地改良区而造成的。对于滨海盐碱地而言，小于 2‰的造林面积较原计划减小和 2‰～3‰的造林面积增大的原因，一方面是农户更重视生态林的防护效益，减少了经济林、用材林的比例；另一方面是原计划中的滨州开发区退出项目，将任务调整到沾化区，造林面积由计划的 1 445 hm^2 调整为 1 630.3 hm^2，使小于 2‰的造林面积有所减小，而 2‰～3‰的造林面积增大。大于 3‰的造林面积较原计划的减少，是因大于 3‰的立地适宜造林的树种少、造林难度大，为了加快造林进度，将之调整到沟渠路造林任务中，而沟渠路也有盐分浓度大于 3‰的立地，因不再按盐分浓度进行重复统计，因此造成大于 3‰的造林面积有所减小而沟渠路的面积超过计划的 169.47%。

监测表明（表 7-3），县（市、区）在造林过程中能够对各项目进行严格把关，注重提高造林质量。在造林地选择、苗木供应、整地施工、苗木栽植等环节上，严格按照项目质量要求进行，项目造林穴合格率达到 100%，Ⅰ级苗使用率达到 100%，退化山地植被恢复区造林成活率达到 95%以上，滨海盐碱地改良区造林成活率达到 86%以上；造林保存率达到 96%以上，幼林生长达标率达到 100%，项目区均无森林火灾发生，达到了预期目标。

7.1.2 关键指标监测与评估

表 7-4 中列出了项目实施期间所监测的关键指标，由此可知，项目区植被覆盖率较基准年大幅度提高，其中，退化山地覆盖率由 16%提高到 88.9%，提高了 72.9%；滨海盐碱地覆盖率由 7%提高到 66.2%，提高了 59.2%；退化山地与滨海盐碱地植被覆盖率分别较末期目标值增高 12.9%和 4.2%。

项目区植物种类大幅度增加，其中，退化山地项目区的植物种数量从 10 种增加到 40 种；滨海盐碱地植物种数量从 3 种增加到 18 种；退化山地与滨海盐碱地植物种数量分别较末期预期目标增加到 10 种和 3 种。

同时，项目生态状况改善明显，与基准年相比，退化山地的土壤侵蚀减少了 68%，滨海盐碱地风速降低了 52%，两者较预期目标分别降低 48%和 37%。

表 7-4　2011—2015 年关键监测指标

项目发展目标（PDO）	基准数据	监测值 2011 年	2012 年	2013 年	2014 年	2015 年	预期值 中期	末期	数据收集和汇总 报告次数	数据收集方式	负责方
植被盖度的提高/%											
a）退化山地	16	20	33	57.2	69.1	72.9	36	60		调查	省项目办
b）滨海盐碱地	7	10	26	33.7	38.7	59.2	30	55			
项目区生长的植物种类增加/种											
a）退化山地	10	22	26	32	40	40	30	30		调查	省项目办
b）滨海盐碱地	3	10	12	17	17	18	15	15			
生态条件改善											
a）土壤流失的数据（基础数据的百分数）	100	—	81	67	40	32	90	80		调查	省项目办
b）滨海盐碱地 5～10 倍树高处风速的降低（基础数据的百分数）	100	93	78	63	50	48	90	85			
项目内容指标											
内容 1：生态林的营造											
退化山地造林面积/hm^2											
a）青石山地造林面积	0	12 155.5	16 810.7	19 114.9	19 341.1	19 341.1	9 300	18 600		项目报告	省项目办
b）砂石山地造林面积	0	11 093.6	16 183.9	17 449.2	17 556.0	17 556.0	9 700	19 400			
滨海盐碱地造林面积/hm^2	0	14 458.7	25 209.8	30 018.2	30 211.7	30 018.2	13 800	27 600		项目报告	省项目办
沿沟渠路造林长度/km	0	527.2	1 129.3	2 078.6	2 150.3	2 150.3	950	1 900		项目报告	省项目办
内容 2：技术支持和项目管理											
项目区可供选择的乡土树种、灌木树种数量	15	22	38	39	42	50	38	44		项目报告	省项目办
提出和采纳的技术意见/规程的数量	0	10	10	10	10	10	10	10		项目报告	省项目办
实物和资金的投入产出监测评估系统得以建立并运行良好	—	是	是	是	是	是	是	是		项目报告	省项目办

7.2 生态环境影响

7.2.1 植物多样性和盖度监测与评估

造林对各项目区植物多样性的影响增大，是由于引进了新的树种，乔灌木种类及数量有所增加，草本种类及数量也有所变化。

由表 7-5 可知，2015 年，砂石山退化山地植被恢复项目区的物种丰富度为 26～41 种，非项目区的丰富度为 15～23 种，项目区较非项目区多 11～18 种。与 2010 年本底相比，项目区物种数平均增加 24 种，而非项目区仅增加 10 种。2015 年项目区植被盖度为 85%～95%，平均为 89.4%；对照区的植被盖度为 45%～70%，平均为 56.4%；前者的盖度是后者的 1.6 倍。

表 7-5 项目区植物多样性与盖度动态变化

监测点	调查区	2010 年		2016 年		增加量	
		丰富度/种	盖度/%	丰富度/种	盖度/%	丰富度/种	盖度/%
新泰汶南镇崖庄（H）	项目区	10	13	50	91	40	78
	非项目区	10	13	17	51	7	38
新泰龙廷宝泉（S）	项目区	10	13	36	90	26	77
	非项目区	10	12	18	56	8	44
蒙阴镇召子官庄（H）	项目区	9	10	30	86	21	76
	非项目区	9	10	20	48	11	38
莒县龙山镇北上涧村（S）	项目区	7	16	31	92	24	76
	非项目区	7	16	18	63	11	47
莒县浮来山宋家山（H）	项目区	9	18	37	87	28	69
	非项目区	8	15	21	48	13	33
乳山许家镇东峒岭凤凰山（S）	项目区	7	14	27	85	20	71
	非项目区	7	12	18	45	11	33
乳山海阳所杜家岛（S）	项目区	9	15	41	95	32	80
	非项目区	9	15	23	70	14	55
乳山夏村镇阜西庄东山（S）	项目区	8	16	26	85	18	69
	非项目区	7	15	15	48	8	33
泗水金庄镇二旗山（S）	项目区	7	12	38	85	31	73
	非项目区	7	12	17	48	10	36
莱芜雪野西峪（S）	项目区	9	15	31	87	22	72
	非项目区	9	15	15	49	6	34

监测点	调查区	2010 年		2016 年		增加量	
		丰富度/种	盖度/%	丰富度/种	盖度/%	丰富度/种	盖度/%
河口区新户镇（Y）	项目区	4	5	12	67	8	62
	非项目区	4	5	10	45	6	40
河口区义和镇（Y）	项目区	5	5	10	65	5	60
	非项目区	4	5	10	45	6	40
沾化区大高镇马家村（Y）	项目区	6	12	12	66	6	54
	非项目区	6	12	9	43	3	31
沾化区下洼镇杨营村（Y）	项目区	6	6	18	68	12	62
	非项目区	5	6	11	45	6	39
沾化区冯家镇票家村（Y）	项目区	4	10	12	65	8	55
	非项目区	4	8	10	45	6	37
沾化区富国镇（Y）	项目区	4	5	14	66	10	61
	非项目区	4	5	9	44	5	39

注：H-石灰岩山地；S-砂石山地；Y-盐碱地。

石灰岩退化山地植被恢复项目区 2015 年的物种丰富度为 30～50 种，非项目区的物种丰富度为 17～21 种，项目区较非项目区多 13～31 种；与 2010 年本底相比，2015 年项目区物种丰富度平均增加 30 种，而非项目区的丰富度仅增加 10 种。2015 年项目区植被盖度为 86%～91%，平均为 88%；非项目区的植被盖度为 48%～51%，平均为 49%。2015 年项目区盖度为非项目区盖度的 1.8 倍。

滨海盐碱地改良项目区 2015 年监测项目区物种总丰富度为 12～18 种，非项目区为 9～11 种，项目区较非项目区增加 3～7 种。与 2010 年本底相比，2015 年项目区的丰富度增加了 8～12 种，非项目区的丰富度增加了 3～5 种。2015 年项目区植被盖度为 65%～68%，平均为 66.2%；非项目区的植被盖度为 43%～45%，平均为 44.5%；2015 年项目区盖度为非项目区的 1.5 倍。

2010—2015 年，退化山地植被恢复区植被盖度由 2010 年的 10%～16%提高到 2015 年的 85%～95%；滨海盐碱地改良区植被盖度由 2010 年的 2%～10%提高到 2015 年的 65%～68%。

7.2.2 土壤理化性状监测与评估

7.2.2.1 退化山地植被恢复区土壤理化性状变化

退化山地不同监测点的土壤物理性状见表 7-6。由监测数据可知，生态造林项目的实施，使土壤孔隙度有所增加，土壤结构改善，蓄水功能增强。2015 年砂石山地总孔隙度、毛管孔隙度和非毛管孔隙度平均值为 49.75%、40.13%和 9.62%，较 2010 年基准值分别增大 17.38%、18.48%和 13.21%；石灰岩山地总孔隙度、毛管孔隙度和非毛管孔隙度平均值为 50.34%、41.85%和 8.49%，较 2010 年基准值分别增大 13.21%、11.06%和 25.14%。2015 年砂石山土壤毛管最大持水量和饱和含水量平均为 33.62%和 41.72%，较 2010 年基准值分别增加 31.13%和 30.10%；石灰岩山地的毛管最大持水量和饱和含水量平均为 34.45%和 41.45%，较 2010 年基准值分别增加 19.56%和 21.89%。

表 7-6 2015 年退化山地土壤物理性状监测数据

监测点	土壤含水量%	容重/（g/cm^3）	总孔隙度%	毛管孔隙度/%	非毛管孔隙度/%	毛管最大持水量/%	土壤饱和含水量/%
新泰龙廷宝泉（S）	5.65	1.22	50.2	41.72	8.48	34.2	41.15
新泰汶南镇崖庄（H）	5.94	1.19	50.86	42.48	8.38	35.7	42.74
蒙阴镇召子官庄（H）	6.12	1.15	51.66	42.38	9.28	36.85	44.92
莒县龙山镇（S）	5.96	1.14	51.68	41.19	10.49	36.13	45.33
莒县浮来山（H）	5.36	1.28	48.75	40.38	8.37	31.55	38.09
乳山许家凤凰山（S）	7.85	1.28	47.78	39.86	7.92	31.14	37.33
乳山杜家岛（S）	10.63	1.1	51.88	41.52	10.36	37.75	47.16
夏村镇阜西庄下（S）	7.48	1.24	47.38	37.25	10.13	30.04	38.21
夏村镇阜西庄上（S）	7.86	1.13	50.59	39.18	11.41	34.67	44.77
泗水金庄镇二旗山（S）	7.56	1.25	50.07	42.15	7.92	33.72	40.06
莱芜雪野西峪（S）	6.39	1.28	48.75	40.18	8.57	31.39	38.09
2015 年砂石山平均	7.4	1.2	49.75	40.13	9.62	33.62	41.72
2015 年石灰岩平均	6.25	1.22	50.34	41.85	8.49	34.45	41.45
2010 年砂石山基准	1.61	1.32	42.38	33.88	8.50	25.63	32.07
2010 年石灰岩基准	2.96	1.31	44.46	37.68	6.78	28.82	34.00

注：H-石灰岩山地；S-砂石山地；Y-盐碱地。

由表 7-7 可知，砂石山植被恢复区土壤为酸性，其 pH 平均为 6.8，较 2010 年 6.5 略有增加；有机质含量为 0.68%～0.82%，平均为 0.75%，较 2010 年增加 2.77 倍；土壤速效氮、速效磷和速效钾分别为 38.65～63.74 mg/kg、12.68～30.76 mg/kg 和 55.88～68.32 mg/kg，分别平均为 55.14 mg/kg、22.54 mg/kg 和 64.21 mg/kg，较 2010 年分别增大 2.37、6.26 和 1.93 倍。石灰岩山地植被恢复区土壤为碱性，其 pH 为 7.6，与 2010 年的 7.5 略有增大，有机质含量为 0.55%～0.88%，平均值为 0.79%，较 2010 年增加 2.60 倍；土壤速效氮、速效磷和速效钾的范围分别为 53.53～69.63 mg/kg、16.73～28.26 mg/kg 和 58.98～79.01 mg/kg，分别平均为 59.71 倍、22.10 倍和 71.40 倍，较 2010 年分别增大 2.10 倍、6.96 倍和 1.65 倍。

表 7-7 2015 年退化山地土壤化学性状监测数据

监测点	pH	有机质/%	速效氮/（mg/kg）	速效磷/（mg/kg）	速效钾/（mg/kg）
新泰龙廷宝泉（S）	6.8	0.82	60.09	17.82	66.72
新泰汶南镇崖庄（H）	7.8	0.87	69.63	21.24	74.47
蒙阴镇召子官庄（H）	7.7	0.88	62.11	16.73	73.15
莒县龙山镇（S）	6.9	0.71	38.65	30.76	66.85
莒县浮来山（H）	7.2	0.55	53.59	28.26	79.01
乳山许家凤凰山（S）	7	0.81	55.87	39.68	55.88
乳山杜家岛（S）	6.8	0.77	63.74	14.3	70.84
夏村镇阜西庄下（S）	7.1	0.68	55.12	12.68	68.32
夏村镇阜西庄上（S）	6.7	0.74	56.25	13.26	62.24
泗水金庄镇二旗山（S）	7.5	0.84	53.53	22.18	58.98
莱芜雪野西峪（S）	6.4	0.72	56.28	29.28	58.59
2015 年砂石山平均	6.8	0.75	55.14	22.54	64.21
2015 年石灰岩平均	7.6	0.79	59.71	22.1	71.4
2010 年砂石山基准	6.7	0.27	23.27	3.60	33.28
2010 年石灰岩基准	7.0	0.30	28.48	3.18	40.18

注：H-石灰岩山地；S-砂石山地；Y-盐碱地。

7.2.2.2 滨海盐碱地改良区土壤理化性状变化

滨海盐碱地的土壤物理性状如表 7-8 所示。2015 年其土壤含水量为 7.2%～10.42%；土壤总孔隙度为 43.53%～50.72%，较造林前本底值增加 10.1%；其毛管孔隙发达，为 36.76%～43.28%，较造林前增加 1.3%；非毛管孔隙度为 5.77%～10.01%，较造林前增大 141.5%。这反映了人工造林后，植物的生长特别是根系的生长使盐碱土结构发生改变，总孔隙度、毛管孔隙度和非毛管孔隙度均有所增大，另外，也反映了挖穴和抚育使土壤结构有所变化，非毛管孔隙度增大，有助于降水淋洗土壤盐分。土壤毛管最大持水量为 25.01%～35.54%，土壤饱和含水量为 29.61%～42.26%。

表 7-8 2015 年滨海盐碱地土壤物理性状监测数据

监测点编号	土层厚度/cm	土壤含水量/%	容重/（g/cm^3）	总孔隙度/%	毛管孔隙度/%	非毛管孔隙度/%	毛管最大持水量/%	土壤饱和含水量/%
沾化区大高镇马家村	0-20	7.57	1.21	50.34	42.28	8.06	34.94	41.60
	20-40	9.04	1.32	49.19	42.35	6.84	32.08	37.26
	40-60	9.35	1.38	45.45	39.68	5.77	28.75	32.94
沾化区下洼镇	0-20	7.86	1.20	50.72	42.65	8.07	35.54	42.26

监测点编号	土层厚度/cm	土壤含水量/%	容重/（g/cm^3）	总孔隙度/%	毛管孔隙度/%	非毛管孔隙度/%	毛管最大持水量/%	土壤饱和含水量/%
杨营村	20-40	9.12	1.31	49.57	43.28	6.29	33.04	37.84
	40-60	10.15	1.39	45.55	38.68	6.87	27.83	32.77
沾化区下洼镇杨营村白蜡	0-20	6.85	1.29	48.32	40.69	7.63	31.54	37.46
	20-40	9.41	1.38	45.25	38.46	6.79	27.87	32.79
	40-60	9.56	1.47	43.53	36.76	6.77	25.01	29.61
沾化区下洼镇杨营村	0-20	10.24	1.32	46.89	39.86	7.03	30.20	35.52
	20-40	8.29	1.37	45.19	38.12	7.07	27.82	32.98
	40-60	9.68	1.39	44.72	37.52	7.20	26.99	32.17
沾化区冯家镇票家村	0-20	10.42	1.20	50.72	41.86	8.86	34.88	42.26
	20-40	6.43	1.22	50.23	41.92	8.31	34.36	41.17
	40-60	8.15	1.22	50.26	42.16	8.10	34.56	41.20
河口区新户镇义新路	0-20	9.68	1.39	45.17	38.86	7.05	27.96	32.50
	20-40	7.86	1.38	44.79	38.86	6.20	28.16	32.46
	40-60	9.26	1.43	43.77	36.86	6.91	25.78	30.61
河口区新户镇义大路	0-20	9.92	1.36	45.92	39.17	6.75	28.80	33.77
	20-40	7.36	1.32	48.89	41.38	7.51	31.35	37.04
	40-60	8.42	1.33	48.11	39.16	8.95	29.44	36.18
河口区义和镇新四路	0-20	7.82	1.30	49.43	39.42	10.01	30.32	38.03
	20-40	8.24	1.30	48.94	38.94	10.00	29.95	37.65
	40-60	9.38	1.34	47.43	39.52	7.91	29.49	35.40
河口区六和海宁路	0-20	7.2	1.29	48.32	38.76	9.56	30.05	37.46
	20-40	8.33	1.40	46.17	38.61	7.56	27.58	32.98
	40-60	9.21	1.36	48.68	40.18	8.50	29.54	35.79
2010 年平均值	0-60	5.23	1.48	42.16	39.28	3.33	27.23	29.48

盐碱地 0～60 cm 土壤层均呈碱性，pH 为 6.8～8.0，较 2010 年的 pH 7.6～8.3 有所降低；有机质含量为0.45%～0.80%，平均为0.63%，较 2010年的有机质含量（0.22%～0.39%，平均为 0.32%）有明显的提高，前者较后者增加了 1.98 倍；土壤速效氮、速效磷和速效钾分别为 44.01～81.04 mg/kg、3.91～6.36 mg/kg 和 80.33～131.73 mg/kg，平均值为 57.46 mg/kg、5.26 mg/kg 和 100.36 mg/kg，较 2010 年平均含量分别增加 2.07 倍、1.64 倍和 1.34 倍（表 7-9）。

表 7-9 滨海盐碱地监测点土壤化学性质监测结果

监测点编号	土层厚度/cm	PH	有机质/%	速效氮/（mg/kg）	速效磷/（mg/kg）	速效钾/（mg/kg）
沾化区大高镇马家村	0-20	7.5	0.66	68.65	5.26	131.73
	20-40	7.7	0.62	59.04	4.63	91.56
	40-60	7.8	0.55	47.27	4.12	82.64
沾化区下洼镇杨营村	0-20	7.2	0.63	81.04	4.72	105.33
	20-40	7.1	0.61	62.98	4.84	89.42
	40-60	7.5	0.45	47.50	3.91	80.33
沾化区下洼镇杨营村白蜡	0-20	6.8	0.72	73.07	5.89	112.36
	20-40	6.7	0.66	63.56	5.79	89.99
	40-60	7.2	0.55	48.10	5.26	99.31
沾化区下洼镇杨营村	0-20	7.2	0.76	67.83	5.79	125.42
	20-40	7.4	0.64	54.56	5.28	107.72
	40-60	7.6	0.57	45.10	4.64	101.57
沾化区冯家镇票家村	0-20	7.2	0.80	69.74	6.28	102.14
	20-40	7.3	0.66	59.86	5.37	97.23
	40-60	7.5	0.53	54.89	4.85	81.09
河口区新户镇义新路	0-20	6.7	0.74	65.93	6.24	108.78
	20-40	6.9	0.65	54.43	5.73	94.28
	40-60	7.4	0.56	46.91	4.55	89.01
河口区新户镇义大路	0-20	7.2	0.72	67.39	5.89	128.19
	20-40	7.2	0.62	58.97	5.68	108.74
	40-60	7.6	0.51	44.01	4.86	102.19
河口区义和镇新四路	0-20	6.7	0.73	60.67	5.63	107.00
	20-40	6.9	0.65	52.57	5.15	81.88
	40-60	7.4	0.46	45.99	4.82	84.33
河口区六和海宁路	0-20	8	0.79	56.36	6.36	125.35
	20-40	7.2	0.66	51.31	5.64	96.33
	40-60	7.4	0.54	43.69	4.95	85.75
2010 年平均值	0-60	8.0	0.31	26.78	3.16	73.26

2010—2015 年，造林对滨海盐碱地土壤盐分的影响较大，2015 年 4 月各造林模型盐分含量较荒地下降 60.0%～77.5%，同年 7 月各造林模型盐分含量较荒地下降 67.6%～83.8%。整体呈现 4 月盐分含量高于 7 月盐分含量的趋势，4 月各模型盐分平均含量为 0.11%，对照盐分含量为 0.45%；7 月平均盐分含量为 0.08%，对照含量为 0.36%。各模型的全盐含量由高到低排列为 Y4＞Y5＞Y1＞Y3-2＞Y2-2＞Y3-1＞Y2-1（图 7-1）。

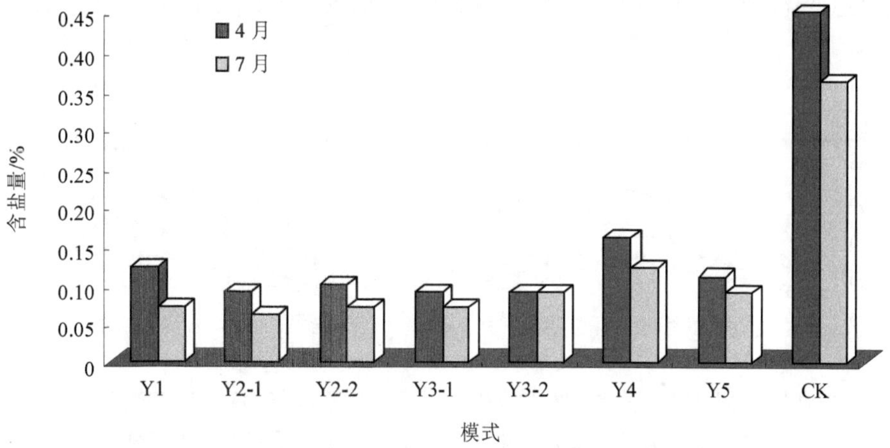

图 7-1 2015 年不同造林模型生长季 0～60 cm 土层土壤含盐量月动态变化

7.2.3 退化山地植被恢复区土壤侵蚀监测与评估

由表 7-10 可知，在监测期间，2015 年石灰岩山地（新泰汶南镇项目区）各观测径流小区径流量较 2010 年同部位径流量减少 70.86%～73.41%，土壤侵蚀量减少 62.92%～63.69%；2015 年砂石山区（莒县北上涧项目区）各径流小区径流量较 2010 年同部位径流量减少 71.21%～72.03%，土壤侵蚀量减少 74.10%～72.10%。

表 7-10 项目区径流小区径流与泥沙监测

项目区	部位	项目区径流量/（m^3/hm^2）			项目区土壤侵蚀量/（t/hm^2）		
		2010 年	2015 年	较 2010 年变化量/%	2010 年	2015 年	较 2010 年变化量/%
新泰汶南（石灰岩山地）	上部	2 636	768.0	70.86	25.38	9.41	62.92
	中上部	2 341	628.5	73.15	20.91	7.74	62.98
	中部	2 062	548.2	73.41	15.12	5.49	63.69
	下部	1 892	518.7	72.58	11.55	4.18	63.81
莒县北上涧（砂石山山地）	上部	1 896	545.8	71.21	34.69	8.89	74.37
	中部	1 497	418.7	72.03	28.14	7.85	72.10
	下部	1 052	296.4	71.83	25.52	6.43	74.80

7.2.4 滨海盐碱地改良区防护效果监测与评估

由图 7-2 可知，2015 年 5 月沾化、河口两地项目区的风速变化趋势一致，呈现早上风速低，14：00 风速达到最大的变化趋势，而后风速逐渐下降，至傍晚降至 2 m/s 左右，整天的风速变化趋势呈单峰曲线。林内、5*H* 处、10*H* 处、15*H* 处的变化趋势一致。

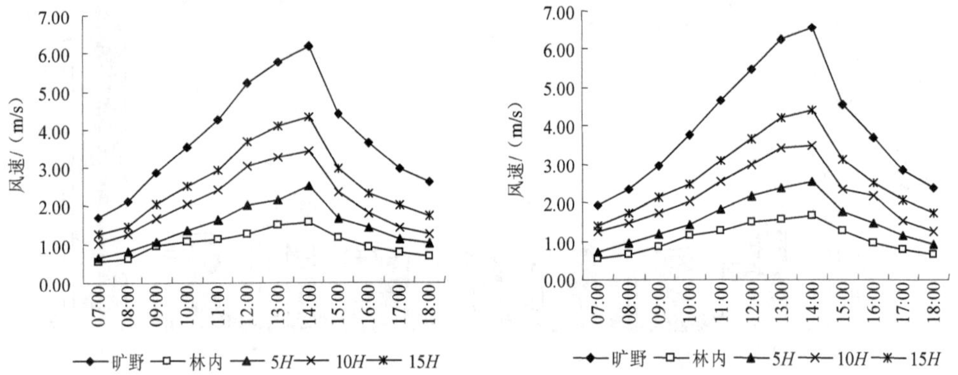

图 7-2 2015 年 5 月沾化（左）、河口（右）项目区风速监测

从两个项目区风速的变化特征来看，2015 年，与林外旷野风速相比，河口项目区林内 2 m 处的风速较林外同高度处平均降低 72.6%，即防风效能为 72.6%；林外 5*H*、10*H* 和 15*H* 处风速分别较对照平均降低了 61.6%、44.7%和 30.9%。沾化项目区林内 2 m 高处风速较林外旷野同一高度处风速下降了 72.7%，林外 5*H*、10*H* 和 15*H* 处风速分别较对照平均降低了 60.9%、43.9%和 30.3%。从整体上来看，各项目区树木生长良好，林带郁闭度增大，能够较大程度地削弱风速，使风速明显下降；而林外随着距林带距离的延伸，风速逐渐恢复，到 15*H* 时，风速基本恢复到旷野风速的 70%左右。

由图 7-3 可知，2015 年，滨海盐碱地生态造林使春季（4 月）白蜡林内气温较裸地气温降低 0.5～5.7℃，大气相对湿度较裸地升高 6.0%～15.4%；柽柳林内气温较裸地降低 0.6～4.7℃，相对湿度较裸地升高 3.3%～7.4%。夏季（7 月）的 3：00—17：00，白蜡林、柽柳林内气温较裸地分别低 2.0～5.2℃、0.7～4.5℃；18：00—次日 3：00，白蜡林、柽柳林内气温较裸地分别升高 0.1～3.1℃、0.2～4.6℃，大气相对湿度分别较裸地长高 4.8%～19.8%、0.4%～14.6%。秋季（10 月）的 7：00—14：00，白蜡林、柽柳林内气温分别低于裸地 1.4～3.4℃和 0.3～2.2℃、15：00—次日 8：00，白蜡林、柽柳林内气温分别高于裸地 0.1～2.1℃和 0.5～2.0℃；白蜡林、柽柳林内相对湿度较裸地分别升高 2.8%～15.6%和 0.7%～12.4%（图 7-3）。从整体上来看，春季白蜡林内气温平均降低 3.4℃，相对湿度增加 9.6%；柽柳林内气温平均降低 2.8℃，相对湿度增加 5.2%。夏季白蜡林内气温平均降低 1.2℃，相对湿度增加 10.7%；柽柳林内气温平均降低 0.5℃，相对湿度增加 7.4%，但白天气温降低更为明显，白蜡林与柽柳林内气温分别较裸地下降 3.2℃和 1.9℃。秋季白蜡林、柽柳林内气温与裸地基本相同，即白天的降温与晚上的增温度数接近，相对湿度分别较裸地平均升高了 7.2%和 5.6%。

项目区白蜡、柽柳与裸地 5 cm 地温的变化表明，春季 5 cm 地温低于裸地 0.6～3.6℃，夏季 5 cm 地温低于裸地 4.9～13.0℃；秋季则变化复杂，23：00—次日 10：00，5 cm 地温较裸地高 0.2～2.0℃，11：00—23：00，5 cm 地温较裸地低 0.3～4.4℃（图 7-4）。

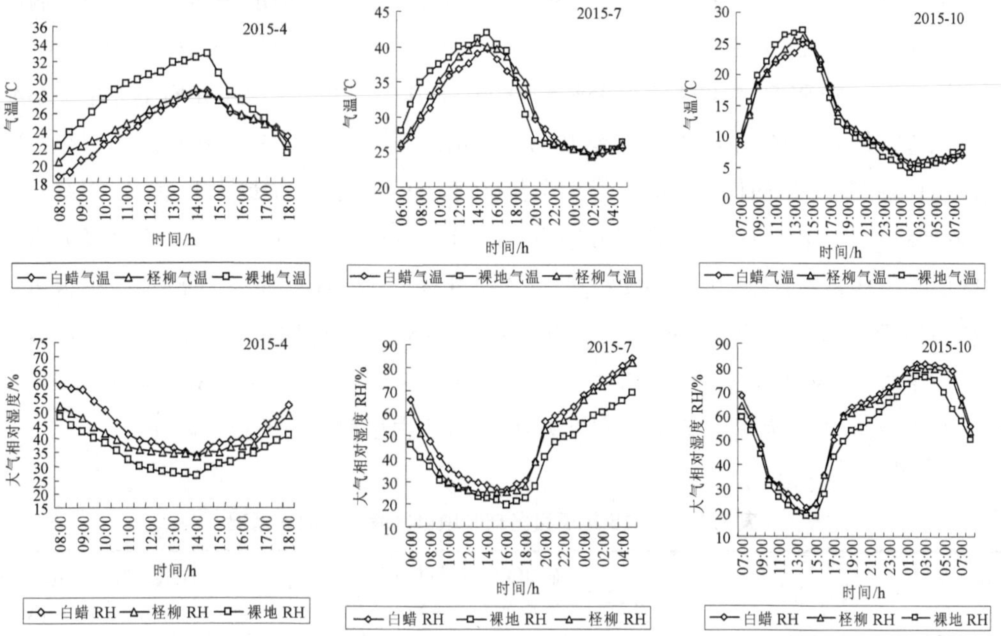

图 7-3　沾化项目区 2015 年 4 月、7 月、10 月气温与大气相对湿度变化

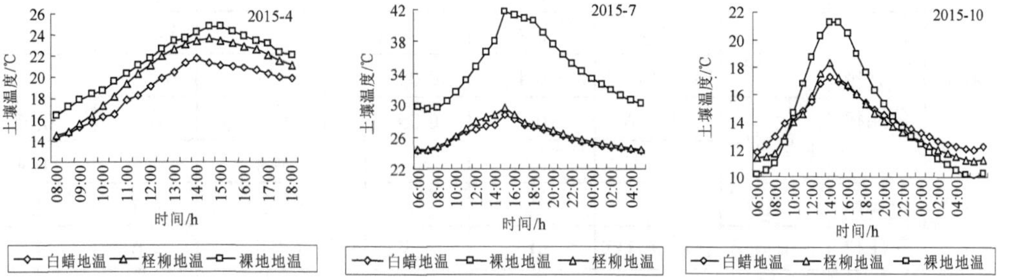

图 7-4　沾化项目区 2015 年 4 月、7 月、10 月土壤温度变化

7.2.5　病虫害监测与评估

对各项目区进行主要造林树种有害生物的调查，项目区病虫害相对较轻。退化山地植被恢复区主要病害为苗木的立枯病、白粉病，发病率在 2%以下；虫害主要为蚜虫、刺蛾、球坚蚧、松梢螟，虫株率小于 1%，其他病虫害较少。非项目区内因树种比较单一，其病虫害危害逐渐加重，主要病害有杨树溃疡病、竹柳溃疡病、核桃枝枯病、桃树流胶病、核桃黑斑病等，发病率为 0.5%～26.0%；主要虫害有光肩星天牛、小线角木蠹蛾、松梢螟、刺蛾、球坚蚧、云斑天牛、红缘亚天牛等，虫株率在 0.4%～4.0%。

在滨海盐碱地植被恢复区，项目区主要病害有杨树溃疡病、竹柳溃疡病等，发病率为 2.5%～3.5%；虫害主要有光肩星天牛、小线角木蠹蛾、球坚蚧、美国白蛾等，虫株率为 0.4%～3.6%，其他虫害较少。在非项目区，病害主要有杨树溃疡病、竹柳溃疡病，发病率在 8.5%～37.5%；虫害主要有云斑天牛、红缘亚天牛、光肩星天牛、小线角木蠹蛾、球坚蚧、美国白蛾等，虫株率在 0.05%～20.00%。其中，以蛀干害虫光肩星天牛和小线角木蠹蛾危害最为普遍，但不同地区病虫害发生情况不同。2015 年，杨树溃疡病在各项目区周边普遍发生，但沾化区枣旺林场和东营市河口区新义路发生最为严重，发病率分别高达 30.0%和 37.5%，单株病斑数量分别为 13.5 个和 15.0 个。其中，以河口区义大路非项目区白蜡小线角木蠹蛾虫害发生最为严重，通过对 48 棵白蜡的调查得出虫株率达 20%，每株虫口数量为 11.5 个，竹柳溃疡病发病率达 16.5%，每株病斑数为 4.45 个（表 7-11）。同时，在白蜡上还发现了云斑天牛，发病率达 0.05%，每株平均虫口密度为 0.01，光肩星天牛发生率达 1%，每株平均虫口密度为 0.2，成为白蜡树上新的虫害威胁。

表 7-11　2015 年项目区与非项目区病虫害危害情况

调查县（市、区）	调查地点		病害种类	病害发生率/%	每株病斑数/个	虫害	虫害发生率/%	每株虫口数/个
新泰市	龙廷宝泉村	项目区	白粉病	2.0	0.2	蚜虫	1.0	0.2
		非项目区	杨树溃疡病	8.0	0.2	光肩星天牛	4.0	0.6
			桃树流胶病	3.0	0.1	刺蛾	2.0	0.1
	龙廷镇苗西村	项目区	立枯病	0.8	0.1			
			核桃枝枯病	0.4	0.05			
		非项目区	核桃枝枯病	0.5	0.05	光肩星天牛	0.1	0.02
						刺蛾	1.5	0.1
	汶南镇崖庄村	项目区				球坚蚧	0.5	0.1
		非项目区	杨树溃疡病	20.5	1.5	介壳虫	4.0	0.5
蒙阴县	召子官庄	项目区				球坚蚧	0.5	0.1
		非项目区	杨树腐烂病	10.2	1.8			
			杨树溃疡病	20.5	2.96	光肩星天牛	1.5	0.4
莒县	浮山镇	项目区	立枯病	0.3	0.04	球坚蚧	0.5	0.1
		非项目区	杨树溃疡病	26.0	2.5	美国白蛾	1.8	0.2
						光肩星天牛	2.5	0.5
	龙山镇	项目区	立枯病	0.5	0.1	松梢螟	0.5	0.1
		非项目区	杨树溃疡病	18.0	1.2	松梢螟	1.5	0.1
			核桃黑斑病	3.5	0.3			
沾化区	枣旺林场	项目区	杨树溃疡病	3.5	0.6	球坚蚧	1.5	0.2
		非项目区	杨树溃疡病	30.0	13.5	美国白蛾	1.8	0.2

调查县（市、区）	调查地点		病害种类	病害发生率/%	每株病斑数/个	虫害	虫害发生率/%	每株虫口数/个
						球坚蚧	7.5	1.28
东营市	河口区新义路	项目区	杨树溃疡病	5.5	2.0	美国白蛾	0.4	0.05
		非项目区	杨树溃疡病	37.5	15.0	天牛（竹柳）	5	0.1
						美国白蛾	3.2	0.5
	义大路	项目区	竹柳溃疡病	2.5	0.6	小线角木蠹蛾	3.6	1.5
		非项目区	竹柳溃疡病	16.5	4.45	小线角木蠹蛾	20	11.5
						美国白蛾	3.8	0.6
	河口区海宁路	项目区	竹柳溃疡病	2.5	0.5	光肩星天牛	0.5	0.1
		非项目区	竹柳溃疡病	8.5	1.5	云斑天牛	2	0.04
			杨树溃疡病	17.5	5.0	红缘亚天牛	0.05	0.01
						光肩星天牛	1	0.2
乳山县	凤凰山	项目区	枯枝病	0.4	0.1	松梢螟	0.6	0.1
		非项目区	杨树溃疡病	5	0.8	松梢螟	1.5	0.3

通过对项目区与非项目区的监测，发现项目区整体上有病有虫但不成灾，并且对已有的病虫害而言，通过以生物防治为主的方法进行防治，效果明显。同时在东营对本土天敌进行了普查，发现了舞毒蛾黑瘤姬蜂、白蛾周氏啮小蜂、狭额寄蝇、日本追寄蝇 4 种天敌。

通过对东营市河口区光肩星天牛的天敌资源的调查，于 2015 年发现了寄生光肩星天牛的天敌花绒寄甲的成虫、蛹及幼虫，这是首次在东营河口区发现该天敌，其他地域尚未发现。

为防止项目区周边的非项目区病虫害入侵和危害项目区树种，防止交叉感染和危害，课题组在 2012 年对杨树的光肩星天牛进行了防治，在 2013 年对杨树溃疡病也进行了生物防治，防治方法为在春季投放花绒寄甲，防治效果良好。

2012 年 5 月 25 日和 2013 年 6 月 2 日，课题组在新泰、蒙阴和莒县项目区周边的杨树林分别投放了花绒寄甲卵卡 42 000 个和 20 000 个，2015 年 8 月 6 日继续通过调查投放前后树体上的虫口数来比较其生物防治效果，试验结果见表 7-12。

表 7-12　不同年份、不同项目区花绒寄甲的投放数量和防治效果

投放时间	投放地点	投放花绒寄甲数量/个	投放前虫口/个	投放后虫口/个	2013 年防效/%	2014 年虫口数/个	2014 年防效/%	2015 年虫口数/个	2015 年防效/%
2012 年	新泰	12 000	233	45	81.0	0	100.0	0	100
	蒙阴	12 000	290	48	83.0	3	99.9	0	100

投放时间	投放地点	投放花绒寄甲数量/个	投放前虫口/个	投放后虫口/个	2013 年防效/%	2014 年虫口数/个	2014 年防效/%	2015 年虫口数/个	2015 年防效/%
	莒县	18 000	27	8	70.0	2	92.5	0	100
2013 年	新泰	8 000	118	22	81.3	0	100.0	0	100
	蒙阴	5 000	55	30	45.5	3	99.9	0	100
	莒县	7 000	96	22	77.0	2	92.5	0	100

通过 2 年连续释放花绒寄甲，2015 年继续调查田间虫害，结果田间未发现光肩星天牛危害，2012—2014 年出现的虫口已经完全愈合，树体生长健壮，防效达 100%。分析其原因有 2 种：一种是天敌在田间形成了自然种群，防效非常持久；另一种是随着杨树树龄的增大，正处于快速生长时期的杨树抵御光肩星天牛侵害的能力增强。调查者在尚未投入花绒寄甲的杨树林发现光肩星天牛危害仍存在，由此可以判断，课题组所释放的花绒寄甲可以有效实现对杨树光肩星天牛的持续控制。

同期，课题组在项目区周边的杨树上还进行了木霉菌涂抹防治杨树溃疡病效果监测，防治效果达到 57.3%～89.0%。

7.3 社会经济影响监测与评估

7.3.1 社会经济影响监测

采用入户调查访问的方式，了解掌握农户对生态造林项目的看法和建议。2010—2014 年参与磋商的农户达 81 522 户，其中，富裕户为 18 290 户，中等户为 48 478 户，贫困户为 14 754 户；参与磋商的人数达 98 080 个，其中，妇女参与磋商活动达 20 308 人（次），占参与磋商总人数的 21%。农民对项目参与热情很高，满意率达 100%。各年度参与磋商式农户及总人数见表 7-13。

造林前农户与造林实体共签订造林经营管护合同 7 894 份，确定实施项目的农户为 7 328 户，其中，富裕户为 590 户，中等户为 5 637 户，贫困户为 1 101 户；其中，有妇女参与的为 1 539 户，占总户数的 21%。

表 7-13 2010—2014 年参与磋商式农户调查数

年份	富裕户/户	中等户/户	贫困户/户	总户数/户	总人数/人
2010	5 500	14 000	3 500	23 000	29 500
2011	5 400	16 600	5 500	27 500	31 700
2012	4 800	13 500	4 100	22 400	25 900
2013	2 500	4 000	1 500	8 000	10 200
2014	90	378	154	622	780

总计	18 290	48 478	14 754	81 522	98 080

7.3.2　社会经济效果评估

2010—2014 年项目区农村就业人数、农民人均收入及地方财政预算内收入监测结果见表 7-14。

通过实地调查可知，在项目区，随着社区参与式磋商工作的深入开展，干部、群众逐渐认识到“自愿、平等、公平、公正”地参与项目，是保证农民“知情权、参与权、监督权”的具体体现。项目的社区参与式磋商已得到林农的普遍认可。

项目实施后，为项目区居民日均提供就业岗位 35 个，项目区内人均增收 520 多元，直接参加项目的农户人均增加收入 2 400 元，高于其他农户收入，生活质量得到提高。

通过项目实施，项目区的生态环境得到显著改善，植物多样性增加 18～40 种，退化山地植被覆盖率由原来的 16.0%提高到 88.9%，滨海盐碱地植被覆盖率由原来的 7.0%提高到 66.2%；水土流失量减少，砂石山区与石灰岩山区地表径流量较 2010 年分别减少了 1 350.2～1 620.4 m^3/（hm^2·a）和 1 868.0～2 117.3 m^3/（hm^2·a），土壤侵蚀量分别减少了 25.80～28.87 t/（hm^2·a）和 15.97～21.20 t/（hm^2·a），有效改善了当地居民的生活环境。各造林模型得到项目区及周边地区居民的认可，并以项目区为基点，辐射带动周边地区造林。项目区森林覆盖率提高了 1.5%～3.0%，雪野旅游区提高了 9%，这使一些项目区成为新的游憩区。

表 7-14　2010—2014 年社会经济效果评估

市	县（市、区）	乡村从业人数/万人			农民人均收入/元		
		2010 年	2012 年	2014 年	2010 年	2012 年	2014 年
潍坊	青州	21.30	37.08		8 811	11 796	14 809
	安丘	43.30	42.89		7 753	10 774	13 575
	潍城	9.28	9.58		9 300	12 445	15 511
	诸城	45.90	45.99		9 539	12 804	16 036
	寒亭	16.73	19.22		9 301	11 814	14 767
	昌邑	27.00	26.79		8 815	11 842	14 864
	高密	41.99	41.96		8 637	11 676	14 660
济宁	曲阜	29.50	28.88		7 402	9 864	12 688
	邹城	45.47	45.66		8 126	11 094	13 985
	泗水	31.43	30.95		5 653	9 244	9 815
	嘉祥	46.10	46.4		7 014	9 471	11 927
泰安	东平	38.22	38.64		6 031	8 304	10 598
	新泰	64.60	63.68		8 891	11 391	14 380

市	县（市、区）	乡村从业人数/万人			农民人均收入/元		
		2010 年	2012 年	2014 年	2010 年	2012 年	2014 年
威海	乳山	27.66	26.62		9 356	12 052	14 821
日照	东港	33.94	33.26		7 771	10 396	13 092
	岚山	20.81	21.12		8 594	11 182	14 126
	五莲	26.08	26.31		6 869	9 579	12 135
	莒县	58.96	59.95		6 860	9 561	12 089
莱芜	雪野	41.10	41.36		8 195	10 789	13 396
临沂	蒙阴	27.16	26.58		6 692	9 099	11 722
	沂水	56.59	56.69		6 675	9 028	11 572
东营	利津	14.37	14.75		7 965	10 483	13 156
	河口	5.08	5.10		8 157	11 317	14 272
	垦利	8.53	9.01		8 223	11 411	14 381
滨州	滨城	26.67	27.85		7 381	10 363	13 172
	惠民	33.99	33.94		6 626	9 007	11 520
	无棣	24.29	24.52		6 672	10 003	12 957
	沾化	21.56	20.87		7 198	10 101	12 907

注：2015 年监测数据未公布。2013—2014 年乡村从业人数统计部门未作统计。

通过生态造林项目的实施，对昌邑北方苗木交易专业市场、惠民苗木交易转运市场等苗木经营企业起到了促进作用，用组培公司带动了苗木专业户的发展。

生态造林项目实施期间，各级培训主体非常注重对项目区居民及当地乡镇干部的培训，培训内容包括项目管理、实施关键技术、环境保护等，该培训丰富了其相关林业和生态环境的保护知识，苗木专业户严格按照项目要求使用相应的农药，在项目施工过程中，改变了原有的“粗、大、密”的栽植习惯，这样能减小破土面，保护原有植被，既降低了经济成本，也提高了项目的生态效果。

第 8 章　创新和讨论

“广大人民群众热切期盼加快提高生态环境质量。我们要积极回应人民群众所想、所盼、所急，大力推进生态文明建设，提供更多优质生态产品，不断满足人民群众日益增大的优美生态环境需要。”习近平总书记的重要讲话，是新时代推进生态文明建设的重要遵循。实施包括造林绿化、生态保护修复在内的生态建设工程项目，是加快生态文明建设的重要任务和保障国家生态安全的重要基础。项目制有利于明确建设目标，有利于规范化、精准化、科学化管理，保证项目目标的实现；项目科技支撑体系的配套也必须能够满足时代要求，需有所创新和发展。具体到林业项目，科技支撑体系应该结合具体工程建设，融合新技术推广、科研成果应用、实施效果监测评价等多个方面的内容，不断解决理论研究与工程实践不同程度脱节的问题，更好地发挥科技的系统性和长效性的支撑作用。

本课题结合世界银行贷款“山东生态造林项目”的实施，系统总结了科技支撑体系的创建与应用，从科技成果组装集成与支撑模式优化创新、立地类型划分与造林模型应用、优良树种汇集保存和抗旱树种选择、项目实施效果精准监测和综合评价四个方面进行了系统总结，展现了不同方面科技支撑工作的成果和成效。

8.1　主要创新

8.1.1　在大型林业项目实施中创建并应用了科技支撑体系

为了在山东省生态脆弱区实现生态造林的目标，省项目办紧紧围绕项目目标，经科学论证，从科技成果组装集成与支撑模式优化创新、立地类型划分与造林模型应用、优良树种汇集保存和抗旱树种选择、项目实施效果精准监测和综合评价四个方面系统创建了与 SEAP 实施相匹配的科技支撑体系，并在 6 年时间内进行了全面应用，研究成效获得世界银行和发改、财政等主管部门的高度评价。

在科技支撑体系创建的过程中，坚持灵活审慎、实事求是的原则，既要有面向全部项目区的科技成果组装配套和相应培训，也要有针对特定问题开展的科研课题攻坚；这两个方面的科技支撑应用起到了相互促进、相互支持的作用，系统、全面、有针对性地解决了项目实施存在的“瓶颈”问题，实现了为项目提供技术支撑的初衷。

生态造林项目区多为山东省立地条件较差的地区，该项目区植被稀少、树种单一、造林困难，传统林业造林技术受到制约。为实现项目建设目标，课题组围绕不同研究方向，集中在优良乡土造林树种选择、混交林营造、离地分类、造林模型优化、项目实施效果监测评价等方面开展攻坚，并通过全面的培训、推广将获得的成果进行验证，这充分体现了科技支撑体系契合项目实施、提高科技含量、保障目标实现的作用。

在项目实施过程中，为加快新技术、新成果的转化进程，课题组采取科研、示范和推广相结合的方式，对成熟技术成果进行组装配套，将取得的退化山地立地类型划分、造林混交模式、盐碱地造林树种选择等阶段性成果，与实际需求相结合，多点建立成果示范样板；同时，还加大了技术服务指导与业务培训，使从业人员的业务水平明显提高。这些措施的采取，使新技术、新成果得以迅速推广应用，并取得了显著成效。

8.1.2 取得成果不仅支持了项目实施，而且具有高度可推广性

科技支撑体系的成功运转，产生了多项能够直接支撑项目实施的成果，并得到了很好的应用，如干旱瘠薄山地造林集成的“小苗—小穴—低密度—多树种—多种混交模式—低成本投入”的技术体系，提高了造林成活率，节约造林成本 7 000 多万元，在山东，退化山地推广面积为 36 897 hm^2，产生生态及经济效益 61 亿元。选择出适宜山东退化山地混交林的混交树种，研究发现，苦楝、臭椿、皂荚、君迁子、黄栌、五角枫、黄连木、连翘、扶芳藤等乡土树种适宜在山坡上部和中部营造，课题组还进行了大面积的混交栽植，并获得成功，研究出适宜山东退化山地生态用材型防护林的混交模式 31 个，其中，石灰岩山地 15 个，砂石山区 16 个，该研究不仅兼顾了生态、景观、经济效益，取得了良好效果，还优化和重建了山东退化山地 7 个造林模型，优化了石灰岩山地山坡上部的造林模型（S1 和 S2 合并为造林模型 S1），使 8 个造林模型优化为 7 个造林模型；丰富了生态型防护林 6 个、用材型防护林 3 个、经济型防护林 3 个，拓展了 3 类造林初植密度，大面积地推广应用效果显著。选育出美黑 1 号、美黑 6 号、美黑 11 号、美黑 K2 号、美黑 K5 号黑核桃品系 5 个；选育出碧波 1 号、碧波 2 号、碧波 3 号、碧波 4 号和碧波 5 号抗寒优质茶树品系 5 个。

这些科研成果不仅有效地支撑了山东生态造林项目的顺利开展，还提高了项目的科技含量，且具有极高的可移植性，推广价值很高。如在项目执行过程中所采取的模型造林方式，在全省造林工作会议上进行了推广报告，并得到了广泛应用。汇集和选育的优良树种也在全省乃至周边省份的造林绿化工作中产生了积极作用，对不同立地条件下应用树种的指导也能够在造林工作中直接应用。“小苗—小穴—低密度—多树种—多种混交模式—低成本投入”的造林理念高度契合习近平总书记于 2018 年在全国生态环境保护大会上指出的“新时代推进生态文明建设，要坚持人与自然和谐共生，坚持节约优先、

保护优先、自然恢复为主的方针”，并得到省内和其他省份的认可和广泛应用，世界银行也为此作了相应的宣传。

8.1.3 科学的监测评估精准体现了项目实施成效

以往造林项目主要统计造林面积、树种组成、造林质量等内容，对造林产生的生态效益的关注不够；而学术界针对森林生态效益的研究又往往与造林工作的开展相脱节。本课题结合造林工作的开展深入研究不同类型人工林的生态效益，构建了科学的监测指标体系，创建并应用了多级联合监测机制，且取得了较好成效。

在构建监测与评估指标体系过程中，充分考虑了科研、管理、项目实施单位、农户各方的需求，兼顾实用性、可操作性、易获得性原则，对监测指标进行分类，设计了包括项目发展、生态效益、社会经济效益 3 个目标层，以及 9 个控制层和 61 个指标的监测指标体系，对项目进行了全面的监测。此外，每一年度都会对各项目监测区进行动态监测，及时反馈项目实施动态，保证项目建设质量和进度，确保项目预期目标顺利实现。

在项目实施过程中，通过理论培训、实地指导，按照各类指标的监测频率与时间及可操作性，发展并培育了科研单位、各级项目办、农户参与的联运监测机制。其中，生态效益采用了以科研单位定位监测为主、县级项目巡查监测为辅、农户直接反馈监测的复合监测机制，造林面积，质量与模型运用、推广，社会经济效益等监测建立了由省项目办、省林科院、山东农业大学指导的县级、市级和省级三级监测检查制，即县级自测、市级复测、省级复核。联合监测机制极大地推动了监测实效，省时省力。

科学的监测评估不仅有利于向世界银行提交丰富可信的报告，还能够深入系统地总结项目实施的生态成效，也为国内财政项目绩效评估提供了重要的基础资料，有利于更加充分地体现项目实施效果。

8.1.4 促进对外合作，展现山东风采

在创建科技支撑体系过程中，我们充分利用世界银行平台，以国际研讨会、技术咨询会的方式，针对树种选择、困难立地造林、混交林营建、盐碱地治理等技术难题，举办了 3 次国际研讨会、27 次技术培训班，与国内外知名专家学者进行学习交流。这些学术平台的搭建，激发了创新思维，有力地推动了技术创新，也在国际舞台上更好地展现了中国山东的风采。

通过项目实施和科研监测，我们发表了多篇学术论文、专著，并发明了专利、新品种等，这些技术创新都在全国范围内得到了应用推广，展现了山东风采。截至 2021 年 2 月，在中国知网上以山东生态造林项目为支撑基金发表的论文达 39 篇，主要涉及主题如图 8-1 所示。

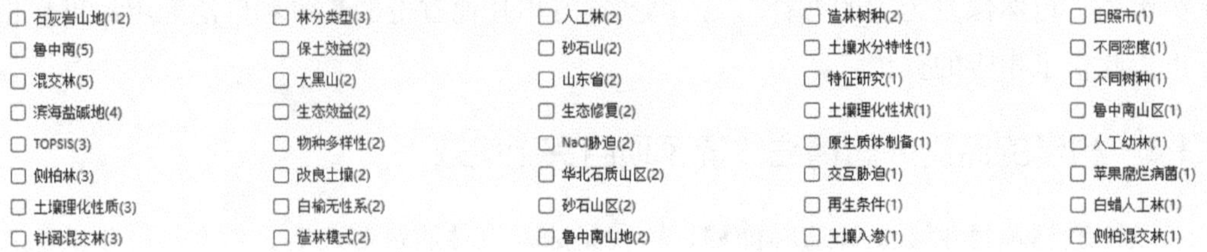

图 8-1 山东生态造林项目产出论文涉及研究主题

通过业务培训、学术交流、试验示范等方式，对项目管理、造林树种选择、混交林营造技术等问题进行业务指导，这不仅提升了困难立地植被恢复造林、营林的技术水平，还让技术人员的业务素质得到了明显提高。

8.2 讨论

8.2.1 项目科技支撑体系持续性有待进一步增强

山东生态造林项目实施期为 6 年，科技支撑体系的创建和应用也主要集中在这个时期，并取得了一系列成果，支撑了项目的顺利实施。然而，林业项目具有周期长、涉及面广、见效慢等特点，在造林模型应用效果、项目实施综合作用、科技成果应用成效等方面均有待进一步跟踪研究。在下一步工作中，应探索使科技支撑工作与造林绿化、生态保护修复等项目长期结合，增加支撑体系可持续性的可能。从而可以持续发挥科技支撑体系作用，并更好、更长久地助力生态建设项目顺利开展。

同时，科技支撑体系在运转过程中取得了丰硕的成果，并得到了广泛应用，效果显著。但随着项目结束，如何在更大区域范围内示范推广已取得的成果、提升影响力，是我们要面临的一个突出问题。应探索如何继续在资金、政策等方面给予支持，进一步保障科技支撑体系运转的可持续性，为生态建设科技支撑工作的发展提供可示范和可借鉴的经验。

8.2.2 自然资源统筹管理框架下支撑模式需要进一步优化

本课题的研究基于山东生态造林项目的实施，这是在山东省机构改革以前完成的项目。当时林业是独立的行业体系，省、市、县各级均设置了项目办公室、科技支撑办公室，这对科技支撑体系发挥效能起到了重要作用。机构改革以后，我们面临两个方面的变化，一方面是林业行业行政资源更加收紧，在项目执行过程中，各级保证独立项目办的可能性降低，特别是对一些规模较小的项目更是如此，这对科技支撑体系发挥作用有不利影响；另一方面是在自然资源统筹管理框架下，林业行业更需要主动将自己纳入统筹管理框架下，需要在更多影响和关联因素下创新发展，这个过程更需要科技支撑的深度介入，这既是机遇也是挑战。总之，在自然资源统筹管理框架下，科技支撑模式和体系也需要进一步优化，只有在深入总结以往工作经验的基础上，才能针对新情况提出更好的解决问题的方法。

第 9 章 附 件

9.1 科研推广计划

自 1990 年以来，山东省已成功地实施了世界银行贷款“国家造林项目”“森林资源发展和保护项目”“林业持续发展项目”3 个大型林业外资项目。项目的实施不仅极大地提高了项目区的森林覆盖率，改善了生态环境，有利地促进了项目区经济的发展，还对山东省林业的科技创新、科技成果的转化以及林业的经营水平起到显著的推动作用。

即将实施的世界银行贷款“山东生态造林项目”（以下简称 SEAP），涉及 9 个市、30 个县级项目单位，在退化山地植被恢复区和滨海盐碱地改良区共营造人工防护林 6.6 万 hm^2，是目前山东省利用世界银行贷款实施的规模最大的林业项目。

根据双方达成的协议，项目的实施要求以科技为先导，是有计划、有组织、有明确目标的科技密集型生态造林项目。在项目建设规划和项目实施过程中，应密切结合研究、示范和技术推广，加强对项目的科技支撑，并推动项目顺利实施和整体建设水平的提升。

一、科研计划

（一）干旱瘠薄荒山造林树种和造林模式选择研究

1. 现存问题

（1）山东省有大面积的干旱瘠薄荒山需要绿化。据统计，山东省总面积为 157 000 km^2，其中，丘陵山地约占全省总面积的 40%，主要包括鲁中南低山丘陵和胶东丘陵两部分。在丘陵山地中，砂石山地面积为 43 236 km^2，主要分布在泰沂山区及胶东丘陵区，石灰岩地面积为 14 964 km^2，主要分布在泰沂山脉西侧，以济南、潍坊、枣庄、淄博 4 市所辖范围内最为集中。自中华人民共和国成立以来，山东省林业建设取得了很大成绩，林地面积已达 33 629 km^2，林木覆被率达 21.42%（截至 2008 年），但主要集中在平原及部分丘陵地区立地条件较好的地段，丘陵山地整体上林木覆被率较低，其中，土层浅薄干旱贫瘠的荒山多达 2 500 km^2 需要被绿化。

（2）山东省干旱瘠薄荒山生态脆弱，水土流失严重。由于历史上长期过度开发（农业种植、放牧和采樵），导致原始植被被破坏殆尽，表层土壤侵蚀严重，土层浅薄，土壤肥力和保水保肥能力低下。干旱瘠薄荒山不仅覆被率低，而且林木生长缓慢，植物种类稀少，植被或林分健康状况较差，植物群落结构单一，生态系统脆弱，水土流失严重。水土流失面积占全省土地总面积的41.5%，其中，水土流失面积的70%集中在山丘地区，全省的土壤冲蚀量为全国平均值的3倍，严重地制约了山区经济和社会的协调发展。

（3）在以往的荒山造林绿化中，虽然山东省一直重视荒山造林绿化工作并取得了一定成效，但由于丘陵山地立地条件过于严酷，普遍存在造林模式单一、树种单一、纯林面积大等问题，在造林密度、整地方式和规格、种苗规格质量、造林季节和造林方法等方面也存在不足，缺少乔灌藤草植物种的科学构建技术、混交技术、造林技术和抚育管理技术等在生态治理模型中的开发和利用，导致造林成活率和保存率低、林分生长缓慢、成林年限推迟、森林结构不良、森林生态功能低下，甚至达不到生态治理的目的。

（4）对干旱瘠薄荒山退化生态系统在人为积极干扰下的自然再生能力与生态修复能力缺乏研究和认识。在以往的生态造林治理项目中，只重视造林树种的成活和生长，在立地类型、造林密度、种间关系、造林技术等方面对新物种的增加以及生态稳定性的影响缺乏深入研究，片面强调人工造林的作用，忽视了对生态系统自我修复能力的研究。

2．主要研究内容

（1）干旱瘠薄荒山立地类型和植被类型分类系统研究。

对项目实施区现有荒山立地条件如地貌特征（海拔高度、坡向、坡度、坡位）、土壤特征（成土母质、土壤类型、土层厚度、土壤水分和养分）、植被特征（植被类型、植被覆盖度、群落结构和建群种）、人为干扰（开荒、农耕、放牧、采樵、烧山）等因子进行调查研究，并按照项目建设目标进行分类，同时对土壤侵蚀、水源涵养、生物多样性、植被类型和群落结构等生态因子进行调查，分析其对干旱瘠薄荒山生态系统的影响，寻找影响干旱瘠薄荒山生态系统恢复和重建的限制因子。

结合现场抽样调查，对山东省现有荒山地貌类型、植被类型、土壤类型进行分类，以满足项目实施地区造林模型的选择和配套造林技术的需要。利用空间代替时间生态演替（植被演替）的研究方法，在微观区域和不同尺度区域（植物群落）利用层次分析法研究植物群落演替过程与特征，寻找导致生态环境退化的主导因子。

在诸城和新泰（砂石山区）、莒县和蒙阴（石灰岩山区）典型造林区域建设定位试验点，对典型植物群落结构与功能开展定位研究，分析植物群落组成、结构、生产力与土壤水文效应和水土保持功能的关系。确定干旱瘠薄荒山立地类型的分类原则和分类依据，建立山东省干旱瘠薄荒山立地类型和植被类型分类体系。

（2）干旱瘠薄荒山造林树种和造林模型的研究与优化。

在干旱瘠薄荒山造林地立地类型分类和造林树种抗旱性与适应性研究的基础上，根据不同立地类型的植被恢复方向和世界银行山东生态造林项目的建设目标，在典型区域设置定位观测点，选择和配置适宜的造林模型，通过对不同模型造林成活率、林木生长量、种间关系、群落结构和稳定性、生物多样性、森林涵养水源和保持水土效应、改良土壤效应、林地生产力等方面的调查研究，分析不同造林树种和模型的优缺点及存在的问题，选择适宜造林的树种，并对原模型进行适当的优化调整，最终提出更多的造林树种和山东省干旱瘠薄荒山主要立地类型适宜的造林模型（树种选择、造林密度、配置方式、混交树种和比例、林地抚育管理技术等）。

（3）干旱瘠薄荒山造林技术集成。

针对山东省干旱瘠薄荒山不同立地条件和不同造林模型，就荒山造林中的关键单项技术，如苗木规格（容器苗或裸根苗、苗木年龄和大小）、集水整地技术（整地方法）、整地季节、整地方法和整地规格、造林季节、客土整地技术、混交方式和比例、保水剂应用技术等专项技术进行系统研究并组装配套，研究其对造林成活率、林木生长、林分结构、林地土壤改良和生态效应的影响，形成干旱瘠薄荒山造林集成技术体系。

（4）人工造林条件下对干旱瘠薄荒山植被自然再生能力与生态修复能力的研究。

研究和掌握人工造林后不同立地类型、不同造林模型、不同造林技术措施、不同抚育管理措施条件下，人工林的群落结构和稳定性、生物多样性、群落演替规律及其制约因素。

3．经费预算（略）

4．预期成果

（1）提出山东省干旱瘠薄荒山立地类型分类的依据、方法和体系，对山东丘陵山地的立地类型和植被类型进行系统分类，确定山地林业生态系统恢复重建的主导生态因子。

（2）提出更多适宜造林的树种和适合山东干旱瘠薄荒山林业生态系统恢复和重建的生态治理模型3～6个。造林成活率和保存率达85%以上，林分生长提高10%～20%；感病指数和虫株率降低10%；物种多样性明显提高，植被盖度提高10%～30%；区域小气候改善明显；地表径流和土壤侵蚀量减少10%～40%，土壤理化性状明显改善，土壤微生物显著增加；风速降低10%～15%。

（3）在确保造林成活率和正常生长的前提下，确定不同的8个造林模型最小的育苗、造林和抚育成本。

（4）通过在不同的立地类型、不同的造林模型、不同的造林技术措施、不同的抚育管理措施条件下进行试验研究，提出干旱瘠薄荒山人工造林的植被恢复与生态修复能力的途径和方法。

（5）建立山东省干旱瘠薄荒山植被恢复与生态重建示范样板4处，共60～80 hm^2。

（6）研究提出干旱瘠薄荒山生态治理工程综合效益监测与评价指标体系。

（7）发表相关学术论文5～10篇，培养博士和硕士研究生2～4名。

5．总体进度安排（略）

（二）黄河三角洲滨海盐碱地生态治理模型研究

1．现存问题

（1）黄河三角洲滨海盐碱地由于土壤含盐量高，导致树木种类少，森林覆盖率低，森林生态系统结构简单，生态系统脆弱。同时由于地势低洼，地下水位很浅，蒸降比大，土壤次生盐渍化严重，生态系统极易发生退化，该地区的生态治理迫在眉睫。

（2）以往在盐碱地治理研究方面侧重于对耐盐植物、耐盐指标的测定和评价，对耐盐植物的培育特别是对耐盐树种（品种）的培育研究较少，需要开发培育耐盐植物新树种（品种）。

（3）在耐盐树种的选择上，过去往往只注重盐分含量对树种耐盐能力的影响，需要研究多种生态因子对树种耐盐能力的单独和交叉影响。

（4）在盐碱地生态治理项目中，过去只注重纯林和单层林分的营建，现在需要重视混交林和多层林分的营建，加强对盐碱地生态恢复和重建在理论和技术上的研究。

（5）在盐碱地生态治理中，不仅要注重森林生态系统的构建，还要注重农林、农牧等复合生态系统的构建。

（6）对滨海盐碱地生态群落在人为干扰下的自然再生能力、生态修复能力和生态演替规律缺乏研究。在以往的盐碱地生态治理项目中，只重视少数几个造林树种的成活和生长，忽视了人为干预条件（如树种选择和搭配、混交方式和比例、造林密度和技术等）对物种多样性和生态稳定性的影响。

2．主要研究内容

（1）黄河三角洲滨海盐碱地土壤和植被类型分类研究。

对黄河三角洲地区的土壤和植被类型进行分类，选择典型立地类型和植被类型，对黄河三角洲滨海盐碱地土壤类型因子，如成土母质、成土时间、理化特性（土壤物理结构、土壤养分、土壤酶活性、含盐量、盐离子种类、地下水矿化度）、土壤微生物群落结构和数量等因子进行定位观测研究。

（2）黄河三角洲盐碱地综合治理技术治理效果研究。

在东营市河口、滨州沾化两个典型县，开展水利工程改造措施（如条台田整地、深沟排碱、灌淤改碱、暗管排碱等）、化学措施（如土壤盐碱改良剂、化学改良剂等）、生物措施（如耐盐植物的应用、树种混交、林农和林牧复合生态构建技术等）应用对改良盐碱地，防止土壤次生盐渍化效果的研究，并提出不同立地类型的综合治理优化技术。

（3）抗干旱、耐盐碱经济树种（品种）的引进和选择。

引进国内外与黄河三角洲地区具有类似气候和立地条件的抗干旱、耐盐碱的树种或品种，并对其进行引种驯化。建立抗干旱、耐盐碱树种汇集基地，对树种的生物学、生态学特性和耐盐机理进行系统研究。进行抗干旱、耐盐碱树种（品种）的选育研究。

（4）黄河三角洲滨海盐碱地林业生态治理模型构建研究。

根据黄河三角洲滨海盐碱地的气候和立地条件，利用选育确定的抗干旱、耐盐碱的树种（品种），针对不同生态区进行植被恢复和林业生态系统重建的治理模型开发，重点进行树种混交技术以及林农、林牧复合生态构建技术的开发和研究。

（5）主要树种育苗、造林技术措施的投资成本分析。

重点研究育苗成本（包括育苗方法、留圃时间、苗木年龄、苗木规格等）对造林成活率的影响，造林成本（包括栽植方法、整地方式和规格、造林密度等）对造林成活率的影响，林地抚育成本（包括浇水、松土、除草等）对林木保存率的影响。在确保造林效果不受影响的前提下，优先筛选成本最低的育苗方法、造林技术、抚育管理技术。

3．经费预算（略）

4．预期成果

（1）对黄河三角洲滨海盐碱地土壤类型和植被类型进行系统分类，找出限制盐碱地植被恢复的限制因子，提出生态恢复和重建的主要目标。

（2）调查掌握典型立地类型和不同治理措施的水盐运动规律及其土壤改良效应，对盐碱地改良的工程措施、化学措施和生物措施的综合改良效果进行系统评价。

（3）在确保造林成活率和正常生长的前提下，确定不同的 8 个造林模型最小的育苗、造林和抚育成本。

（4）提出不同含盐量（轻、中、重）立地盐碱地治理模型 3～5 个，相比原有的治理技术，造林成活率和保存率达 85%以上，林分生长提高 10%～20%；感病指数和虫株率降低 10%～15%；物种多样性明显提高，植被盖度提高 10%～20%；区域小气候改善明显；土壤含盐量降低 10%～30%，土壤理化性状和养分指标有明显改善。

（5）建立盐碱地植被恢复林业生态工程示范样板 40～60 hm^2，区域生态效果明显改善。

（6）研究提出滨海盐碱地生态治理工程综合效益监测与评价指标体系。

（7）写出研究报告并发表相关论文 5～8 篇，培养博士和硕士研究生 3～5 名，提高研究水平和学术水平。

5．总体进度安排（略）

（三）优质乡土树种资源的保存与开发利用

1．现存问题

（1）山东省优质乡土树种资源日益减少，存在资源流失的危险。以往片面地注重对速生树种的研究和生产应用，忽视了对乡土树种的生物学特性、生态学价值及抗逆性、抗病虫害选育等的研究与开发利用，优良乡土树种资源日趋减少，亟待对其开展研究和相应的保护利用工作。

（2）主要乡土树种繁殖技术特别是难生根树种资源的快速繁殖技术不成熟，仍以种子、根繁和嫁接为主，繁殖速度慢，不能满足工程项目对乡土树种种苗的需求。

（3）优质乡土树种病虫危害严重，如白榆榆蓝金花虫、柳树光肩星天牛、楸树根结线虫病、松材线虫病、松干蚧等病虫害，是乡土树种资源保存和开发应用面临的重大问题。

（4）盲目引种外来单一方向的栽培树种，造成乡土树种出现不同程度的遗传侵蚀，树种单调重复使用，缺少能反映本地景观特色的乡土树种，导致抗病虫害、抗逆性和适应逆境的能力越来越低，生态系统稳定性降低，水土流失和土地沙漠化局部呈现加剧现象，影响社会经济的可持续发展。

（5）在生产和实践中缺少乡土树种种苗质量评价体系和行业标准。

2．主要研究内容

（1）优质生态树种的汇集、保存。

结合山东林业资源和生产的现状，选择亟待发展的乡土生态树种，如楸树、榆树、杨树、黑松、侧柏、刺槐、栎类、黄连木、枫树、柳树、黄栌、中华槭、泰山盐肤木、花楸、车梁木、三角槭、马褂木、木瓜、玉兰、板栗、核桃、石榴、仁用杏、花椒、金银花、柿树、榛子等树种，进行资源调查和优良性状标记，汇集60～100个树种，将汇集的生态树种按照不同树种的保存要求，进行生态树种的扩繁，在全省不同立地类型的基点建立基地2～4处，建立完善的生态树种保存体系，实现各类树种资源保存库之间部分资源的相互备份。

（2）优质树种的生物学、生态学特性研究。

针对保存的生态树种，定位观测其生物学和生态学的特性与经济价值，进行生理指标、解剖结构和营养结构的研究，掌握其抗病、抗虫性能和适应性及开发利用特性；结合荒山造林绿化和盐碱地治理筛选的目标树种，筛选确定出进一步开展区域试验研究和示范推广工作的定向树种。

（3）优质乡土树种选育。

在新泰、河口、乳山、莒县等地通过构建区域试验林和室内试验，开展系统的观测、研究和评价，最终筛选出一批适应干旱瘠薄荒山和盐碱地不同立地类型的乡土树种（品种）；针对盐碱地、山区丘陵等立地类型的特点，进行区域推广应用；开展主要乡土树种（如白榆、柳树等）的抗病虫性能选育研究；对调整后的植物生态群落进行结构合理性系统分析，研究优质树种科学利用的关键技术。

（4）乡土树种评价指标体系的研究。

研究建立生态树种汇集、快繁及性状测定的技术指标；研究树种集中保存及测定的技术指标；研究建立调整后的植物生态群落结构的评价技术指标等。

3．经费预算（略）

4．预期成果

（1）建立乡土树种汇集基地 2～4 处，每个基地的面积为 10～20 hm^2，保存乡土树种资源 60～100 份。研究和掌握主要树种的生物学特性和生态学特性，测定和评价其抗旱性、耐盐性和适应性，进一步筛选出一批抗旱耐瘠薄、耐盐碱的生态树种（品种）。

（2）分别在干旱瘠薄荒山和盐碱地建立优质乡土树种（品种）试验林 1～2 处，每个试验林的面积为 10～20 hm^2，每个示范林的面积为 60～100 hm^2。

（3）选育出适合退化山地和滨海盐碱地的乡土树种 5～10 个，进行区域推广应用。

（4）构建主要乡土树种的苗木繁育技术体系，解决主要乡土树种的快速繁育技术难题。

（5）建立抗干旱耐瘠薄、耐盐碱生态树种（品种）生物学、生态学和生理生化特性评价指标体系，建立乡土树种良种苗木评价指标体系和一套乡土树种苗木繁育的行业标准。

（6）发表相关论文 3～5 篇，培养博士和硕士研究生 3～8 名。

5．总体进度安排（略）

二、科技成果推广计划

世界银行贷款“山东生态造林项目”是集资金投入、技术投入于一体的技术密集型生态造林项目。因此，项目的实施要求以科技为先导，将以往世界银行项目推出的新技术、新成果和本项目实施期间陆续推出的新技术、新成果组装配套应用于项目的规划、设计、造林、营林的全过程中，为世界银行贷款“山东生态造林项目”建设提供有力的支撑和保障。

（一）贯彻实施相关的技术标准和技术规程中所规定的各项技术措施

1．生态防护林建设规程；

2．山东省利用世界银行贷款“山东生态造林项目”造林模型；

3．《山东省利用世界银行贷款“山东生态造林项目”营造生态林使用良种的通知》；

4．核桃、板栗、柿树、杏、梨、石榴、茶、枣和桃等经济林栽培技术标准；

5．《山东省利用世界银行贷款“山东生态造林项目”主要树种苗木标准》；

6．《山东省利用世界银行贷款“山东生态造林项目”苗圃管理技术规程》；

7．《山东省利用世界银行贷款“山东生态造林项目”环境保护规程》；

8．《山东省利用世界银行贷款“山东生态造林项目”主要树种施肥方案》；

9．《山东省利用世界银行贷款“山东生态造林项目”施工设施方案》；

10．《山东省利用世界银行贷款“山东生态造林项目”检查验收办法》；

11．《山东省利用世界银行贷款“山东生态造林项目”监测实施方案》；

12.《山东省利用世界银行贷款“山东生态造林项目”培训计划》;
13.《山东省利用世界银行贷款“山东生态造林项目”管理办法》;
14.《山东省利用世界银行贷款“山东生态造林项目”财务管理办法》;
15.《山东省利用世界银行贷款“山东生态造林项目”提款报账办法》;
16.《主要造林树种苗木》(DB 37/T 219—1996);
17.《长江、珠江流域防护林体系工程建设技术规程》(LY/T 1760—2008);
18.《造林技术规程》(GB/T 15776—1995);
19.《森林抚育规程》(GB/T 15781—1995);
20.《森林防火工程技术标准》(LYJ 127—1991);
21. 侧柏、黑松、油松、麻栎、白腊、榆树、臭椿、苦楝、柽柳、刺槐等主要生态树种造林技术规程;
22.《杨树人工速生丰产用材林》(ZB B 64006—1988);
23.《山东省利用世界银行贷款“山东生态造林项目”优良种植材料推荐表》;
24. 贯彻《山东生态造林项目主要造林树种苗木标准》;
25. 贯彻《山东生态造林项目苗圃管理技术规程》。

以上具体内容见附件 2 中《山东省利用世界银行贷款“山东生态造林项目”科技成果推广计划表(一)》与《山东省利用世界银行贷款“山东生态造林项目”科技成果推广计划续表(二)》。

(二)推广应用与项目相关的新技术、新成果

1. 侧柏种源试验;
2. 松树良种选育;
3. 优质乡土树种收集保存和创新利用;
4. 抗寒茶树新品种和类型筛选研究;
5. 果树改土养根技术研究;
6. 盐碱地综合治理技术推广;
7. 黄河三角洲重盐碱地植被恢复技术;
8. 沿海防护林营建技术;
9. 耐盐碱“光兆 1 号”杨的选育;
10. 鲁北冬枣快速繁育技术推广;
11. 植物组培简化体系技术;
12. 白蛾周氏啮小蜂及生物制剂综合治理林木害虫。

以上具体内容见附件 2 中《山东省利用世界银行贷款“山东生态造林项目”科技成果推广计划表(二)》。

（三）建立科技示范县

选择造林任务大，林业科技力量较强，领导重视，交通较方便的新泰市、乳山市、莒县、蒙阴县、沾化县、河口区，建立SEAP科技示范县，重点安排省级试验林、省级示范林，同时各县（市、区、场）也要建立自己的试验林、示范林。项目林建设要以科技为先导，综合运用现有科技成果和先进技术，增加科技含量，建立高标准示范样板林，为山东项目林建设起到示范和带动作用。省林业局对科技示范县在资金、技术等方面给予重点支持，支持资金100万元。

（四）技术培训

按照省级、地市级、县级进行逐级培训，省级培训对象为市级项目管理人员和技术人员，市级培训对象为项目县的项目管理人员和技术人员，县级培训对象为造林单位的项目实施人员、现场施工人员、工组长。培训的主要内容为SEAP中准备推广的科技成果，以及项目必须执行的技术标准、技术规程和技术措施。培训形式主要是办培训班、聘请专家讲座、组织参观学习、编印技术材料、放录像、办图片展览等（详见《山东省利用世界银行贷款“山东生态造林项目”培训计划》）。

三、组织实施

（一）科研、推广体系建设

山东省SEAP的科研推广工作，将继续沿用NAP、FRDPP和SFDP已建立的科研成果推广体系和工作程序进行实施。成立山东省项目科研成果推广领导支持小组，由林业局项目办公室牵头，局直有关单位的技术负责人参加。职责为拟订科研推广计划、组织实施计划、推广科研成果、提出培训计划和教材，为项目实施提供技术咨询、技术服务等。

地市级和县级项目单位要仿效省里的做法成立由相关单位参加的科研成果推广领导支持小组，并固定专职的工程技术人员负责科研、推广工作。

（二）科技推广方案的实施

县级项目办公室是SEAP科技推广计划的组织与实施单位，各项目县都要营建试验林、示范林和科技样板林，认真做好项目的科技推广工作，组织乡镇（林场）或造林单位按照SEAP科研推广计划推广防护林营造技术、环保技术规定、病虫防治技术，培训造林单位的农民技术员，并自选一些推广课题，加强科技推广工作。

（三）科研计划的执行

山东省林科院和山东农业大学林学院承担科研计划的具体实施，成立专门的课题研究小组，拟订详细的科研实施方案，在省林业局项目办公室的牵头和协调下开展各项研究工作。有关县项目办公室和国营林场，要积极支持、参加山东省林科院和山东农业大学林学院在该县布置的科研试验任务。

（四）保障制度与措施的建立

各级项目办在组织科研、推广的实施过程中，要积极推广课题研究承包责任制和新技术、新成果推广应用承包合同制。各课题组要依据已确定的科研计划，由课题组长公开投标承包，按照任务与资金、条件与责任相结合的原则，与项目办签订合同；下一级项目办要依据本项目的推广计划与上一级签订新技术、新成果推广应用合同书，直至逐级签订到造林单位。通过签订合同书这一制约措施，把责、权、利落到实处，以保证该项目工作有条不紊地向前推进，使其达到预定的目标（见附件 1 和附件 2）。

附件 1 山东省利用世行贷款“山东生态造林项目”科研计划表

项目名称	研究内容	预期成果
干旱瘠薄荒山造林树种和造林模式选择研究	①干旱瘠薄荒山立地类型和植被类型分类系统研究；②干旱瘠薄荒山造林树种和造林模型的研究与优化；③干旱瘠薄荒山造林技术集成；④主要树种育苗、造林技术措施的投资成本分析；⑤人工造林条件下干旱瘠薄荒山植被自然再生能力与生态修复能力研究；⑥干旱瘠薄荒山人工造林综合效益监测与评价研究	①提出山东省干旱瘠薄荒山立地类型分类依据、方法和体系，对山东丘陵山地的立地类型和植被类型进行系统分类，确定山地林业生态系统恢复重建的主导生态因子。②提出更多适宜造林的树种和适合山东干旱瘠薄荒山林业生态系统恢复和重建的生态治理模型 3～6 个，造林成活率和保存率达 85%以上，林分生长提高 10%～20%；感病指数和虫株率降低 10%；物种多样性明显提高，植被盖度提高 10%～30%；区域小气候改善明显；地表径流和土壤侵蚀量减少 10%～40%，土壤理化性状明显改善，土壤微生物显著增加，风速降低 10%～15%。③在确保造林成活率和正常生长的前提下，确定不同的 8 个造林模型最小的育苗、造林和抚育成本。④通过在不同的立地类型、不同的造林模型、不同的造林技术措施、不同的抚育管理措施条件下进行试验研究，提出干旱瘠薄荒山人工造林的植被恢复与生态修复能力的途径和方法。⑤建立山东省干旱瘠薄荒山植被恢复与生态重建示范样板 4 处，共 60～80 hm^2。⑥研究提出干旱瘠薄荒山生态治理工程综合效益监测与评价指标体系。⑦发表相关学术论文 8～10 篇，培养博士和硕士研究生 8～10 名
黄河三角洲滨海盐碱地生态治理模型研究	①黄河三角洲滨海盐碱地土壤和植被类型分类研究；②根据滨海盐碱地立地类型划分，分析其对盐碱地生态系统的影响，寻找限制盐碱地植被恢复的限制因子，确定盐碱地生态恢复和重建的主要目标；③黄河三角洲盐碱地综合治理技术治理效果研究；④黄河三角洲滨海盐碱地林业生态治理模型构建研究；⑤主要树种育苗、造林技术措施的投资成本分析；⑥黄河三角洲滨海盐碱地生态治理综合效益监测与评价研究	①对黄河三角洲滨海盐碱地土壤类型和植被类型进行系统分类，找出限制盐碱地植被恢复的限制因子，提出生态恢复和重建的主要目标；②调查掌握典型立地类型和不同治理措施的水盐运动规律及其土壤改良效应，对盐碱地改良的工程措施、化学措施和生物措施的综合改良效果进行系统评价；③在确保造林成活率和正常生长的前提下，确定不同的 8 个造林模型最小的育苗、造林和抚育成本；④提出不同含盐量（轻、中、重）立地盐碱地治理模型 3～5 个，相比原有的治理技术，造林成活率和保存率达 85%以上，林分生长提高 10%～20%；感病指数和虫株率降低 10%～15%；物种多样性明显提高，植被盖度提高 10%～20%；区域小气候改善明显；土壤含盐量降低 10%～30%，土壤理化性状和养分指标有明显改善；⑤建立盐碱地植被恢复林业生态工程示范样板 40～60 hm^2，区域生态效果明显改善；⑥研究提出滨海盐碱地生态治理工程综合效益监测与评价指标体系；⑦写出研究报告并发表相关论文 5～8 篇，培养博士和硕士研究生 3～5 名，提高研究水平和学术水平

项目名称	研究内容	预期成果
优质乡土树种保存与开发利用研究	①优质生态树种的汇集、保存；②树种的生物学、生态学特性研究；③优质乡土树种选育；④乡土树种评价指标体系的研究；⑤优质乡土树种繁育技术体系的建立；⑥主要乡土树种种苗质量评价及种苗标准的制定	①建立乡土树种汇集基地2～4处，每个基地的面积为10～20 hm^2，保存乡土树种资源60～100份（树种请参考主件课题研究内容1）；②分别在干旱瘠薄荒山和盐碱地建立优质乡土树种（品种）试验林1～2处，每个试验林的面积为10～20 hm^2，每个示范林的面积为60～100 hm^2；③选育出适合退化山地和滨海盐碱地的乡土树种5～10个，选出抗榆蓝金花虫、抗天牛白榆无性系1～3个，抗天牛柳树无性系1～2个，进行区域推广应用；④构建主要乡土树种的苗木繁育技术体系，解决主要乡土树种的快速繁育技术难题，提出解决乡土树种的脱毒复壮技术和工厂化繁育技术；⑤建立抗干旱耐瘠薄、耐盐碱生态树种（品种）生物学、生态学和生理生化特性评价指标体系，建立乡土树种良种苗木评价指标体系和一套乡土树种苗木繁育的行业标准；⑥发表相关论文3～5篇，培养博士和硕士研究生3～8名

附件2　山东省利用世界银行贷款“山东生态造林项目”科技成果推广计划表（一）

类别	项目	技术内容	推广范围	推广规模	预期效果
技术标准和技术规程等综合性规范性成果	生态防护林建设规程	按“规程”选择造林地和树种；按“标准”要求进行设计、施工及抚育管理	各造林树种	全部造林面积	项目林达到生态防护林建设标准要求
	SEAP造林模型	严格执行造林密度标准、树种搭配比例及混交方法	各造林树种	全部造林面积	增加项目林的生态稳定性
	SEAP营造生态林使用良种的通知	乡土树种的选择及良种的选用	各造林树种	全部造林面积	良种使用率达100%；生长量达到标准要求
	核桃、板栗、柿树、杏、梨、石榴、茶、枣和桃等经济林栽培技术标准	经济树种的栽培管理标准	生态经济型树种	全部项目县	良种使用率达100%；产量达到标准要求
	SEAP主要树种苗木标准	按“标准”要求培育Ⅰ级苗用于造林	各有关树种的项目区	全部造林面积	确保Ⅰ级苗造林
	SEAP苗圃管理技术规程	按“规程”要求定点育苗，定向供应，确保育苗质量技术要求	各有关树种的项目区	全部造林面积	提高造林苗木质量
	SEAP环境保护规程	按“规程”要求选地、整地造林，保护生物多样性，防止病虫害、火灾	各有关树种的项目区	全部造林面积	保护环境
	SEAP主要树种施肥方案	肥料种类及施肥方式	各有关树种	全部项目区	科学施肥，充分发挥肥效
	SEAP施工设施方案	按“方案”要求施工设计	项目造林县	全部造林面积	合理利用土地、适地适树
	SEAP检查验收办法	按“办法”进行检查验收，严把造林质量关	项目造林县	全部造林面积	确保造林质量
	SEAP监测实施方案	项目监测技术标准或规定	全部项目县	全部项目区	确保项目质量
	SEAP培训计划	项目管理或技术	全部项目县	全部项目区	确保项目质量
	SEAP管理办法	与项目有关的规章制度	全部项目县	全部项目区	确保项目质量
	SEAP财务管理办法	与项目财务有关的规章制度	全部项目区	9个市30个项目县	确保资金使用质量
	SEAP提款报账办法	先施工，然后按合格工程质量报账，最后提款	全部项目区	9个市30个项目县	确保资金使用质量

山东省利用世界银行贷款“山东生态造林项目”科技成果推广计划续表（一）

类别	项目	技术内容	推广范围	推广规模	预期效果
技术标准和技术规程等综合性规范性成果	《主要造林树种苗木》（DB37/T 219—1996）	推广项目主要造林树种苗木	相关造林树种	全部相关造林树种面积	乡土树种和良种使用率达 100%
	《长江、珠江流域防护林体系工程建设技术规程》（LY/T 1760—2008）	严格执行工程建设技术标准、防护林体系树种选择及搭配标准	相关造林树种	全部相关造林树种面积	增加项目林的生态稳定性
	《造林技术规程》（GB/T 15776—1995）	按“规程”要求，加强乡土树种和良种的使用，严格执行造林标准	各造林树种	全部造林面积	生长量达到标准要求
	《森林抚育规程》（GB/T 15 781—1995）	按“抚育规程”进行项目林的抚育管理	全部项目区	全部项目县	确保造林质量
	《森林防火工程技术标准》（LYJ 127—1991）	按“标准”要求，进行防火的组织、设备建设	全部项目区	全部造林面积	确保不出现大的火灾险情
	侧柏、黑松、油松、麻栎、白腊、榆树、臭椿、苦楝、柽柳、刺槐等主要生态树种造林技术规程	按“技术规程”要求进行造林，确保项目适地、适树的目标要求	各有关树种的项目区	相关规划的造林树种面积	提高造林质量
	《杨树人工速生丰产用材林》（ZB B 64006—1988）	按“专业和地方标准”要求选地、整地造林，防止病虫害、火灾	各有关树种的项目区	相关项目县	确保造林质量
	SEAP 优良种植材料推荐表	优良种植材料推广	各有关项目县	全部项目区	100%使用优良种植材料
	贯彻 SEAP 主要造林树种苗木标准	按“标准”要求的苗木标准进行技术管理	项目县	全部项目中心苗圃	生产 I 级苗
	贯彻 SEAP 苗圃管理技术规程	按“规程”进行技术管理，严把苗木出圃、造林质量关	项目造林县	全部造林面积使用 I 级苗	确保造林质量

山东省利用世界银行贷款“山东生态造林项目”科技成果推广计划表（二）

类别	项目	技术内容	推广范围	推广规模	预期效果
推广“九五”“十五”“十一五”相关的新技术与新成果	侧柏种源试验	对不同起源侧柏进行种源试验，选出适合山东石灰岩山地的侧柏优良种源	退化山地	退化山地侧柏栽植面积的 50%以上	造林成活率达 80%以上，林木生长量提高 5%～10%
	松树良种选育	推广松树优良品种	退化山地	松树面积的 50%	80%以上的成活率，生长量提高 5%～10%
	对优质乡土树种进行收集保存和创新利用	对麻栎、楸树、苦楝、臭椿、银杏等优质乡土树种进行收集和良种选育	所有项目地区	适生地区的 20%以上	苗木繁殖系数提高 10%，造林成活率和保存率明显提高，生态适应性和水土保持功效显著增强

类别	项目	技术内容	推广范围	推广规模	预期效果
推广“九五”“十五”“十一五”相关的新技术与新成果	抗寒茶树新品种和类型筛选研究	抗寒新品种推广	茶树栽培区	茶栽培县	茶树的抗寒提高15%～20%
	果树改土养根技术研究	改土养根技术	全部项目县	立地条件较差的区域	改善品质、提高产量
	盐碱地综合治理技术推广	耐盐树种利用技术、盐碱地综合降盐治理技术、盐碱地综合防护林体系配套技术、盐渍土培肥与改良技术	滨海盐碱地	滨海盐碱地区	风速降低12%以上，含盐量降低0.1%～0.3%，土壤结构及养分状况得到明显改善
	黄河三角洲重盐碱地植被恢复技术	滨海重盐碱地植被恢复技术，主要包括重盐碱地耐盐树种选择技术和造林技术	滨海盐碱地	滨海盐碱地区	重盐碱地植被盖度提高20%
	沿海防护林营建技术	沿海防护林基干林带构建技术（针叶、阔叶、乔木、灌木多植物种混交技术，林分结构优化技术等）	滨海盐碱地	滨海盐碱地区泥质海岸	造林成活率达92%，保存率达85%以上，生态效益特别是防风、防海潮、防雾功能显著提高
	耐盐碱“光兆1号”杨的选育	盐碱地速生树种良种选育	滨海盐碱地	滨海盐碱地区面积的5%	在含盐量0.3%的滨海盐碱地造林成活率达85%以上，林木生长量提高10%以上
	鲁北冬枣快速繁育技术推广	冬枣快速繁育技术	滨海盐碱地	冬枣产区	快速提供优质脱毒壮苗
	植物组培简化体系技术	林木、果树、花卉的组培简化体系	所有项目区	乡土树种的苗木繁育	简化消毒程序，无菌外植体达86.5%，移植成活率达90%以上，培养成本降低70%
	白蛾周氏啮小蜂及生物制剂综合治理林木害虫	周氏啮小蜂及生物制剂治理林木害虫技术	所有项目区	所有项目县	利用白蛾周氏啮小蜂及生物制剂综合治理林木害虫，有效降低由于使用农药防治带来的环境污染

9.2 项目培训计划

世界银行贷款“山东生态造林项目”（以下简称SEAP）培训计划是该项目的重要组成内容和支持保障手段，是在充分吸取“国家造林项目”（以下简称NAP）、“森林资源发展和保护项目”（以下简称FRDPP）以及“林业持续发展项目”（以下简称SFDP）培训经验和教训的基础上提出的。其目标和任务是要通过建立培训与推广组织体系以及开展各项培训活动，提高项目实施的科技含量和水平，确保项目总目标的实现。具体来说，就是要围绕退化山地植被恢复区和滨海盐碱地改良区防护林的营造，大力推广实用的科技成果与先进的管理方法，提高基层管理人员和技术人员，特别是提高广大农民的生产、经营水平，使项目造林达到高标准、高质量的目标要求。

一、培训的内容

根据SEAP造林的特点，在确定本项目培训内容时，既要考虑项目实施的要求，又要满足农户参与项目的需要，重点突出项目实施的技术标准和操作规程以及先进实用技术的培训。具体包括以下四大类内容。

1．项目管理知识

重点是“项目实施管理和质量控制”“项目监测评价”“项目管理办法”“项目环保规程”“项目社评操作指南”“资金与财务管理办法”“提款报账暂行规定”“世界银行项目管理软件”“检查验收办法”等。

2．项目规划设计知识

紧紧围绕世界银行贷款“山东生态造林项目”可行性研究报告治理模型规划设计的标准有所侧重地进行培训，其内容包括“防护林营造规划设计标准”“乔、灌、藤、草种植资源选择与构建技术”“县级造林总体设计”“年度造林作业设计”“年度抚育管理作业设计”等。

3．苗圃改进与种植材料开发技术

围绕“SEAP苗圃改进与种植材料开发计划”的技术标准和规程进行，主要是苗圃改进技术、项目营建优良种植材料的选择（种源和品种）、项目造林乡土树种的培育和苗圃管理技术等。

4．造、营林关键技术

在造林与抚育管理方面，主要是一些对项目林的营建质量起关键作用的造林技术和营林技术，包括NAP、FRDPP和SFDP中取得的科技成果，以及国家林业局推荐的新科技成果和山东省已公布推广的先进实用技术。重点是各造林树种的立地选择、造林密度的优化、整地和栽植方式、幼林抚育、林地施肥与土壤管理、修枝整形等技术。

在病虫害防治与农药使用中要特别注意对项目防护林病虫害防治技术的培训。培训将采取省级、市级和县级三级培训方法，即上一级项目管理部门负责组织对下一级技术人员的培训，重点是对乡镇林业技术人员和农民的培训，特别是对项目实施的主体——农民的培训尤为重要。培训内容包括让农民了解和掌握有可能发生哪些病虫害；使其了解和掌握病虫害发生的特征与规律；使其学会采用哪些防治方法可有效防治病虫害和如何使用农药防治病虫害；使其了解并掌握所使用农药的毒性、药效期的长短和如何保证施药人员的安全，以及使其了解农药的安全运输、仓储的方法等。

二、培训的实施方式

为全面而有效地实施培训计划的各项内容，将通过以下四个方面的运作，全方位地向造林工程推广各项科研成果和先进技术，并采取各种措施促进项目对新技术的吸收和运用。

1．举办技术培训班

对造林关键技术和项目管理知识方面的成果的推广而言，主要采取举办培训班的形式，分别对各类技术和管理人员进行强化培训，以提高他们的科学素质和技术水平。

培训班主要由省级、市级和县级三个层次逐级进行培训。

（1）省级：主要对市级项目管理和技术人员进行培训，让他们掌握如何组织培训县（市、区、林场）级项目管理人员和技术人员。

①项目管理培训主要包括“项目实施管理和质量控制”“项目环保规程”“项目管理办法”“项目物资设备采购规定”“资金与财务管理办法”“提款报账暂行规定”“项目监测和评价办法”等；

②造林治理模型主要包括造林技术标准、乔灌藤草的选择与构建技术、经营管理技术、造林规程以及作业设计等方面的培训；

③种植材料的培育、苗圃管理技术、苗木标准、苗圃改进技术规程等；

④病虫害防治、农药安全使用和管理等（详见附录 2 的表 2-1）。

（2）市级：主要对县（市、区、林场）级项目管理和技术人员进行培训，让他们掌握如何组织培训乡镇管理人员、林场管理人员和基层技术人员。

①项目管理培训主要包括“项目造林检查验收办法”“项目环境管理计划”“项目管理办法”“项目物资设备采购指南”“项目社评操作指南”“财务管理办法”“提款报账办法”“项目监测实施方案”等；

②项目规划设计知识培训主要包括“防护林营造规划设计标准”“县级造林总体设计”“项目造林施工设计工作方法”等；

③项目造林、营林关键技术培训主要包括造林规程、造林治理模型、抚育管理、病虫害防治、农药安全使用和农药管理等；

④苗圃改进与种植材料开发培训主要包括优良乡土种植材料的培育、苗圃管理技术和方法、种苗技术标准等（详见附录 2 的表 2-2）。

（3）县级：主要对乡镇级项目管理人员、林场项目管理人员和造林实体技术人员进行培训，让他们掌握如何组织培训或指导施工管理人员及作业人员。

①项目管理培训主要包括“项目造林和抚育管理环节的质量监管”“项目造林地筛选是否符合环保规定”“项目管理与监理”“提款报账规定”“项目合同签订”等；

②造林治理模型主要包括造林技术、树种构建技术、抚育管理技术、造林规程和作业设计等方面的培训；

③乔灌藤乡土种植材料的培育、苗圃管理、种苗技术标准等；

④病虫害防治、推荐农药种类、农药安全使用、农药管理等（详见附录 2 的表 2-3、表 2-4）。

2．组织专家进行现场技术指导和咨询

组织专家不定期地深入基层林场或农户进行现场考察，了解生产中存在的技术问题和薄弱环节，以便及时进行指导和解决。对造林过程中普遍存在的共性问题，采取现场指导的方式进行技术培训和演示；对个别地点存在的技术问题，采取具体指导的方式；对较难立刻解决的重大技术问题或技术关键，则组织专家会诊，提出切实可行的解决方案。

3．开展科技下乡活动

利用农闲季节，组织专家到项目区举办科技大集活动，使实用的科学技术能够在成千上万的农户中得到普及，达到培训的目的。

4．编写技术读物和明白纸

在以往实施世界银行贷款林业项目中已经编写的各类技术丛书和操作指南的基础上，再补充编写以下技术读物：

（1）林业贷款项目运筹与管理；

（2）育苗技术手册；

（3）关键栽培技术手册；

（4）最新技术成果应用指南；

（5）林业工程项目环境保护管理实用指南；

（6）杨树林分资产评估；

（7）退化山地水土流失监测与评价；

（8）榆树栽培技术。

各市和县在以往实施世界银行贷款林业项目中已经编写的各类技术丛书、操作指南和技术明白纸的基础上，可根据需要补充编写新造林树种的技术读物及不定期地印发技术明白纸，以指导项目工作的开展。

三、培训组织体系

由于在已经实施的世界银行贷款“国家造林项目”“森林资源发展和保护项目”“林业持续发展项目”的过程中，大部分市已在县级建立了完善的培训与推广组织体系，这种组织体系也已经被实践证明是实用和有效的。所以，在“山东生态造林项目”中将采用省级、市级、县（市、区、林场）级三级培训体系，其构成和职责如下。

1．省级

在省林业局项目办公室下设立“山东生态造林项目”省级科研推广与培训支持组，

主要由山东农业大学、山东省林科院等单位的有关专家和省林业局项目办的管理人员组成（详见附件 3），其职责是：

——制订项目的培训与科研推广实施计划，并组织实施省级的培训和科研推广任务，包括举办培训班、编写培训与推广材料；

——建立技术咨询专家库，组织专家对项目实施中的各类技术问题进行技术指导和咨询；

——指导、检查和监测各项目市培训与推广计划的制订、实施进展成果，收集、汇总整个项目的培训和推广活动信息，向省林业局项目办公室和世界银行提交项目培训和推广工作的进展和总结报告。

2．市级

在市林业局项目办公室下设市级培训与推广支持组，由本市林科所、市林业站、市林业推广站等单位的有关专家和市林业局项目办的管理人员组成。其职责是：

——在整个项目培训与推广计划的总体框架下，编制本市的培训与推广实施计划并组织实施，包括举办市级培训班、编写部分培训与推广材料；

——组织专家指导和解决本市项目实施中出现的技术问题，指导、检查和监测各项目县培训与推广计划的实施。

3．县（市、区、林场）级

在县林业局项目办公室下设立县级培训与推广支持组，由本县（市、区、林场）有关单位的技术人员和县（市、区、林场）林业局项目办的管理人员组成。其职责是：

——按照省和市项目培训与推广计划，制订本县（市、区、林场）的培训与推广实施计划并组织实施；

——在省级或市级培训与推广支持组的指导下，组织培训乡（镇、林场）技术员、施工员、造林实体和农户。

——指导和解决造林实体在项目造林和营林中出现的各种技术问题。

凡正在实施世界银行贷款林业项目的市和县（市、区、林场），应依照本项目的特点，对培训和推广支持组中专业人员不足的予以补充。新参加项目的市、县（市、区、林场）要建立相应的培训和推广支持组，聘请合格的专家参加。

四、技术咨询、考察与培训

1．技术咨询

①聘请国外专家。为解决在项目造林的干扰下新物种的自然再生能力和生态修复能力等问题，初步设计需聘请韩国和澳大利亚林业生态咨询专家各 1 人。

②聘请国内专家。为解决项目实施过程中的一些技术难题，初步设计需聘请国内林业有关咨询专家 7 人，其中，经济林栽培技术专家 1 名，病虫害防治专家 1 名，盐碱地

造林专家 1 名，退化山地造林专家 1 名，森林生态专家 1 名，水土保持专家 1 名，森林经营专家 1 名。

2．考察和培训

①国外考察与培训。为借鉴国外先进的防护林栽培技术和管理经验，初步安排出国（境）考察 30 人次，培训 10 人次。

②国内考察与培训。为借鉴其他省先进的项目管理经验，拟安排国内考察、培训 90 人次。

五、经费预算

经测算，“山东生态造林项目”培训经费为 931.84 万元，主要涉及举办技术培训班以及技术咨询、考察和国外培训两个方面的支出（表 9-1）。

表 9-1　世界银行贷款“山东生态造林项目”培训经费预算表

支出项目	金额	
	人民币/万元	万美元
1．举办技术培训班	600.00	
（1）省级培训班（含交叉检查）	92.97	
（2）地市级培训班	105.00	
（3）县级培训班	402.03	
2．技术咨询、考察和国外培训	331.84	
（1）国外技术咨询	75.60	
（2）国外考察与培训	172.00	
（3）国内技术咨询	12.60	
（4）国内考察与培训	71.64	
合计	931.84	

1．举办技术培训班费用计 600 万元，主要包括以下几个方面：

（1）省级：培训 1 033 人次，按人均费用 900 元计，共需经费（包括差旅费、会议室费、讲课费、教材编写等费用）92.97 万元。

（2）市级：培训 2 100 人次，按人均费用 500 元计，共需经费（包括差旅费、会议室费、讲课费、教材编写等费用）105.00 万元。

（3）县级：培训 86.574 万人次，共需经费 402.03 万元，主要包括以下内容。

①乡（镇、林场）级：培训 21 240 人次，按人均费用 70 元计，共需经费（包括差旅费、会议室费、讲课费、教材编写等费用）148.68 万元。

②造林实体或农户：培训 84.45 万人次，按人均费用 3 元计，共需经费（包括技术

人员咨询、邮寄、材料等费用）253.35 万元。

2. 技术咨询、考察和培训费用计 331.84 万元，主要包括以下几个方面：

（1）国外技术咨询。聘国外咨询专家费用：126 000 元/（人·月）×6（人·月）= 75.6 万元。

（2）国外考察与培训。其中，考察费 30 人次×45 000 元/人次=135 万元；培训费 10 人次×37 000 元/人次=37 万元，计 172 万元。

（3）国内技术咨询。聘请国内专家费用：3.5 人·月/年×6 000 元/（人·月）×6 年=12.6 万元。

（4）国内考察和培训。考察费 80 人次×7 350 元/人次＝58.8 万元；培训费 10 人次×12 840 元/人次＝12.84 万元，计 71.64 万元。

附表 1　世界银行贷款“山东生态造林项目”培训计划表代码说明

附表 2　世界银行贷款“山东生态造林项目”培训计划表（一）（二）（三）（四）

附表 3　世界银行贷款“山东生态造林项目”省级培训与推广支持组人员登记表（略）

附表 1

世界银行贷款“山东生态造林项目”培训计划表代码说明

主办单位	培训对象	培训方式	培训教材
M：省项目办与省级技术推广组 P：地市项目办与市级技术推广组 C：县项目办与县级技术推广组	Pm：地市级项目管理人员 Pt：地市级技术人员 Pf：地市级项目财务人员 Pp：地市级项目采购人员 Pi：地市级项目信息管理人员 Cm：县级项目管理人员 Ct：县级技术人员 Cf：县级财务人员 Tt：乡级技术人员 Ft：乡办林场或农民联合体技术人员 Fm：农户	Tc：培训班 Ts：现场指导 Tx：科技下乡	Dm：项目管理手册或指南 Dt：项目林栽培技术丛书 Df：发放技术明白纸

附表 2

世界银行贷款"山东生态造林项目"培训计划表（一）

培训目标与内容	主办单位	培训对象	培训方式	培训教材	培训次数	培训人数	培训人次	时间安排
A 省级								
1.项目管理								
1.1 项目实施管理与质量控制：要使项目管理人员能够按照有关项目管理的规章和条例的要求组织项目实施、检查验收和质量评价								
（1）质量控制的规章和条例、项目管理办法、监测与评价、监测方案、环保规程、世界银行管理软件、社评操作指南、检查验收办法和质量评价指标培训班	M	Pm、Pt、Pi	Tc	Dm	2	32	120	2009—2010 年
（2）项目竣工验收准备工作（包括质量、财务、环境保护、科研等）培训班	M	Pf、Pt	Tc	Dm	1	21	21	2014 年
1.2 项目资金与财务管理：要使项目的各级财务管理人员能够遵照项目资金管理与会计条例进行操作，使投入资金和还贷资金及时到位								
（1）项目财务启动培训班	M	Pf、Pm	Tc	Dm	1	21	21	2009 年
（2）世界银行资金与财务核算培训班	M	pf	Tc	Dm	6	21	126	2009—2015 年
1.3 项目物资采购：要使省级项目采购人员能够运用项目采购指南自行开展部分项目物资采购，并且及时通过交流解决采购中出现的问题								
办公设备使用、维护培训班	M	Pp	Tc	Dm	2	21	42	2009—2010 年
1.4 病虫害防治与农药安全使用：要使有关技术人员能够监测生态人工防护林病虫害发生情况，并且能够根据危害状况进行防治	M	Pt、Pm	Tc	Dm	2	37	74	2009—2010 年
1.5 环境保护规程：要使项目管理人员和技术人员理解并掌握项目环境保护规程中的各项内容，并且按照相关要求实施项目	M	Pt、Pm	Tc	Dm	2	21	42	2009—2010 年
2.技术培训								
2.1 设计技术或标准：生态造林设计标准、混交林复层林设计规范、县级造林总体设计、年度造林营林作业设计等培训班	M	Pt、Pm	Tc	Dm	2	21	42	2009—2010 年
2.2 苗圃改进与种植材料开发技术：苗圃土建工程的设计与施工、项目种植材料选择与培育规程、育苗技术及苗圃管理等培训班	M	Pt、Pm	Tc	Dm	2	21	42	2009—2010 年
2.3 造林与抚育管理技术：项目造林施工、经营技术、修枝整形技术等培训班	M	Pt、Pm	Tc	Dm	1	21	21	2011 年
3.交叉检查验收	M	Pt、Ct	Ts	Dm	5	90	482	2009—2013 年
小　计　　M　1 033 人次					26	327	1 033	

世界银行贷款“山东生态造林项目”培训计划表（二）

培训目标与内容	主办单位	培训对象	培训方式	培训教材	培训次数	培训人数	培训人次	时间安排
B 市级								
1.项目管理								
1.1 项目实施管理与质量控制：要使项目管理人员能够按照有关项目管理的规章要求组织实施、检查和质量评价								
（1）质量控制的规章和条例、项目管理办法、监测与评价、世界银行管理软件、社评操作指南、档案管理、检查验收办法和质量评价指标培训班	P	Cm/Ct	Tc	Dm	18	80	1 440	2009—2010 年
（2）项目竣工验收准备工作（包括质量、财务、环境保护、科研等）培训班	P	Cm/Ct	Tc	Dm	9	80	80	2014 年
1.2 项目资金与财务管理：要使项目的各级财务管理人员能够遵照项目资金管理与会计条例进行操作，要使投入资金和还贷资金及时到位								
（1）项目财务启动培训班	P	Cf/Cm	Tc	Dm	9	80	80	2009 年
（2）世界银行资金与财务核算培训班	P	Cf	Tc	Dm	54	80	432	2009—2014 年
1.3 项目物资采购：要使县级项目采购人员能够运用项目采购指南自行开展部分项目物资采购和维护								
办公设备使用、维护培训班	P	C、Cm	Tc	Dm	18	80	160	2009—2010 年
1.4 病虫害防治与农药安全使用：要使有关技术人员能够监测生态人工防护林病虫害发生情况，能够准确识别常见病虫害，并根据危害状况进行防治，同时使有关技术人员了解并掌握农药安全使用知识	P	Ct/Cm	Tc	Dm	18	80	160	2009—2010 年
1.5 环境保护规程：要使项目管理人员和技术人员理解并掌握项目环境保护规程中的各项内容，并且按照相关要求实施项目	P	Ct/Cm	Tc	Dm	18	80	160	2009—2010 年
2.项目规划设计								
2.1 设计理念、设计标准：生态造林设计标准、混交林复层林设计规范培训班	P	Cm/Ct	Tc	Dm	9	80	80	2009 年
2.2 设计技术：县级造林总体设计、年度造林营林作业设计培训班	P	Cm/Ct	Tc	Dm	9	80	80	2009 年
3. 苗圃改进与种植材料开发技术								
3.1 项目种植材料选择与培育规程：要使项目相关管理人员和技术人员能够按照项目种植材料开发计划及苗木标准的要求，进行项目造林用种子（包括无性系材料）及苗木的计划、选择、供应和质量控制	P	Cm/Ct	Tc	Dm	36	80	320	2009—2012 年
3.2 育苗技术及苗圃管理：要使项目育苗技术人员和苗圃管理人员能够掌握先进的乔木、灌木等乡土人工防护林树种的苗木培育技术及苗圃经营管理方法	P	Ct	Tc	Dt	45	36	180	2002—2006 年
4.造林与经营技术								
4.1 项目造林设计、施工与经营技术规程：要使有关的管理和技术人员能够按照项目统一的造林、营林技术标准或规程进行作业设计、造林施工和经营管理	P	Cm/Ct	Tc	Dm	27	80	240	2009—2011 年
小　计　　P　　2 132 人次					270	916	2 132	

世界银行贷款“山东生态造林项目”培训计划表（三）

培训目标与内容	主办单位	培训对象	培训方式	培训教材	培训次数	培训人数	培训人次	时间安排
C 县级——乡（镇、场）级技术培训								
1.项目管理								
1.1 病虫害防治与农药安全使用：要使有关技术人员能够监测生态人工防护林病虫害发生情况，并且能够根据危害状况进行防治								
病虫害综合治理技术：生物防治、化学扑救防治、农药安全使用、主要病虫害识别与监测	C	Tt，Ft	Tc	Dm	180	700	4 200	2009—2014 年
2.苗圃改进与种植材料开发技术								
2.1 项目种植材料选择与培育规程：要使项目管理人员、技术人员能够掌握项目种植材料开发计划及苗木标准要求，了解项目造林用种子（包括无性系材料）及苗木的计划、选择、供应和质量控制								
开发与利用：包括乡土优质种植材料入选标准、种植材料选择、种植材料利用和种植材料质量控制等	C	Tt，Ft	Ts	Dt	120	800	3 200	2009—2012 年
2.2 育苗技术及苗圃管理：要使项目育苗技术人员和苗圃管理人员能够掌握先进的乔木、灌木等乡土人工防护林树种的苗木培育技术及苗圃经营管理方法								
（1）育苗技术：包括苗圃选地与整地、容器育苗、扦插育苗、工厂化育苗、大田切根育苗、菌根化育苗、嫁接育苗等技术	C	Tt，Ft	Ts	Dt	120	600	2 400	2009—2012 年
（2）苗圃管理：包括化学除草、中耕除草、施肥灌溉、地膜覆盖、生长剂应用等技术	C	Fm	Ts	Dt	120	500	2 000	2009—2012 年
3.造林与经营技术								
3.1 造林施工技术：要使管理人员、技术人员能够按照项目造林施工技术规程营造防护林								
退化山地与滨海盐碱地：包括整地、栽植、抚育和项目施工中的环保措施等技术	C	Tt，Ft	Tc	Dt	90	560	1 680	2009—2011 年
3.2 项目林经营管理技术：要使项目管理、技术人员都能掌握先进的防护林经营管理技术								
（1）退化山地防护林培育技术：包括吸水剂使用、化学除草、护林防火、地膜覆盖等	C	Tt，Ft	Ts	Dt	180	720	4 320	2009—2014 年
（2）滨海盐碱地防护林培育技术：包括林（草、药）粮间作技术、化学除草技术、施肥灌溉技术、修枝技术、护林防火技术、中耕除草技术等	C	Tt，Ft	Ts	Dt	120	560	2 240	2009—2012 年
（3）经济生态兼用型防护林栽培技术：包括修枝整形技术、施肥技术、土壤管理技术、地表覆盖技术、生长调节剂应用技术、菌根菌剂应用技术、收获与保鲜储藏技术等	C	Tt，Ft	Ts	Dt	60	600	1 200	2011—2012 年
小　计　　Ca　　21 240 人次					990	5 040	21 240	

世界银行贷款“山东生态造林项目”培训计划表（四）

培训目标与内容	主办单位	培训对象	培训方式	培训教材	培训次数	培训人数	培训人次	时间安排
C 县级——造林实体或农户培训								
1.项目管理								
1.1 病虫害防治与农药安全使用：要使有关技术人员能够监测用材林和经济林病虫害发生情况，并且能够根据危害状况进行防治								
病虫害综合治理技术：生物防治、化学扑救防治、农药安全使用、主要病虫害识别与监测；推荐农药种类，安全使用农药	C	Fm	Tx	Dm	180	6	7.00	2009—2014 年
2. 苗圃改进与种植材料开发技术								
2.1 项目种植材料选择与培育规程：要使项目管理人员、技术人员能够掌握项目种植材料开发计划及苗木标准要求，了解项目造林用种子（包括无性系材料）及苗木的计划、选择、供应和质量控制								
开发与利用：包括乡土优质种植材料入选标准、种植材料选择、种植材料利用和种植材料质量控制等	C	Fm	Ts	Dt	500	7	12.00	2009—2012 年
2.2 育苗技术及苗圃管理：要使项目育苗技术人员和苗圃管理人员能够掌握先进的防护林树种和经济生态兼用型防护林树种苗木培育技术及苗圃经营管理方法								
（1）育苗技术：包括苗圃选地与整地、容器育苗、扦插育苗、工厂化育苗、大田切根育苗、菌根化育苗、嫁接育苗等技术	C	Fm	Ts	Dt	600	4	5.95	2009—2012 年
（2）苗圃管理：包括化学除草、中耕除草、施肥灌溉、地膜覆盖、生长剂应用等技术	C	Fm	Ts	Dt	600	7	14.00	2009—2012 年
3.造林与经营技术								
3.1 造林施工技术：要使管理人员、技术人员能够按照项目造林施工技术规程营造防护（经济兼用）林								
退化山地与滨海盐碱地：包括整地、栽植、抚育和项目施工中的环保措施等技术	C	Fm	Ts	Dt	120	10	15.00	2009—2011 年
3.2 项目林经营管理技术：要使项目管理、技术人员都能掌握先进的防护林经营管理技术								
（1）退化山地防护林培育技术：包括吸水剂使用、化学除草、护林防火、地膜覆盖等	C	Fm	Ts	Dt	560	6	8.00	2009—2014 年
（2）滨海盐碱地防护林培育技术：包括林（草、药）粮间作技术、化学除草技术、施肥灌溉技术、修枝技术、护林防火技术、中耕除草技术等	C	Fm	Ts	Dt	300	8	15.5	2009—2012 年
（3）经济生态兼用型防护林栽培技术：包括修枝整形技术、施肥技术、土壤管理技术、地表覆盖技术、生长调节剂应用技术、菌根菌剂应用技术、收获与保鲜储藏技术等	C	Fm	Ts	Dt	120	5	7.00	2011—2012 年
小　计　Cb　114 万人次					2 980	53 万	84.45 万	

9.3　主要乡土树种种苗质量评价及种苗标准

根据国家和省主要苗木使用标准，结合项目区造林实际，在对项目区调查的基础上，确定了主要乡土树种种苗质量评价及种苗标准，见表 9-2、表 9-3。

表 9-2　主要乡土树种苗木质量及标准评价表

树种	苗木种类	苗 龄	Ⅰ级苗			
			地径/cm	苗高/cm	根系/cm	
					主根长	大于 5 cm 长侧根数
侧柏	播种苗	1.5-0	0.7	50	20	10
	移植苗	1-1	0.6	40	20	10
黑松	播种苗	2-0	0.4	25	20	10
	移植苗	2-1	0.5	30	22	14
香椿	播种苗	1-0	1.0	80	25	
国槐	移植苗	1-1	1.5	150	30	
刺槐	播种苗	1-0	1.2	100	20	
	埋根苗	1（2）-0	2.0	280	25	
	根孽苗	1（2）-0	2.5	330	20	
臭椿	播种苗	1-0	1.0	80	25	
	移植苗	1-1	1.5	150	30	
白腊	播种苗	1-0	1.0	100	25	
	移植苗	1-2	2.5	250	30	
黄栌	播种苗	1-0	0.8	80	20	
麻栎	移植苗	1-1	0.5	20	20	
板栗	嫁接苗	1（2）-0	0.8		28	30
核桃	播种苗	1-0	1.3	60	40	24
沙枣	播种苗	1-0	0.8	60	28	10
银杏	播种苗	1-0	0.6	15	30	14
	嫁接苗	1（2）-0	0.9	28	20	10
紫穗槐	播种苗	1-0	0.5		20	7
苦楝	播种苗	1-0	1.0	100	35	20
杨树	插条苗	1（2）-0	3.0	350	30	
柳树	插条苗	1（2）-0	2.0	250	25	
	移植苗	2（3）-0	3.0	400	30	
榆树	播种苗	1-0	0.8	80	25	5
	移植苗	0.5-1	2.0	200	25	10
枣	嫁接苗	2-0	1.0～1.5	100～150	＞20	＞5

树种	苗木种类	苗 龄	Ⅰ级苗			
			地径/cm	苗高/cm	根系/cm	
					主根长	大于 5 cm 长侧根数
梨	嫁接苗	2-0	1.0～1.6	100～120	＞25	＞5
茶	实生苗	1-0	0.3	30～40	＞15	＞5
	扦插苗	1-0	0.2	30～40	＞12	＞5
石榴	实生苗	1-0	1.0	60	＞20	＞5
	嫁接苗	2（1）-0	1.2	80	＞20	＞5
杏	实生苗	1-0	1.0	60	＞20	＞5
	嫁接苗	2（1）-0	1.2	80	＞20	＞5
桃	实生苗	1-0	1.0	60	＞20	＞5
	嫁接苗	2（1）-0	1.5	80	＞20	＞5

表 9-3 主要乡土树种容器（组培）苗质量和标准评价表

树种	苗龄	Ⅰ级苗	
		地径/cm	苗高/cm
侧柏	0.5-0	—	10
	1-0	0.3	15
	1.5-0	0.4	25
	1-0.5	0.4	25
赤松	0.5-0	—	5
	1-0	0.2	7
	1.5-0	0.3	12
	1-1.5	0.3	12
黑松	0.5-0	—	5
	1-0	0.2	7
	1.5-0	0.3	15
	1-1.5	0.3	12
白榆（组培）	0.3-0	0.2	30
	0.6-0	0.5	45
	0.9-0	0.3	80
	1-0	1.0	130
黄栌	0.6-0	1.5	40
	0.9-0	0.5	50
	1-0	0.8	80
	1-1.5	＞0.8	130

9.4 环境保护规程

为了指导“山东生态造林项目”（以下简称 SEAP）退化山地和滨海盐碱地区人工防林的造林、营林等活动，确保在 SDEAP 项目的实施中进一步增强生态环境效益，将可能产生的对自然环境造成的负面影响减至最小或消除，以确保全面实现项目预期的各项生态环境效益目标，特制定本规程。

一、参考的主要法律文件

在制定本规程的过程中，充分吸取了山东省已成功实施的世界银行贷款 “国家造林项目”（以下简称 NAP）、“森林资源发展和保护项目”（以下简称 FRDPP）以及“林业持续发展项目”（以下简称 SFDP）环境管理的经验和教训，并全面参考了下列法律文件。

（一）相关的法律和法规，具体有《中华人民共和国环境保护法》《中华人民共和国森林法》《中华人民共和国土地管理法》《中华人民共和国水土保持法》《中华人民共和国环境影响评价法》《森林病虫害防治条例》《植物检疫条例》《森林防火条例》《中华人民共和国水土保持法实施条例》《中华人民共和国自然保护区条例》《退耕还林条例》《造林质量管理暂行办法》《加强对利用国际金融组织资金建设项目的环境影响评价管理的公告》；

（二）世界银行的业务方针，具体有《业务方针 4.01 环境评价》《业务方针 4.04 自然栖息地》《业务方针 4.09 病虫害管理》《业务方针 4.36 林业》《业务方针 4.11 文化遗产》和《业务方针 4.20 当地居民》。

二、山东以往世行贷款林业项目的环境管理经验

自 1990 年以来，山东省已成功地实施了世界银行贷款 NAP、FRDPP 以及 SFDP 项目。在项目实施过程中，都制定了《项目环境保护规程》，用于指导项目的设计与施工，以减轻或消除项目实施对环境造成的负面影响，增强人工林生态系统的稳定性和环境保护功能。回顾上述世界银行贷款林业项目环保规程的制定和实施，可以总结出以下经验和教训。

（一）经验与做法

1. 强化了“三队一点”的建设。“三队”，即一支病虫害预测预报队伍的建设、一支病虫害防治队伍的建设、一支环保监理队伍的建设；“一点”，即病虫害预测预报点的建设。通过“三队一点”的建设，确保了环保措施的落实。

2. 制定了规范性的规章制度和环保措施。在规章制度建设方面，严格按照世界银行安全保障政策及中国有关环境保护法律、法规的要求，制定了《项目管理办法》《检查

验收管理办法》《项目环境保护规程》《项目环境监测方案》《病虫害防治管理计划》等科学规范的管理办法或规定，并且针对项目设计和施工的主要环节，制定了可操作性强的环保措施。

3. 严格了环保质量监督。在环保质量管理方面，运用了“事前培训、事中指导、事后检查验收”的环保管理模式和“分工序检查验收、分级检查验收”的质量监督办法，把执行《项目环境保护规程》与否作为项目施工质量检查验收的标准之一，从而保证了《项目环境保护规程》在项目实施中的认真执行并取得良好环保效果。

4. 狠抓技术队伍的培训。采用了“走出去请进来、集中培训、以会代训、现场施教、科技下乡、发放技术明白纸”6 种环境管理培训形式，提高了环保管理人员和操作人员的素质，确保了环保合格率达到项目设计目标要求。

（二）主要教训

1. 造林树种品种单一，病虫害对杨树人工林的生长有潜在的威胁。3 个世界银行贷款项目共营造人工商品林 16.06 万 hm^2，主要造林树种有杨树、刺槐、泡桐、枣、板栗等。其中，杨树造林面积为 13.2 万 hm^2，占总造林面积的 82.2%，并且三倍体毛白杨、中林 46、I-107、L-35、T66、T26 等杨树品种占杨树造林面积的 70%以上。由于树种单一，品种较少，所营造的人工林生态稳定性差，病虫害对杨树人工林的生长有潜在的威胁。杨雪毒蛾（*Stilpnotia candida*）、雪毒蛾（*Stilpnotia salicis*）、杨扇舟蛾（*Clostera annachoreta*）等食叶害虫曾在世界银行贷款 NAP、FRDPP 的部分杨树人工林中出现，由于防治及时，没有造成严重危害，但这些害虫对杨树人工林的生长有潜在的威胁。

2. 经营农户有自己使用农药的习惯或方式。经营农户热衷于使用广谱性化学杀虫剂防治项目林害虫，加之使用老品种的农药又是经营农户的传统习惯，所以对新生事物接受能力差。虽然在农药品种的选择和安全使用农药方面对经营农户进行了多次培训和指导，但想改变经营农户已形成的传统习惯很难，需要借鉴典型事例引导，才能改变其传统习惯。

（三）对山东生态造林项目的启示

在实施世界银行贷款 NAP、FRDPP、SFDP 项目的过程中，不仅获得了环境管理方面的经验，也吸取了项目环境管理方面的教训，更重要的是，从中获得了启发。

1. 多树种、多品种造林是维持人工防护林稳定的基础。不同树种或品种对不同的病虫害有不同的抗性。当在同一林分中有不同的树种或品种时，就会有不同的病虫害存在，也就会产生不同的天敌种群，害虫与天敌之间形成一条稳定的生态链。因此，多树种、多品种造林是维持人工防护林稳定的基础。

2. 营造混交林是维持人工防护林稳定的保证。20 世纪 70 年代初到 80 年代末，山东省肥城市牛山林场和昆嵛山林场分别对当时的赤松人工林进行改建，证明改建后的人工混交林能够增加生物多样性，可有效抑制赤松毛虫（*Dendrolimus spectabilis*）的危害。

林分中有害生物与有益生物此消彼长，相互制约，种群始终维持平衡状态。因此，营造混交林是维持人工防护林稳定的保证。

3. 树种的合理搭配是维持人工防护林稳定的前提。研究表明，遴选的 42 种乔木、灌木、藤本及草本植物的生物学特性适合项目区的立地条件，这些树种既有喜阳性，又有耐阴性；树冠有大冠型和窄冠型之分；树根有深根性和浅根性之分。所以，树种搭配必须合理，相互之间留有空间，不同树种之间才能和平相处。因此，树种的合理搭配是维持人工防护林稳定的前提。

4. 因地制宜、合理密植是维持人工防护林稳定的重要条件。立地条件越差，造林密度就应该越大；立地条件越好，造林密度就应该越小。树冠越小，造林密度越大；树冠越大，造林密度越小。群体生长好的树种，易密植。山东生态造林项目区立地条件差，柏树、松树具有树冠小、群体生长好的特性，如果地表植被能够得以保存，适宜密栽。因此，因地制宜、合理密植是维持人工防护林稳定的重要条件。

在编制本《项目环境保护规程》过程中，充分参考了上述经验和教训，使本《项目环境保护规程》更加科学和完善，更能适合“山东生态造林项目”的需要。

三、造林地的选择

——项目的新造林地要选择在生态区位重要、生态状况脆弱或生态问题突出的地区，并且可以进行改造；

——不能选择在拥有价值的人类历史文化遗产地，珍稀植物、野生动物栖息地和各种保护区；

——在自然或文化遗产保护区的缓冲区外围 2 000 m 范围内、公益林外围 100 m 范围内，主干河流两侧 50 m、支流两侧 20 m 的范围内，不允许用作新造林地；

——不能选择郁闭度大于 0.2 的现有林；

——盐碱地区除在河岸和道路两侧的台田排盐区造林外，还要兼顾在中度、重度盐碱地区造林；

——政府愿意还贷，农户自愿参加项目；

——用于营造人工防护林的林地优先选择的顺序是宜林荒山荒地、盐碱荒地、退耕还林地、裸露地面并长有外来草种的退化的林地、灌丛地和疏林地。对于以防风为主的新造林地而言，应首先选择风害（包括干热风）较严重的沟路渠、弃荒地，其次是重度、中度、轻度盐碱荒地或沙化的土地；以水土保持林为主的，首先选择坡度较大的荒山荒地，其次是河滩地。

生态造林项目人工防护林的造林地筛选方法流程请参见附件。

四、造林地清理与整地

（一）造林地清理

——严禁采用炼山方式清理林地。

——坡度大于 15°的地块，可采用块状或带状清除妨碍造林活动的杂灌（草）。

——将清除的杂灌（草）堆积在带间或种植在穴间，让其自然腐烂分解。

——保留好山顶、山腰、山脚的原生植被。

——进行林地清理时，溪流两侧要视溪流大小、流量、横断面、河道的稳定性等情况区划一定范围的保护区。

（二）造林地整地

1. 整地应视造林地的坡度大小来选择穴垦、带垦或全垦的方式，破土面积控制在 25%以下。整地方式的选择与林地坡度的关系见表 9-4。

表 9-4 整地方式与林地坡度关系表

林地坡度	整地方式
小于 15°	全垦
16°～25°	穴垦、沿等高线的带垦或梯级整地
大于 26°	穴垦整地，且呈“品”字形排列；沿等高线设置截水沟

2. 造林地块边缘与农田之间保留 10 m 宽的植被保护带，长坡面上若采用全垦整地，每隔 100 m 保留一条 2 m 宽的原生草保护带。

3. 在 15°以上的坡地上营建生态型经济树种时要采用梯级整地（反角梯田），应能将地表径流水输送到稳定的地面上或使之流入可接收多余水量的溪流中。

4. 在滨海盐碱地改良区，可采用筑台田的方法进行整地，条宽一般在 30～70 m，台面四周高，里面低，便于拦截天然降水，并且有排水设施，尽可能降低土壤含盐量。

五、防护林的营造

（一）树种（品种）选择

为了加强生物多样性的保护，应优先选择乡土树种。选用优良乡土树种的优良种源、家系或无性系造林，增强抵抗病虫害的能力，降低林木受病虫害威胁的风险。只有在外来树种的生长和抗性优于乡土树种时，才可选择外来树种。如果未来的科研能够发现一些新的乡土树种可适应造林、整地的条件，这些树种也要作为备选树种。

造林、整地时，应尽量保留和利用原有的乡土树种及灌木，促进天然植物群落的保护、恢复和更新。

（二）造林模型的选择

山区和盐碱地的造林模型分别为8个和5个，造林技术模型是根据以往的科研经验和实际营造林经验制定的。其中，模型1～模型4适合石灰岩山地，模型5～模型8适合花岗岩山地，其余模型适合滨海盐碱地改良区。除模型1和模型5外，其余模型尽可能采用多树种混交造林。

（三）栽植

——项目造林小班布局：退化山地恢复区每个造林小班面积不大于20 hm^2；滨海盐碱地改良区每个造林小班面积不大于35 hm^2。

——退化山地单一树种的造林面积：模型1和模型5的单一树种造林面积没有限制，因为不存在混交问题。在其他所有造林模型中，单一树种的造林面积要小于2 hm^2。

——山区中用来划分单一树种的隔离带至少要有3行或者10 m宽。

——在退化山地混交中优势树种的数量上限：在混交模型中，优势树种的数量不能超过总株数的70%。

——盐碱地混交地块：模型1、模型2和模型3，带状混交至少占75%。对模型4和模型5没有限制。

——盐碱地林带宽不大于70 m，带间距离是树高的10～20倍。

六、林地的抚育管理

（一）间作

在滨海盐碱地改良区，为减少地面蒸发，消除杂草竞争，提倡林下间作农作物，达到以耕代抚的目的，但树的两侧要保留50 cm的保护行。在坡地上进行林间混种应按水平方向进行，大于25°的坡地上不允许进行间种作业。介于15°～25°的坡地上，穴垦整地不得进行间作；只有在沿等高线进行的宽带状整地或梯级整地上才可间作，间作时，最好种植对土壤有改良作用的豆科植物。

（二）除草与松土

禁止使用除草剂。幼林抚育要尽可能采用局部抚育法，围绕幼树进行扩穴、松土、除草，尽量保留幼林地的天然植被。除草后所剩的植被剩余物应留在地里作为覆盖物。禁止樵采林下的枯枝落叶，以提高林地水源涵养的能力，保持土壤肥力。

（三）施肥

施肥要尽量选用有机肥，施用的时间、次数、数量和方式要严格按照肥料的特性和要求进行，不得随意施用。要根据适宜的科研成果或适当的土壤和植物测试结果来确定施肥方案。一定要采用穴施或条施，严禁撒施，要将肥料施于穴的上坡向，且以土壤覆盖，防止养分流失和地表水污染。

（四）灌溉

本项目雨季主要依靠降雨灌溉，旱季采用人工穴灌方式进行灌溉。要尽量采用蓄水池截流降水、地膜覆盖植树穴、高分子保水剂等节水灌溉措施，并采取科学的节水灌溉方式，如喷灌、微灌、滴灌等方式，严禁大水漫灌，节约水资源。在盐碱地改良区要多利用地表水进行灌溉，提倡浅浇快轮，均匀灌水；平整土地，防止地表局部不平造成积盐，输水渠道要防渗，避免灌溉水下渗，导致地下水位升高，充分利用灌溉措施控制土壤盐渍化。

（五）禁牧育林

禁牧是保证项目林正常生长的重要措施，也是抚育管理的重要手段。要参照《山东生态造林项目移民——政策框架》处理好放牧者与项目林经营者之间的关系，在保证放牧群体利益的前提下，禁止一切放牧活动，确保项目林的正常生长。

（六）卫生伐

为了改善林分卫生状况，要进行卫生伐。卫生伐结合抚育间伐同时进行。卫生伐的主要对象为枯立木、风倒木、风折木、受机械损伤及受病虫害将要死亡的树木。

七、病虫害综合管理

对项目林要进行病虫害综合管理，以确保其健康生长及发育。为此，专门制定了《病虫害综合管理计划》，在项目实施中加以执行。

在人工防护林病虫害的管理计划中，要特别加强病虫害的预测预报工作，采用综合治理（IPM）的方法防治病虫害，使用化学杀虫剂必须符合世界卫生组织划定的三类以上要求的杀虫剂，并且必须遵守有关规定，防止环境污染，确保人畜安全，尽量减少杀伤有益的生物，最大限度地降低病、虫所造成的损失。

八、森林防火

——项目林的防火工作必须纳入各级地方的森林火灾管理体系中。每个造林单位都必须编制森林防火计划，建立火灾管理机构。制订防火、公众教育、巡逻、执法和火灾应急详细计划。

——各造林实体必须制订护林防火计划、乡规民约，划定防火责任区，应根据面积大小配备护林人员，并按时向项目办和护林防火组织汇报情况。

——健全护林防火组织，配备护林防火器具，实行责任制和奖惩制度，在造林作业时，沿山脊开设防火隔离带和生土带，设置瞭望台，建设护林房，配备通信设施。

——防火期内，要禁止野外用火，严格控制火源，禁止在林内、林地周边烧荒及燃烧枯枝落叶。

——造林设计时，应考虑护林防火规划，凡连片面积超过 100 hm^2 的人工防护林地块都必须建立防火带，把地块分成几个小班。防火带的宽度应在 10～20 m。尽可能利用河道和乡土天然防火植被作为防火带。

九、监测与评价

环境保护合格率监测用以评价造林施工与批准的设计计划相一致的程度，来评价项目实施是否按照既定的标准进行。PMO 的职责就是确保所有的人工防护林设计规划都要符合设计中所规定的原则、标准和数据。PMO 将通过定期评价、随机抽样人工防护林设计方案的方式，监管设计方法。一旦计划编制完成并得到批准，县 PMO 应通过定期检查与监督的方式，负责保证所有的作业施工都按照批准的计划实施。为了保证对合格率监测的一致性和连续性，应采用标准的汇报格式。省 PMO 应通过定期随机检查的方式，确保监测施工作业的工作质量。合格率监测的核心是对人工防护林多样性、河流保护、整地、抚育、病虫害管理（杀虫剂的选用和施用方法以及工人/农民的安全）等方面的监测。

附件　山东生态造林项目人工防护林的造林地筛选方法流程

第一步　拟选造林地现状。

（1）拟选造林地上是否有文化或遗产资源或其他各类受保护资源或与之的距离是否小于当地有关部门的规定？是□　否□

（2）拟选造林地上是否有天然林，包括原始林和可恢复为天然林的植被？是□　否□

（3）这种拟选造林地是否全部或部分位于保护区？是□　否□

（4）拟选造林地上是否为郁闭度大于 0.2 的现有林？是□　否□

（5）拟选造林地是否在公益林外围 100 m 范围内和主干河流两侧 50 m、支流两侧 20 m 的范围内？是□　否□

（6）该拟选造林地滨海盐碱地改良区的小班面积是否大于 35 hm^2？退化山地恢复区的小班面积是否大于 20 hm^2？是□　否□

如果以上六个问题当中的任意一个答案为“是”，则这些土地不能作为造林地。应重新考虑选择其他造林地。如果以上六个问题的答案都为“否”，则进入第二步筛选程序。

第二步　所选的造林地类别。

第 1 类——荒山荒地；是□　否□

第 2 类——从前或近期的退耕还林地；是□　否□

第 3 类——人工疏林地或散生木（郁闭度小于 0.2）造林地；是□　否□

第 4 类——受风害（包括干热风）较严重的沟路渠荒地或不同程度的沙化土地；是□　否□

第 5 类——盐碱荒地或盐碱涝洼地；是□　否□

第6类——其他土地，如有潜在价值的自然栖息地，包括覆盖率小于20%的天然林、天然草地（高海拔地区）、湿地和沼泽。是□ 否□

如果造林地属于第1～5类，新造林应不会对当地生境造成负面影响（请注意，位于农区的土地或远离天然林区的土地应属于前3类中的某一类），筛选过程终止，该地可以用于发展人工防护林。

如果所选土地为第6类，进入第三步筛选程序。

第三步 所选择造林地生态类型是否很普遍？（例如，建议的造林地面积占该土地生态类型的5%以下。）

如果选择的造林地类型比较普遍，该地可以用于发展人工防护林，但是，应该对该造林地进行拍照，并与记录造林地植被等内容的小班调查表放在一起。

如果选择的造林地类型不普遍，该地不能用于造林。应重新考虑选择其他造林地。

9.5 病虫害管理计划

根据国务院1989年12月18日颁布施行的《森林病虫害防治条例》和世界银行的《业务方针 4.09 病虫害管理》的要求，为加强SEAP人工防护林病虫害（文中病虫害是指害虫、害螨、植物线虫和病害）的监测与防治工作，特制订SEAP人工防护林病虫害防治管理计划。

一、山东的病虫害管理

（一）病虫害防治的发展历程

1．人工防治阶段

20世纪50年代初，由政府组织广大群众分片划段，以山头、林片为单位，较大面积地进行人工防治，取得了一定效果。此间，山东省在国内率先较大规模地开始使用“滴滴涕”“六六六”等有机氯化学农药防治林木害虫。1952年林业部对林木害虫的防治方针是“治早、治小、治了”，防治策略是“及时治、普遍治、连续治、彻底治”，企图依靠人海战术将病虫害全部消灭。

2．化学农药防治阶段

20世纪50年代末，化学农药已逐步推广应用于林木病虫害的防治。20世纪60年代以后除有机氯农药外，有机磷农药开始大量使用，同时，开始使用飞机大面积防治森林害虫，取得了较好的防治效果。在“农药万能”思想的影响下，人们过分依赖农药，用药量逐步增加，化学防治面积逐年扩大，导致生态环境恶化，病、虫的抗药性明显增强。20世纪60年代中期至70年代末，林业工作者逐步认识到单纯依靠化学防治并不能有效地控制林木病虫的危害，开始探讨利用啄木鸟、灰喜鹊、赤眼蜂等天敌防治害虫，利用微生物制剂、昆虫激素等防治食叶害虫，并取得较好的防治效果。随着内吸性农药投入市场，相应的防治技术逐步推广运用，人们开始采用局部施药的方法来防治害虫，这个时期对林木害虫的防治思想已有较大突破，在防治策略上则采用“预防为主，积极消灭”的方法，但防治方针仍是“治早、治小、治了”。

3．综合防治阶段

自20世纪80年代以来，人们已认识到无节制地滥用化学农药不仅不能有效地控制病虫害，反而给人类本身带来危害。为此，在国务院1989年颁布施行的《森林病虫害防治条例》中，明确规定了我国森林病虫害防治的方针是“预防为主，综合治理”，提倡协调运用各种技术措施。例如，山东省林业引用外资项目办公室和山东省林科院合作研制的针对杨树丰产林全部害虫的综合治理专家咨询系统。探讨杨树人工丰产林生态系统中害虫与杨树之间、害虫与天敌之间的相互关系。在防治策略上充分考虑系统内的自我调控能力，适时辅以必要的防治措施，对害虫进行综合治理。

2004年12月，国家林业局在全国林业有害生物防治工作会议上重新确定了全国林业有害生物防治工作新方针，即林业有害生物防治实行“预防为主，科学防控，依法治理，促进健康”的方针。其内涵是贯彻预防为主的方针，加强能力建设，提高有害生物防御水平；实行科学防控，推进工程治理，提高有害生物防治成效；健全法规体系，开展依法治理，全力推进法治化进程，适应林业产权制度改革形势，积极推进防治机制创新；强化治理措施，培育森林健康，把有害生物防治工作纳入林业生产的全过程。

（二）国家的植物保护政策

国家对森林病虫害防治工作很重视，强调采用“预防为主，综合防治”的植保方针，未来将逐步采用以生物防治为主的防治方法。中国农业部绿色食品发展中心曾对有机食品的生产公布了《农药使用规程》，以指导绿色食品（A级）和有机食品（AA级）的生产。

国家政策旨在把病虫害的危害程度控制在较低水平，促进林业的质量和增进林业资源可持续利用，其目的是要保护林业资源和保护生态环境。

自1975年以来，国家也采用了格拉斯提出的病虫害综合管理（IMP）的定义——综合病害防治是一个系统，在与环境有关及病虫害种群变化的情况下，利用适当的技术和方法，在（生态的）尽可能兼容的情况下，把病虫害的种群维持在尽量低的经济损失水平。

经济损失水平（EIL），是指因病虫害造成的损失与若防治其危害所需费用相等条件下的材积损失程度或病虫情指数（虫口密度、感病指数等）。

国家的政策是“谁的树，病虫害就由谁来防治”。经济林和用材林的病虫害的防治是谁种则由谁来负责，除非灾害性的病虫害，如蝗虫。但国家级或省级的公益性防护林的病虫害防治费用会从每年的公益林补助费用中列支。

国家对食品的安全给予了极大的关注。国家颁布的《农药管理条例》和中国农业部颁发的《农药安全使用标准》，任何农业化肥生产商生产农业化肥产品都必须遵循上述的“规程”“条例”和“标准”。这些文件清楚地说明了以下问题。

哪些农药适用于农业生产中病虫害的防治（非常危险的和重大毒性类的农药是禁止的）；

哪些高效的、低毒和低残留的农药，在非农药方法不能防治时，可推荐使用；

农药残留超标的农产品不得进入市场销售；

安全使用农药的方法包括农药的形式、安全和合理使用的方法、一般的剂量和最大的剂量、在同一年内极限的使用次数、从最后一次使用到收获期的时间等。

《农药管理条例》鼓励使用高效、低毒和低残留农药，规定了销售农药的标准。《农药安全使用标准》和《农药管理条例》中已经规定了一些化学农药（如对硫磷、久效磷、甲拌磷等）是被禁用的。

中国农业部的农药检验所和各省份的农药检验所是负责农产品、农药残留的监测机构（特别是蔬菜、水果和粮食作物）。

快速发展的“绿色食品”市场，通过价格的刺激已开始减少或不使用化学农药。

（三）国家的法律和法规

为了加强病虫害防治与检疫，国家颁布了《中华人民共和国森林法》（全国人大常委会，1985 年 1 月 1 日），《森林病虫害防治条例》（国务院，1989 年 12 月 18 日），《森林植物检疫技术规程》（国家林业局，1998 年 7 月 27 日），《森林植物病虫害防治目标管理办法》和《农药管理条例》（国务院，1997 年 5 月 8 日）。

在《农药合理使用准则》和《农药管理条例》的实施下，病虫害综合管理（IMP）得到了推进。

关于农业化学农药的生产、销售和使用，任何一个公司要生产或复配一种农药，首先必须按照《农药管理条例》的相关规定进行注册，并要求符合安全、质量控制条件，以及对环境、对污染的控制条件。其次是任何农药销售商只有获得许可证后才能经营，而且只能销售经过注册的公司所生产的农药。剧毒和毒性大的农药不得生产，只销售用于食品生产的农药。最后就是对农药残留量超过农药残留标准的（特别是蔬菜、水果和粮食作物）禁止在市场出售。

当病虫害严重发生且使用其他的防治方法不能有效控制时，农民可以使用高效低毒的化学农药或其仿生制剂进行防治。对于农民来说，当一些病虫害严重流行时，应用化学农药进行防治是必不可少的防治方法。

国家、省、县和地方不同的行政级别，由下列机构负责对条例的监督和实施：

①与森林病虫害有关的国家、省、县和乡镇林业主管部门；

②粮食作物和蔬菜由各级农业局（中国农业部、省、县和乡镇）负责；

③中国农业部农药检验所、各省的农药检验所负责监测农产品农药的残留（特别是蔬菜、水果和粮食作物）。

（四）山东的病虫害管理组织机构

山东省对林业病虫害防治有较完善的组织机构。山东省野生动植物保护站负责山东省林业有害生物防治的管理、指导和监测工作。

山东省的每个地级市以及县（市、区）林业局都设有病虫害防治组织，负责管理、指导和监督其辖区内的病虫害防治工作。各地级市和县（市、区）一级已建立了 161 个病虫害防治站和检疫站，人员有 1 120 人，其中，970 人是专业技术人员。全省还建立了国家级监测站（点）43 个，省级监测站（点）25 个，地市级监测站（点）82 个，县级监测站（点）1 004 个，并有 737 名专职人员和 3 183 名兼职技术人员从事林业有害生物的预测预报工作。

健全而完善的林业有害生物防控组织体系，确保了山东省林业有害生物防治工作的开展。

（五）山东的病虫害科研体系及管理人才培养

山东省林业科学研究院森林保护研究所是山东省专门从事林业有害生物防治的研究机构，负责对全省林木主要病虫害的传播途径、危害特点、生物学特性、防治方法等进行研究。17 个地级市林业科学研究所森保室，主要从事本辖区内的有害生物的防治研究工作。县级森保站和国营林场的森保人员，在进行防虫治虫的同时，也结合自己的本职工作，有针对性地对防治方法开展研究。

病虫害管理人才的培养，主要依托山东农业大学植保学院和青岛农业大学植保学院，每年为生产一线培养大批本科毕业生从事林木保护工作。每年全省各级保护站还通过在职培训、轮训、现场培训等方式培训森保人员达 10 万人次，为全省森保工作的开展奠定基础。

（六）山东的病虫害管理经验和做法

1．IPM 是林业部门优先推荐的防治方法

IPM 根据害虫不同的生物特点和习性，首先考虑采用检疫法、物理和机械法、营林技术和生物法防治害虫。只有在上述方法不能成功地防治病虫害的情况下，才可采用高效低毒的化学杀虫剂进行防治。

在 IPM 方法中，特别是在生物防治方面取得了一些成功的经验。例如，饲养赤眼蜂，然后成功地放飞以防治害虫，利用昆虫病原体线虫可防治经济林和森林中的多种苹果小食心虫和蛀干性害虫。也研究和生产出了一些生物杀虫剂，如齐墩螨素（又名爱福丁或 7051 杀虫素）和氟虫脲（卡死克）。使用无毒高脂膜杀菌剂能防止病菌侵染，进而达到预防病害发生的效果。使用有毒膜的原理是对害虫造成病原窒息来预防病害。目前由于技术方面的限制，农民还不能利用生物方法防治所有的病虫害。当项目地区暴发了

较大的病虫害时，如果农民采用其他方法不能有效地控制害虫，则应使用低毒高效的化学杀虫剂。农药的喷洒次数是随着昆虫种类、树种、造林地区、林木状况的不同而变化的。防治某些害虫时，农民可不使用农药。例如，针对杏疔病和杏仁蜂，农民就不必使用化学农药，有效的控制方法是采用摘病枝和摘拣虫果进行防治。像苹果黄蚜这类害虫，如果苹果幼树受到严重感染，就只能使用化学杀虫剂。在一般情况下，杀虫剂是用来控制梨、桃、苹果和葡萄园中的蛀果害虫的。用于防护林的杀虫剂通常根据不同的地区状况、季节条件、树龄、病虫害的种群数量而定，并应尽量减少杀虫剂的使用次数。

为了有效地控制病虫害，降低病虫害对项目林的危害，建议采取以下措施：

（1）落实国务院有关森林病虫害防治条例、世界银行病虫害管理的业务政策和“山东生态造林项目”的病虫害管理计划；

（2）充分利用 IPM 方法中有效控制病虫害的技术，而不仅仅是使用化学的方法来防治害虫；

（3）营造抗病虫害的树种，严禁采用带有病虫害的树苗植树，提倡营造混交林，反对单一种植，清理造林地以降低病虫害的发生；

（4）加强对农药采购和使用的管理；

（5）加强对农药管理的培训。

2．项目县目前的做法

采用什么样的防治方法要根据害虫的种类和损害程度来定。目前，化学法仍为主要的防治方法，同时也利用检疫法、物理和机械法、营林技术法、生物法等进行防治。以哪种防治方法为主应根据病虫害的类型而定，如防治杏疔病和杏仁蜂就不需要使用化学农药，采用摘病枝和摘拣虫果就可有效控制。但目前在中国，控制桃蚜仍采用化学方法。

农民主要是通过观看有关农业知识的电视节目（如山东电视台的《乡村季风》节目）或阅读农药使用技术书籍和农药手册来了解 IPM 和使用农药的新知识。为此，政府部门开办了一些培训班，县或乡一级的技术人员通常也会提供一些咨询服务。一些林木保护的技术手册和教材可提供有关 IPM 的方法，但这些书籍材料不能通俗易懂、简明扼要地提供所有项目林木的有关信息。

为了保护健康，一些农民在喷洒农药时，穿防护衣，戴防护帽、防护面具和手套。大多数农民购买了手动喷药器，个别农民还购置了自动喷药器，农民们相互借用农药喷洒器。喷洒农药时，有些农民穿特殊的工作服，有些农民穿旧的工作服。

农民在选用防治方法时主要考虑哪种方法会给他们带来最大的收益。化学方法一般见效快，效果好。但如果采用非化学方法也能给他们带来较好的净收入，农民也会放弃使用化学方法。在山东，农民购买农药很方便，几乎所有的乡镇都有农药商店，因此，农民想使用农药时，可随买随用。剩下的农药存放在农民自己的储藏室中。为了使农民对其选择有充分的了解，重要的工作是让农民充分认识可供选用农药的各种方法及每种方法的优缺点。

病虫害防治单位应改进培训工作，加强管理、指导和监督力度，这对推动 IPM 方法的采用是十分必要的。为了使农民充分了解如何安全、有效地处理和使用农药，应进一步加强培训工作。

乡镇医院可以处理农民因使用农药造成的中毒事件，中毒严重的农民可送到县级医院，县、乡两级的医护人员都接受过治疗化学中毒的培训。

二、生态造林项目的病虫害管理

（一）病虫害的主要防治方法

1．植物检疫

植物检疫是国家采用的防御林木或作物受到病虫害的破坏以及防御杂草对农作物生产区的侵害和蔓延的一种方法。中国检疫始于 20 世纪 30 年代。1991 年，中国实施了《中华人民共和国进出境动植物检疫法》。中国在全国海关、内陆和航空港建立了 300 多个检疫机构，以防止来自国外的病虫害的进入、传播和蔓延。这些机构在防止病虫害方面起了非常重要的作用。多年来，这些机构检疫出了很多害虫，如地中海实蝇、美国白蛾。中国植物检疫分为农业检疫（由农业部国家植物保护总站管理）和林业检疫（由国家林业局国有林场和种苗管理总站管理）。

山东省现有各类森林植物检疫站（点）161 处，木材检疫站（点）51 处，有专职检疫员 669 名，兼职检疫员 970 名。其中，隶属省林业局的山东省森林植物检疫站负责省与省之间植物材料运输的内部检疫；隶属县林业局的县森林植物检疫站负责省内县与县之间植物材料运输的内部检疫。

2．营林技术

主要措施有营造混交林或隔离带、加强抚育管理、配置诱饵树、选用抗病虫树种和采用生物工程技术培育抗病、虫树种。研究表明，混交林可改变生物群落结构，有利于天敌的生存和繁殖，可加强天敌对害虫的控制效果。合理地修枝、施肥、浇水、松土、除草等措施能提高林分抵抗病虫害的能力。不同的树种或品种对不同病虫害种群有不同的抗性，因此，采用生物工程技术或常规的方法选育或培育抗病虫树种，是防控森林病虫害最有效的途径之一。

3．物理和机械的方法

森林病虫害防治普遍使用这一方法，原因有三个：一是便宜——农民不需要购买农药；二是有效——物理和机械的方法对防治一些病虫害非常有效（比如，在树干上包上一层带黏性的塑料纸可以防止枣尺蠖和草履蚧成虫爬上树）；三是安全——无污染，环境安全，天敌安全。

物理和机械的方法优点是可减少大量的虫害种群，并避免其增加抗药性。但其主要的局限性是时间长，有时也需要一些专门的工具。因此，这种方法只能对某些害虫有效，只能是一种补充的方法。

4．生物方法

生物防治方法对人类和牲畜、植物和环境都很安全，可多年把害虫种群均控制在较低的种群。生物防治剂是一种很丰富的资源，但其生物防治的效果并不像化学农药的效果那样来得快，且通常情况下费用要比化学农药费用高，因此，种植者宁愿用化学农药也不愿用生物防治方法。

5．化学方法

化学防治有显著的优点，一是种类繁多，可供选用的农药达上千种；二是化学农药在任何时候都可买到，没有季节限制；三是快速高效，这是化学方法最显著的优势。但是，化学农药造成的极为严重的污染却威胁着人类和家畜的健康。杀虫剂会杀死目标害虫的许多天敌，同时也使众多害虫对化学农药产生抗药性。

（二）建议的病虫害防治方法

在项目地区，应认真落实“预防为主，科学防控，依法治理，促进健康”的方针政策，在林木病虫害防治上，应采取检疫法、物理和机械法、营林技术法、生物控制法和化学防治方法。防治病虫害时，应强调采用生物控制法，特别是生物杀虫剂。同时，应特别注意提高项目地区人工防护林的质量，减少污染，保护环境。

应通过下列措施，认真执行项目的方针政策：

（1）落实针对项目人工防护林树种提出的采用 IPM 方法的各项建议；

（2）编写 IPM 和安全使用农药的培训材料和计划；

（3）在 IPM 方法和安全使用农药方面，对县级、乡级的项目管理人员和参加项目的农户进行培训；

（4）对项目人工防护林的病虫害进行有效的预测预报；

（5）只选用、购买那些经过批准的农药，分配给项目地区营林农户使用。

本课题是省项目办为项目地区人工防护林提出的 IPM 总的原则和方法及针对项目各树种的意见。这些总的指导性文件将由市项目办进行完善，以保证这些建议适合每个项目市的实际情况。

在项目中，将对每个造林地营造树种应采用的防治方法，向县级、乡级的项目技术人员和参加项目的农民进行培训。培训内容为强调非化学防治方法的重要性和潜在优势，并说明在何种情况下可利用化学方法作为非化学方法的补充。

对病虫害进行监测和预报是各级野生动植物保护站的责任，他们在有效利用 IPM 方法中起着至关重要的作用。与世界银行的政策相似，中国政府的政策同样是强调采取营林技术法、生物法和其他非化学方法进行防治，并配合以病虫害监测；只有在其他的防治方法无效，且病虫害监测结果显示病虫害的程度超过了经济阈值时，才可使用化学方法。

（三）造林树种的主要病虫害及农药使用种类

试验证明，当树木叶片损失低于 20%时，树木生长几乎不受影响。因此，当林业有害生物种群数量在低水平时，不需要防治，这就是人们常说的“有虫不成灾”，即森林维持生态平衡，森林处于健康状态。当林业有害生物打破这种平衡，但还没有爆发成灾时，IPM 是病虫害最好的治理方法。但是，当某一种有害生物种群数量增值太快，对森林造成严重危害时，农药防治是最有效的方法。

在采用化学方法防治有害生物时，人们普遍关注的是农药种类、使用方法、使用数量和用药时间以及农药残效期（主要针对经济型防护林树种）。为指导造林实体安全用药，并满足世界银行对环保管理计划的要求，我们根据山东生态造林项目树种类别及主要林业有害生物的种类，制定了 SEAP 项目防护林树种主要的病虫害以及农药使用种类的表格（表 9-5 和附件 2），供造林实体在生产中参照执行。

表 9-5 SEAP 项目县防护林树种主要的病虫害及所使用的农药

树种	病虫害种类	使用的农药种类
黑松 *Pinus thunbergii* Parl.	赤松毛虫、日本松干蚧、松梢螟、松材线虫病、松枝枯病	1.8%阿维菌素乳油、灭幼脲†、苯氧威、除虫脲、农梦特、阿维·除虫脲、Bt.、苦豆碱、甲基托布津、百菌清
栎类 *Quercus Linn.* spp.	黄掌舟蛾、栎褐舟蛾、舞毒蛾、栎粉舟蛾、红双线尺蠖、麻栎褐斑病、栎类白粉病	1.8%阿维菌素乳油、辛硫磷、白僵菌、甲基托布津、代森锰锌、武夷菌素、抗菌霉素 120
侧柏 *Platycladus orientalis*（L.）Franco	侧柏松毛虫、柏毒蛾、柏大蚜、柏小爪螨、双条杉天牛、瘤胸材小蠹	1.8%阿维菌素乳油、灭幼脲†、马拉硫磷、啶虫脒、白僵菌、Bt.、浏阳霉素、绿色威雷
黄栌 *Cotinus coggygria* Scop. Sap. var.cinerea Engl.	缀叶丛螟、黄栌丽木虱、黄栌蚜、黄斑直缘跳甲、黄栌白粉病	1.8%阿维菌素乳油、啶虫脒、吡虫啉、茴蒿素、抗菌霉素 120、甲基托布津、晶体石硫合剂
楸树 *Catalpa bungei*	楸蠹野螟、霜天蛾、根结线虫病	1.8%阿维菌素乳油、灭幼脲、吡虫啉、淡紫拟青霉†、棉隆、二氯异丙醚
毛白杨 *Populus tomentosa Carrière*	白杨透翅蛾、杨扇舟蛾、春尺蛾、桑天牛、青杨天牛、毛白杨瘿螨、白杨毛蚜	白僵菌†、吡虫啉、灭幼脲†、绿色威雷、青虫菌†、螨死净、昆虫病原线虫†
意杨 *Populus euramevi canacv.'1-214'*	光肩星天牛、桑天牛、青杨天牛、白杨透翅蛾、杨扇舟蛾、杨小舟蛾、春尺蛾、烂皮病、溃疡病	绿色威雷、灭幼脲†、吡虫啉、磷胺乳油、白僵菌†、青虫菌†、昆虫病原线虫†、多菌灵、甲基托布津、内疗素、波尔多液
香椿 *Toona sinensis*（*A.Juss.*）Roem.	黄刺蛾、褐边绿刺蛾、扁刺蛾、香椿蛀斑螟、香椿白粉病、香椿叶锈病	1.8%阿维菌素乳油、灭幼脲†、抑太保†、百菌清、抗菌霉素 120、三唑酮
白蜡 *Fraxinus chinensis* Roxb.	云斑天牛、美国白蛾、小木蠹蛾、咖啡豹蠹蛾、东方胎球蚧、白蜡蚧、黄刺蛾、褐边绿刺蛾、白蜡梢距甲	1.8%阿维菌素乳油、绿色威雷、灭幼脲†、松脂合剂、辛硫磷、啶虫脒、斯氏线虫、Bt.†、白僵菌†、绿僵菌†

树种	病虫害种类	使用的农药种类
白榆 *Ulmus pumila* Linn.	榆蓝叶甲、光肩星天牛、桑天牛、大红蛱蝶、榆绿天蛾	1.8%阿维菌素乳油、绿色威雷、灭幼脲†、辛硫磷、啶虫脒、斯氏线虫†、Bt.、白僵菌†、绿僵菌†
刺槐 *Robinia pseudoacacia* Linn.	折带黄毒蛾、褐纹大尺蛾、刺槐蓑蛾、豆天蛾、刺槐蚜、大球坚蚧、刺槐溃疡病	1.8%阿维菌素乳油、灭幼脲†、辛硫磷、啶虫脒、甲胺磷、白僵菌、甲基托布津、多菌灵、代森锰锌、波尔多液、石硫合剂、百菌清
柳树 *Salix matsudana* koidz.	光肩星天牛、刺角天牛、杨柳光叶甲、杨雪毒蛾、古毒蛾、杨柳小卷蛾、黄刺蛾、黄缘绿刺蛾、柳蚜、柳窄吉丁、柳树腐烂病	1.8%阿维菌素乳油、绿色威雷、灭幼脲†、辛硫磷、啶虫脒、斯氏线虫、Bt.、白僵菌†、绿僵菌†、甲基托布津、百菌清、腐必清、菌毒清
苦楝 *Melia azedarach* Linn.	片糠蚧、栎粉蠹、苦楝小卷蛾、星天牛、霜天蛾、苦楝褐斑病、苦楝丛枝病	1.8%阿维菌素乳油、苦楝油乳剂、绿色威雷、辛硫磷、甲基托布津、多氧霉素、百菌清、四环素
国槐 *Sophora japonica L.*	锈色粒肩天牛、槐尺蠖、双齿长蠹、槐羽舟蛾、国槐潜叶蛾、短翅芫菁、小木蠹蛾、槐树枝枯病、槐树白粉病	1.8%阿维菌素乳油、辛硫磷、丙硫磷、啶虫脒、斯氏线虫、Bt.、白僵菌、绿僵菌、甲基托布津、百菌清、代森锰锌、三唑酮
核桃 *Juglans regia* Linn.	核桃毒蛾、木寮尺蠖、核桃举肢蛾、云斑天牛、草履蚧、绿尾大蚕蛾、核桃美舟蛾、核桃细菌性黑斑病、核桃枝枯病、核桃腐烂病、核桃炭疽病	丙硫磷、灭幼脲†、绿色威雷、杀灭菊酯、白僵菌、甲基托布津、代森锌、石硫合剂、波尔多液、土霉素、腐必清、菌毒清、炭疽福美、田安水剂
板栗 *Castanea mollissima* BL.	栗瘿蜂、栗大蚜、桃蛀野螟、极始叶螨、板栗兴透翅蛾、长角凿点天牛、大圆筒象、中国绿刺蛾、板栗枝枯病、板栗腐烂病	吡虫啉、灭幼脲†、绿色威雷、敌百虫、杀灭菊酯、甲基托布津、百菌清、腐必清、843 康复剂、菌毒清
杏 *Armeniaca vulgaris* Lam.	桃仁蜂、梨小食心虫、桃红颈天牛、桃粉大尾蚜、朝鲜毛球蚧、杏虎象、桑白蚧、杏疔病、杏炭疽病、杏褐腐病	辛硫磷、杀灭菊酯、马拉硫磷、性引诱剂、昆虫病原线虫、石硫合剂、波尔多液、炭疽福美、田安水剂
银杏 *Ginkgo biloba* Linn.	小木蠹蛾、桑白盾蚧、大袋蛾、茶褐金龟子、银杏茎腐病、银杏苗木立枯病、银杏叶枯病	马拉硫磷、灭幼脲†、苦楝油乳剂、波尔多液、甲基托布津
枣 *Ziziphus jujuba* Mill.	桃小食心虫、枣飞象、枣尺蠖、枣瘿蚊、桃蛀果蛾、枣奕刺蛾、枣桃六点天蛾、枣星粉蚧、枣枝蜡天牛、枣镰翅小卷蛾、枣疯病、枣锈病	辛硫磷、灭幼脲†、杀灭菊酯、马拉硫磷、粉锈宁、盐酸四环素、三唑酮、石硫合剂、波尔多液
梨 *Pyrus bretschneider* Rehd.	桃小食心虫、梨小食心虫、茶翅蝽、梨实蜂、中国梨喀木虱、梨花象、梨眼天牛、梨黄粉蚜、梨剑纹夜蛾、梨黄卷蛾、梨金缘吉丁、梨黑星病、轮纹病、梨锈病、梨干腐病、梨褐斑病	敌百虫、辛硫磷、吡虫啉、杀灭菊酯、马拉硫磷、一遍净† 、甲基托布津、退菌特、多菌灵、霉能灵、多抗霉素、速保利、石硫合剂

树种	病虫害种类	使用的农药种类
柿树 *Diospyros kaki* Thunb.	柿绒蚧、柿蒂虫、柿梢鹰夜蛾、舞毒蛾、桃红颈天牛、无斑丽金龟、木寮尺蠖、柿垫绵蚧、柿细须螨、柿角斑病、柿炭疽病、柿白粉病	1.8%阿维菌素乳油、辛硫磷、绿色威雷、啶虫脒、斯氏线虫、Bt.、白僵菌、绿僵菌、甲基托布津、百菌清、代森锰锌
花椒 *Zanthoxylum bungeanum* Maxim.	棉蚜、二斑黑绒天牛、樗蚕、玉带凤蝶、核桃咪小蠹、马氏粉虱、流胶病、花椒锈病、花椒枯枝病	吡虫啉、退菌特、代森锌、石硫合剂、波尔多液、粉锈宁
君迁子 *Diospyros lotus* Linn.	柿绒蚧、柿蒂虫、柿梢鹰夜蛾、舞毒蛾、桃红颈天牛、无斑丽金龟、木寮尺蠖、角斑病、炭疽病、白粉病	1.8%阿维菌素乳油、辛硫磷、啶虫脒、斯氏线虫、Bt.、白僵菌、绿僵菌、甲基托布津、百菌清、代森锰锌
茶树 *Camellia sinensis* Linn.	茶用克尺蛾、茶白毒蛾、茶蓑蛾、卵形短须螨、小斑红蝽、茶丽纹象、茶炭疽病、茶轮斑病、茶云纹叶枯病	辛硫磷、杀灭菊酯、马拉硫磷、灭幼脲[†]、一遍净[†]、抑太保[†]、多菌灵、百菌清、甲基托布津、退菌特
桃 *Amygdalus persica* L.	桃红颈天牛、桃斑蛾、桃一点斑叶蝉、桃白小卷蛾、桃剑纹夜蛾、桃小食心虫、桃蛀螟、梨小食心虫、桃蚜、透翅蛾、桑白蚧、桃缩叶病、桃褐斑穿孔病	白僵菌、马拉硫磷、Bt.、石硫合剂、灭扫利、甲基托布津、退菌特、波尔多液
石榴 *Punica granatum* Linn.	咖啡豹蠹蛾、棉蚜、康氏粉蚧、斑须蝽、桃蛀螟、桃小食心虫、龟甲蜡蚧、紫薇绒蚧、石榴干腐病、石榴褐斑病	马拉硫磷、吡虫啉、灭幼脲[†]、苦楝油乳剂、多菌灵、代森锰锌、代森锌、石硫合剂、多氧霉素
酸枣 *Ziziphus jujuba var. spinosa*（Bunge）Hu ex H.F.chow	棉尖象、酸枣隐头叶甲、酸枣虎天牛、枣镰翅小卷蛾、黄刺蛾、黄缘绿刺蛾、扁刺蛾、酸枣疯病	1.8%阿维菌素乳油、绿色威雷、灭幼脲[†]、辛硫磷、啶虫脒、敌百虫、Bt.、白僵菌
木槿 *Hibiscus syriacus* Linn.	人纹污灯蛾、棉铃实夜蛾、鼎点钻夜蛾、小造桥虫、瓜绢野螟、咖啡豹蠹蛾、棉蚜、中华糠蚧、木槿白粉病、木槿炭疽病	1.8%阿维菌素乳油、辛硫磷、灭幼脲[†]、啶虫脒、敌百虫、Bt.、甲基托布津、百菌清
柽柳 *Tamarix chinensis* Lour.	柳红叶甲、蚜虫、斜带吉丁	1.8%阿维菌素乳油、苦参缄、辛硫磷、吡虫啉、啶虫脒
皂荚 *Gleditsia sinensis* Lam.	皂角幽木虱、日本长白蚧、蚜虫、红蜘蛛	1.8%阿维菌素乳油、辛硫磷、吡虫啉
白刺 *Nitraria tangutorum Bobr.*	灰斑古毒蛾、潜叶蛾、苗立枯病	1.8%阿维菌素乳油、辛硫磷、啶虫脒、五氯硝基苯、代森锌、多菌灵
沙柳 *Salix cheilophila*	柳毒蛾	1.8%阿维菌素乳油、灭幼脲[†]、辛硫磷
杞柳 *Salix integra* Thunb.	东方金龟子、苹毛金龟子、柳蚜	1.8%阿维菌素乳油、扑虱灵、辛硫磷、吡虫啉

树种	病虫害种类	使用的农药种类
紫穗槐 *Amorpha fruticosa* Linn.	紫穗槐豆象、黑瘤胸叶甲、中华豆芫菁、平肩棘缘蝽、华北大黑鳃金龟、咖啡豹蠹蛾、波翅青尺蛾、叶斑病	1.8%阿维菌素乳油、灭幼脲⇧、辛硫磷、啶虫脒、敌百虫、Bt.、甲基托布津、百菌清、多氧霉素
沙枣 *Elaeagnus angustifolia* Linn.	土栖吉丁、沙枣尺蠖、杨十斑吉丁、八字白眉天蛾、黄褐天幕毛虫、蚧壳虫、红蜘蛛	1.8%阿维菌素乳油、辛硫磷、苦楝油乳剂、啶虫脒、敌百虫、Bt.、白僵菌、绿僵菌
黄荆 *Vitex negundo* Linn.	重突天牛、黄带蓝天牛、黄荆眼天牛、瘤胸材小蠹、短翅大粒象、绿金叶甲、棉蚜	1.8%阿维菌素乳油、辛硫磷、绿色威雷、啶虫脒、白僵菌、绿僵菌、吡虫啉
郁李 *Cerasus japonica*（Thunb.）Lois.	蚜虫、红蜘蛛	1.8%阿维菌素乳油、啶虫脒、苦楝油乳剂
胡枝子 *Lespedeza bicolor* Turcz.	桑褐刺蛾、短胸长足象、黑胸隐头叶甲、斑肩负泥虫、小皱蝽、吹绵蚧	1.8%阿维菌素乳油、辛硫磷、敌百虫
连翘 *Forsythia suspensa*（Thunb.）Vahl.	矢尖盾蚧、茶蓑蛾	1.8%阿维菌素乳油、苦楝油乳剂、灭幼脲⇧
扁担木 *Grewia biloba* G.Don	蚜虫、红蜘蛛	1.8%阿维菌素乳油、啶虫脒、螨死净、茴蒿素、苦楝油乳剂
金银花 *Lonicera japonica* Thunb.	咖啡虎脊天牛、金银花尺蛾、金银花白粉病	1.8%阿维菌素乳油、绿色威雷、灭幼脲⇧、辛硫磷、甲基托布津、三唑酮

注：带“⇧”者为生物农药；

资料来源：根据各项目市、县的统计结果。

（四）推荐的农药清单

根据上述IPM的方法及世界银行农药采购指南（业务政策4.09），经过筛选，建议使用下列农药。其他农药将在项目实施期间进行确定，在将其列进农药采购清单之前，应向世界银行提供相同的详细资料（附件2）。

（五）病虫害管理的监测

1．病虫害管理计划监测的注重点

为了认真贯彻落实“预防为主，科学防控，依法治理，促进健康”的林业有害生物防治的方针，指导“山东生态造林项目”人工防林病虫害的综合治理，确保在SDEAP项目的实施中进一步增强生态环境效益，将可能产生的对自然环境造成的负面影响降至最小或消除，以确保全面实现项目预期的各项生态环境效益目标。

为此，病虫害管理计划监测要求注重以下几个方面：

（1）为IPM和农药安全使用编制培训教材和计划；

（2）在IPM方法和农药安全使用方法方面，培训县级和乡级的项目工作人员及项目农民；

（3）有效监测和预报项目造林树种的主要病虫害发生期和危害程度；

（4）为项目区筛选、购买、分配和使用被批准的最合适的农药；

（5）监测“人工防护林病虫害防治管理计划”的执行效果等。

2．监测点的布设

根据项目布局，应在营造的防护林分中设立省级、市级、县级三级监测样点。省级监测样点每个市至少布设1处；市级监测样点每个市不少于2处；县级监测样点每个县不少于3处。通过三级监测样点的布设，确保随时获得病虫害发生数据，同时追踪监测培训、农药的采购、农药安全使用等方面的信息。监测样点的病虫害监测任务应纳入同级野生动植物保护站的日常工作中。

3．监测指标及数据的采集和应用

病虫害管理监测是本项目“监测实施方案”中的内容之一，项目防护林食叶害虫、蛀干害虫、感病指数、危害面积等病虫害危害等级指标可详细参照项目“监测实施方案”；培训、农药安全使用等方面的监测指标列入表9-6中，由县级项目办在项目实施过程中进行监测和填报。

表9-6　病虫害管理监测指标表

危害程度（公顷）						培训			农药安全使用		
Ⅰ级	Ⅱ级	Ⅲ级	Ⅳ级	Ⅴ级	总计	发放材料/份	乡镇级人员/人次	造林实体/人次	使用推荐的农药占比/%	施药数量/kg	防治措施中IPM占比/%

注：依据危害程度分级按Ⅰ～Ⅱ级为轻，Ⅲ级为中，Ⅳ～Ⅴ级为重；其中，Ⅳ～Ⅴ级需要防治。

省级、市级、县级和乡镇（包括林场）级病虫害监测点的病虫害发生情况，统一由县林业局项目办和野生动物保护站进行观察或调查，其数据由县林业局项目办汇总上报至所辖区市林业局项目办和省林业局项目办。省林业局项目办根据此信息发布病虫害发生、发展的程度和趋势预报。

IPM的使用、农药的使用种类、安全使用知识、农药采购名录等相关信息的采集，统一由县林业局项目办负责。在病虫害发生季节和农药使用、采购时，进行随机调查，抽样比不少于总项目实施单位的5%。调查结果作为项目县评价自身IPM和安全使用农药情况的依据，其评价结论于每年6月30日和12月31日上报所辖区市林业局项目办和省林业局项目办。

（六）组织和管理

1．机构安排

省项目办、市项目办、县项目办负责实施病虫害管理计划。职责包括指导各项目单位实施综合病虫害管理计划，培训各级林业技术人员和农民，监测培训和综合病虫害管理方法的应用。

通过与世界银行磋商，省项目办将批准规定的农药清单，项目资金仅能购买清单上的农药。各级项目办要详细地保存记录，以便对采购进行监测。

省项目办将根据省内出售农药的名称，修改规定的农药清单。该清单将作为各级项目办为县级、乡级技术人员和农户举办培训班的依据。省项目办、市项目办将监测县项目办的培训，以及综合病虫害管理方法的应用。

县项目办将负责对林业人员（县级和乡级）和农户的培训，以及综合病虫害管理方法的应用。

省项目办制定本项目的 IMP 总的原则和方法，以及对各项目树种的具体建议；市项目办要对这些总则进行细化，以保证这些建议更符合有关条件，并适用于低水平技术员和农民的培训。

2．农药管理

省项目办制定农药检验政策并批准项目采购。市项目办根据项目政策委托县项目办采购农药。

每个造林实体应根据病虫害的预测拟定需要的农药名称、剂量等，向县项目办汇报。县项目办向市项目办汇报，市项目办与省项目办一起，根据项目规程来安排批量的采购名录。

应委派技术人员押送农药，以保证农药能及时安全地运送到目的地。一旦装盛农药的容器损坏，必须采取有效的补救方法，以防止污染环境。县项目办将保留运输和交货的原始记录。

根据规定，项目县林业局应用其设施储存项目农药，为造林实体提供服务的单位和零售商店应维护其储存设施。

县林业局和乡林业站的技术人员将对病虫害进行诊断，并为林农提供采用规定的农药进行病虫害管理的建议。根据需要，技术人员将依次与相关的省级专家或机构进行磋商。这些机构应包括省森林病虫害防治站、有关农业大学或林业大学的植保学院或林业专家。

3．农药的安全使用

建议遵循以下步骤：

（1）建议林农根据每块造林地的树种、县林业局项目办和野生动植物保护站的病虫害监测报告，在用药前进行科学用药培训。

（2）林农如需要较大量的农药，可以直接从县项目办获得；少量的农药可以直接从乡农药店购买，该农药店提供的农药必须是县项目办批准的农药。

（3）为了有效地防治病虫害，根据不同种类病虫害的生物学特性、损失面积和程度需要采用不同的喷洒方法。县野生动植物保护站的人员，针对发生病虫害的树种，提出使用正确的农药和喷洒路线。

（4）市项目办将保证与有关专家进行磋商，以形成适合当地情况的具体建议。专家将包括省野生动植物保护站、农业大学的植保学院、省经济林站、省林科院森保所的相关人员。

（5）要考虑农药的正常周期，以减轻病害虫的抗药性，降低农药对植物的损害。市项目办将确保与相关专家进行磋商，制定合适的建议。这些建议将被纳入培训计划，或各点的技术建议和农药采购规程。

（6）各项目点的农民或林农将参加该项目执行过程中有关安全使用农药和农药使用方法的培训。

（7）培训班将重点强调使用农药时穿防护衣的重要性，包括合适的工作服、防护帽、面罩、手套和鞋。剩余的农药应合理储存或安全处理。

（8）培训班需要强调严格遵守农药使用规程，以避免污染居民区、水源和牧场。

（9）每个造林实体剩余的农药应退回到指定的农药储存仓库。根据有关法律和规定，空的农药容器需要退回到指定的仓库，以便重复使用或处理（深埋）。

（10）县项目办和乡级的技术人员将强调农药管理有效程序的重要性。

4．农药采购

每个造林实体要根据病虫害的预测，将所需农药的名称、数量、剂量，向县项目办汇报。县项目办向市项目办汇报，由市项目办和省项目办进行汇总后，根据项目的规程安排是否需要批量采购。

采购的农药应该遵循“世界银行项目物资和设备采购办法”，并使用配套资金进行采购。如果一个乡镇的采购量小，造林实体可按批准的农药采购名录到乡镇农药供销点进行采购；如果一个乡镇的采购量比较大，则由县项目办负责组织采购。省项目办制定项目农药采购审批政策，以确保项目资金只采购规定农药清单上的农药。

5．培训

该项目将为县级和乡级的技术人员举办培训班，林农将参加各地点有关树种的培训。项目市根据综合病虫害管理办法和各树种安全使用农药的建议举办培训班。培训要基于推荐的 IMP 的方法及各市各树种农药安全使用措施来进行。

省项目办将根据项目实施情况与各市的实际情况，修改本管理计划。市项目办将基于本管理计划对市级项目培训计划作出安排，并吸收省级、县级主要技术人员的建议，准备培训材料和培训计划。市项目办还要对为县级、乡级技术人员做准备的培训材料和培训计划作出安排。项目县将负责对林农的培训，并示范使用的培训材料。

（1）培训内容

法律和法规的培训包括《中华人民共和国森林法》《中华人民共和国环境保护法》《森林病虫害防治条例》《病虫害防治管理计划》“世界银行行业政策”，根据培训人员水平还会对其内容进行调整。

技术知识培训包括病虫害的识别、生活史、生物学特性、防治技术、病虫害的基本知识、农药管理和安全使用。其深度根据参加培训人员的水平进行调整。

实地操作：为林农进行正确和安全的使用农药的实地示范。

（2）培训组织方式

一般的培训以如下方法进行组织：

①省项目办负责对市级或部分县级技术人员进行培训。

②各市项目办负责举办市级培训班，主要培训对象是县级技术人员；省项目办对市级培训班进行跟踪检查。

③县林业局野生动植物保护站的人员负责举办对乡镇或林场技术人员的培训；市项目办对县级培训班进行跟踪检查。

④乡级技术员采用基础教育资料，进行实地操作示范，为农民和林农举办现场培训，向农民和林农讲解农药的毒性、残效期、使用方法以及防护知识等。对农民和技术人员进行的培训课程应主要在实地和苗圃进行；县项目办对乡镇级培训班进行跟踪检查。

⑤市项目办、县项目办应根据 IPM 的要求和项目地点存在的问题，计划和安排每年的培训。各级的培训安排记录应提供给上一级项目办，以便监测。

附件 2　主要造林树种常见病虫害名录

	中文名称	拉丁文名称
1	赤松毛虫	*Dendrolimus spectabilis*
2	日本松干蚧	*Matsucoccus matsumurae*（Kuwana.）
3	松梢螟	*Dioryctria rubella* Hampson
4	松材线虫病	*Bursaphelenchus xylophilus*（Steiner et Buhrer）
5	松枝枯病	*Cenangium ferruginosum* Fr.
6	黄掌舟蛾	*Phalera assimilis*（Brener et Grey）
7	栎褐舟蛾	*Phalerodonta albibasis*（Chiang）
8	舞毒蛾	*Lymantria dispar*
9	栎粉舟蛾	*Fentonia ocypete* Bremer
10	麻栎褐斑病	*Pestalotiopsis sp.*
11	栎类百粉病	*Uncinula septata* Salm
12	侧柏松毛虫	*Dendrolinus suffscus* Lajonquiere
13	柏毒蛾	*Parocneria furva*（Leech）
14	柏大蚜	*Cinara tujafilina*（del Guercio）
15	柏小爪螨	*Oligonychus perditus* Prichard et Baker
16	双条杉天牛	*Semanotus bifasciatus*（Motschulsky）
17	瘤胸材小蠹	*Xyleborus rubicollis* Eichhoff

	中文名称	拉丁文名称
18	缀叶丛螟	*Locastra muscosalis* Walker
19	黄栌白粉病	*Uncinula verniciferae* P.Henn.
20	黄栌丽木虱	*Calophya rhois*（Loew.）
21	黄栌黄萎病	*Verticillium dahliae* Kleb.
22	黄斑直缘跳甲	*Ophrida xanthospilota*（Baly）
23	楸蠹野螟	*Sinomphisa plagialis*（Wileman）
24	霜天蛾	*Psilogramma menephron*
25	根结线虫病	*Meloidogyne arenarie*（Neal）chitwood
26	黄刺蛾	*Cnidocampa flavescens*（Walker）
27	褐边绿刺蛾	*Latoia consocia*（Walker）
28	扁刺蛾	*Thosea sinensis*
29	香椿蛀斑螟	*Hypsipyla sp.*
30	香椿白粉病	*Ailanthusaltissima（Mill.）Swingle*
31	香椿叶锈病	*Nyssopora cedrelae*（Hori）Franz.
32	云斑天牛	*Batocera horsfieldi*（Hope）
33	美国白蛾	*Hyphantria cunea*（Drury）
34	小木蠹蛾	*Holcocerus insularis* Staudinger
35	咖啡豹蠹蛾	*Zeuzera coffeae* Nietner
36	东方胎球蚧	*Parthenolecanium orientalis* Borchsenius
37	白蜡蚧	*Ericerus pela* Chavannes
38	黄刺蛾	*Cnidocampa flavescens*（Walker）
39	黄缘绿刺蛾	*Latoia consocia* Walker
40	白蜡梢距甲	*Tamnaspis nankinea*（Pic）
41	榆蓝叶甲	*Pyrrhalta aenescens*（Fairmaire）
42	光肩星天牛	*Anoplophora glabripennis*
43	桑天牛	*Apriona germari*
44	大红蛱蝶	*Vanessa indica* Herbst
45	榆绿天蛾	*Callambulyx tatarinovi*（Bremer et Grey）
46	折带黄毒蛾	*Euproctis fiava*（Bremer）
47	褐纹大尺蛾	*Biston robustum* Butler
48	刺槐蓑蛾	*Acanthopsyche nigraplaga* Wileman
49	豆天蛾	*Clanis bilineata tingtauica*
50	大球坚蚧	*Eulecanium gigantea*
51	刺槐绿虎天牛	*Chlorophorus diadema*（Motsch.）
52	刺槐溃疡病	*Fusarium oxysporum* Schlecht.

	中文名称	拉丁文名称
53	刺角天牛	*Trirachys oriertalis*
54	杨柳光叶甲	*Smaragdina aurita hammarstraemi*（Jacobson）
55	杨雪毒蛾	*Stilpnotia candida* Staudinger
56	古毒蛾	*Orgyia antique*（Linnaeus）
57	杨柳小卷蛾	*Gypsonoma minutana* Hubner
58	柳蚜	*Aphis farinosa* Gmelin
59	柳窄吉丁	*Agrilus marcopoli* Obenberger
60	柳树腐烂病	*Valsa sordida*
61	片糠蚧	*Parlatoria pergandi* Comstock
62	栎粉蠹	*Lyctus linearis* Goeze
63	苦楝小卷蛾	*Enarmonia koenigana* Fabricius
64	星天牛	*Anoplophora chinensis*（Forster）
65	苦楝褐斑病	*Cercospora meliae* Ell. et Ev.
66	苦楝丛枝病	MLO
67	锈色粒肩天牛	*Apriona swainsoni*
68	槐尺蠖	*Semiothisa cinerearia*（Bremer et Grey）
69	双齿长蠹	*Sinoxylon japonicum* Lesne
70	槐羽舟蛾	*Pterostoma sinicum* Moore
71	国槐潜叶蛾	*Leucoptereia sp.*
72	短翅芫菁	*Epicauta aptera* Kaszab
73	槐树枝枯病	*Dothiorella ribis* Gross. Et Dugg.
74	槐树白粉病	*Microsphaera robiniae* Tai
75	核桃举肢蛾	*Atrijuglans hetaohei* Yang
76	草履蚧	*Drosicha corpulenta*（Kuwana）
77	木寮尺蠖	*Culcula panterinaria*（Bremer et Grey）
78	绿尾大蚕蛾	*Actias selene ningpoana* Felder
79	核桃美舟蛾	*Uropyia meticulodina*（Oberthür）
80	核桃毒蛾	*Lymantria juglandis*（Chao）
81	核桃细菌性黑斑病	*Xanthomonas campestris pv.* Juglandis（Pierce）Dye
82	核桃枝枯病	*Melanconium oblongum* Berk.
83	核桃腐烂病	*Cytospora juglandicola* Ell. et Barth.
84	核桃炭疽病	*Colletotrichum gloeosporioides* Penz.
85	栗瘿蜂	*Dryocosmus kuriphilus* Yasumatsu
86	栗大蚜	*Lachnus tropicalis*（vander Goot）
87	桃蛀野螟	*Dichocrocis punctiferalis*（Guenée）

	中文名称	拉丁文名称
88	板栗兴透翅蛾	*Synanthedon castanevora* Yang et Wang
89	椴始叶螨	*Eotetranychus tiliarium*（Hermann）
90	长角凿点天牛	*Stromatium longicorne*（Newman）
91	大圆筒象	*Macrocorynus psittacinus* Redtenbacher
92	中国绿刺蛾	*Latoia sinica* Moore
93	板栗腐烂病	*Cytospora sp.*
94	板栗枝枯病	*Cryphonectria parasitica*（Murrill）Barr
95	桃仁蜂	*Eurytoma maslovskii* Nikolskaya
96	梨小食心虫	*Grapholitha molesta* Busck
97	桃红颈天牛	*Aromia bungii*（Faldermann）
98	桃粉大尾蚜	*Hyalopterus pruni* Geoffroy
99	朝鲜毛球蚧	*Didesmococcus koreanus* Borchsenius
100	杏虎象	*Rhynchites faldermanni* Schoenherr
101	杏炭疽病	*Colletotrichum gloeosporioides* Penz.
102	杏褐腐病	*Monilinia laxa*（Aderh. Et Ruhl.）
103	桑白盾蚧	*Pseudaulacaspis pentagona*（TargioniTozzetti）
104	银杏茎腐病	*Macrophomina phaseolina*（Tassi）
105	银杏叶枯病	*Alternaria alternate*（Fr.）Keissl
106	银杏苗木立枯病	*Rhizoctonia solani* Kuhn
107	桃小食心虫	*Carposina niponensis* Walsingham
108	枣飞象	*Scythropus yasumatsui* Kono et Morimoto
109	枣尺蠖	*Sucra jujuba* Chu
110	枣球蜡蚧	*Eulecanium gigantea*（Shinji）
111	桃蛀果蛾	*Carposina niponensis* Walsingham
112	枣奕刺蛾	*Iragoides conjuncta*（Walker）
113	枣星粉蚧	*Heliococcus zizyphi* Borchsenius
114	枣枝蜡天牛	*Ceresium sculpticolle* Gressitt
115	枣桃六点天蛾	*Marumba gaschkewitschi gaschkewitschi*（Bremer et Grey）
116	枣镰翅小卷蛾	*Ancylis*（*Anchylopera*）*sativa* Liu
117	枣疯病	MLO
118	枣锈病	*Ziziphus sp.*
119	茶翅蝽	*Halyomorpha halys*（Stal）
120	梨实蜂	*Hoplocampa pyricola* Rohwer
121	中国梨喀木虱	*Psylla chinensis*（Yang et Li）
122	梨眼天牛	*Bacchisa fortunri*（Thomson）

	中文名称	拉丁文名称
123	梨黄粉蚜	*Aphanostigma jakusuiense*（Kishi da）
124	梨剑纹夜蛾	*Acronicta rumicis* Linnaeus
125	梨黄卷蛾	*Archips breviplicanus* Walsingham
126	梨花象	*Anthonomus pomorus* Linnaeus
127	梨金缘吉丁	*Lampralimbata gebler*
128	梨黑斑病	*Alternaria alternata*（Fr.）Keissler
129	梨锈病	*Gymnosporangium haraeanum* Syd.
130	梨黑星病	*Venturia pyrina* Aderh
131	柿绒蚧	*Eriococcus kaki* Kuwana
132	柿梢鹰夜蛾	*Hypocala moorei* Butler
133	无斑丽金龟	*Popillia mutans* Newman
134	柿举肢蛾	*Stathmopoda massinissa* Meyrick
135	柿垫绵蚧	*Eupulvinaria peregrine* Borchsenius
136	柿细须螨	*Tenuipalpus zhizhilashviliae* Reck
137	二斑黑绒天牛	*Embrik-Strandia bimaculata*（White）
138	棉蚜	*Aphis gossypii* Glover
139	樗蚕	*Philosamia cynthia* Walker et Felder
140	核桃咪小蠹	*Hypothenemus erectus* Leconte
141	玉带凤蝶	*Papilio polytes* Linnaeus
142	花椒褐斑病	*Marssonina zanthoxyla* Lu et Li
143	花椒锈病	*Coleosporium zanthoxyli* Diet. et Syd.
144	马氏粉虱	*Aleuidolobus marlatti*
145	茶用克尺蛾	*Junkowskia athleta* Oberthur
146	茶白毒蛾	*Arcornis alba*（Bremer）
147	茶蓑蛾	*Clania minuscula* Butler
148	卵形短须螨	*Breuipalpus oboyats* Donnadieu
149	小斑红蝽	*Physopelta cincticollis* Stal
150	茶丽纹象	*Myllocerinus aurolineatus* Voss
151	茶云纹叶枯病	*Colletotrichum gloeosporioides* Penz.
152	茶轮斑病	*Pestalotiopsis theae*（Sawada）Stey.
153	桃斑蛾	*Illiberris nigra* Leech
154	桃一点斑叶蝉	*Erythroneura sudra*（Distant）
155	桃白小卷蛾	*Spilonota albicana*（Motsch.）
156	桃剑纹夜蛾	*Acronicta incretata* Hampson
157	桃缩叶病	*Taphrina deformans*（Berk.）Tul.

	中文名称	拉丁文名称
158	桃褐斑穿孔病	*Cercospora cirumscissa* Sacc.
159	紫薇绒蚧	*Eriococcus legerstroemiae* Kuwana
160	斑须蝽	*Dolycoris baccarum*（Linnaeus）
161	棉尖象	*Phytoscaphus gossypii* Chao
162	酸枣隐头叶甲	*Cryptocephalus japanus* Baly
163	人纹污灯蛾	*Spilarctia subcarnea*（Walker）
164	棉铃实夜蛾	*Heliothis armigera* Hubner
165	瓜绢野螟	*Diaphania indica*（Saunders）
166	吹绵蚧	*Icerya purchasi* Maskell
167	斜带吉丁	*Cyphosoma tataricum*（Pall.）
168	皂角幽木虱	*Euphlerus robinae*（Shinzi）
169	日本长白蚧	*Lopholeucaspis jsponica*（Cockerell）
170	苹毛丽金龟	*Proagopertha lucidula* Faldermann
171	紫穗槐豆象	*Acanthoscelides pallidipennis* Motschulsky
172	黑瘤胸叶甲	*Zeugophora nigricollis*（Jacobi）
173	中华豆芫菁	*Epicauta chinensis* Laporte
174	平肩棘缘蝽	*Cletus tenuis* Kiritshenko
175	华北大黑鳃金龟	*Holotrichia oblita* Faldermann
176	波翅青尺蛾	*Thalera chlorosaria* Graeser
177	沙枣尺蠖	*Apocheima cinerarius* Erschoff
178	八字白眉天蛾	*Celerio lineate livornica*（Esper）
179	黄褐天幕毛虫	*Malacosoma neustria* testacea Motsch.
180	黄荆眼天牛	*Astathes episcopalis* Chevroloot
181	短翅大粒象	*Adosomus granulosus* Mannerhein
182	绿金叶甲	*Chrysolina virgata*（Motschulsky）
183	桑褐刺蛾	*Setora postornata*（Hampson）
184	短胸长足象	*Alcidodes trifidus*（Pascoe）
185	斑肩负泥虫	*Lilioceris scapularis*（Baly）
186	金银花尺蛾	*Heterolocha jinyinhuaphaga*
187	金银花白粉病	*Microsphaera linicerae*（DC.）Wint.
188	雪毒蛾	*Stilpnotia salicis*（Linneaus）
189	杨扇舟蛾	*Clostera annachoreta*（Erschoff）

附件 3 主要造林树种病虫害及推荐使用农药清单

树种	病虫害种类	使用的农药种类	农药分级（WHO）
黑松 *Pinus thunbergii* Parl.	松材线虫病 松枝枯病 赤松毛虫 日本松干蚧 松梢螟	甲基托布津 百菌清 1.8%阿维菌素乳油 农梦特 苯氧威 除虫脲 阿维·除虫脲 Bt.† 苦豆碱 灭幼脲†	III III III III III III III III IV III
栎类 *Quercus Linn.*spp.	麻栎褐斑病 栎类白粉病 黄掌舟蛾 栎褐舟蛾 舞毒蛾 栎粉舟蛾 红双线尺蠖	甲基托布津 武夷菌素† 抗菌霉素 120† 代森锰锌 1.8%阿维菌素乳油 辛硫磷 灭幼脲† 白僵菌†	III IV IV III III III III IV
侧柏 *Platycladus orientalis* （L.）Franco	侧柏松毛虫 柏毒蛾 柏大蚜 柏小爪螨 双条杉天牛 瘤胸材小蠹	1.8%阿维菌素乳油 灭幼脲† 马拉硫磷 啶虫脒 白僵菌† Bt.† 绿色威雷 浏阳霉素†	III III III III IV III III IV
黄栌 *Cotinus coggygria* *Scop.* Sap.var.cinerea Engl.	黄栌白粉病 黄栌黄萎病 缀叶丛螟 黄栌丽木虱 黄斑直缘跳甲 黄栌蚜	甲基托布津 抗菌霉素 120† 晶体石硫合剂 1.8%阿维菌素乳油 吡虫啉 啶虫脒 茴蒿素	III IV III III III III III
楸树 *Catalpa bungei*	根结线虫病 楸蠹野螟 霜天蛾	淡紫拟青霉† 棉隆 1.8%阿维菌素乳油 灭幼脲 吡虫啉 二氯异丙醚	IV III III III III III

树种	病虫害种类	使用的农药种类	农药分级（WHO）
毛白杨 *Populus tomentosa* *Carrière*		白僵菌✝	Ⅳ
	白杨透翅蛾	辛硫磷	Ⅲ
	杨扇舟蛾	螨死净	Ⅲ
	春尺蛾	吡虫啉	Ⅲ
	桑天牛	灭幼脲✝	Ⅲ
	青杨天牛	绿色威雷	Ⅲ
	毛白杨瘿螨	青虫菌✝	Ⅳ
		昆虫病原线虫✝	Ⅳ
		甲基托布津	Ⅲ
		多菌灵	Ⅲ
	溃疡病	代森锰锌	Ⅲ
	烂皮病	波尔多液	Ⅲ
		石硫合剂	Ⅲ
		三唑锡	Ⅲ
意杨 *Populus euramevicana* *cv.*'1-214'	光肩星天牛	绿色威雷	Ⅲ
	桑天牛	灭幼脲✝	Ⅲ
	青杨天牛	吡虫啉	Ⅲ
	黄斑天牛	磷胺乳油	Ⅲ
	白杨透翅蛾	白僵菌✝	Ⅳ
	杨扇舟蛾	青虫菌✝	Ⅳ
	杨小舟蛾	昆虫病原线虫✝	Ⅳ
	春尺蛾		
		多菌灵	Ⅲ
	烂皮病	甲基托布津	Ⅲ
	溃疡病	内疗素	Ⅳ
		波尔多液	Ⅲ
香椿 *Toona sinensis* （*A.Juss.*）Roem.	香椿白粉病	百菌清	Ⅲ
	香椿叶锈病	抗菌霉素 120	Ⅳ
		三唑酮	Ⅲ
	黄刺蛾	1.8%阿维菌素乳油	Ⅲ
	褐边绿刺蛾	灭幼脲✝	Ⅲ
	扁刺蛾	抑太保✝	Ⅲ
	香椿蛀斑螟		
白蜡 *Fraxinus chinensis* Roxb.	云斑天牛	1.8%阿维菌素乳油	Ⅲ
	美国白蛾	绿色威雷	Ⅲ
	小木蠹蛾	灭幼脲✝	Ⅲ
	咖啡豹蠹蛾	松脂合剂	Ⅲ
	东方胎球蚧	辛硫磷	Ⅲ
	白蜡蚧	啶虫脒	Ⅲ
	黄刺蛾	斯氏线虫	Ⅳ
	褐边绿刺蛾	Bt.✝	Ⅳ
	白蜡梢距甲	白僵菌✝	Ⅳ
		绿僵菌✝	Ⅳ

树种	病虫害种类	使用的农药种类	农药分级（WHO）
白榆 *Ulmus pumila* Linn.	榆蓝叶甲 光肩星天牛 桑天牛 榆凤蝶 榆绿天蛾	1.8%阿维菌素乳油	Ⅲ
		绿色威雷	Ⅲ
		灭幼脲*	Ⅲ
		辛硫磷	Ⅲ
		啶虫脒	Ⅲ
		斯氏线虫	Ⅳ
		Bt.	Ⅳ
		白僵菌	Ⅳ
		绿僵菌	Ⅳ
刺槐 *Robinia pseudoacacia* Linn.	刺槐溃疡病	甲基托布津	Ⅲ
		多菌灵	Ⅲ
		代森锰锌	Ⅲ
		波尔多液	Ⅲ
		石硫合剂	Ⅲ
		百菌清	Ⅲ
	折带黄毒蛾 尺蛾 大袋蛾	1.8%阿维菌素乳油	Ⅲ
		灭幼脲*	Ⅲ
		辛硫磷	Ⅲ
		啶虫脒	Ⅲ
		甲胺磷	Ⅲ
		白僵菌	Ⅳ
柳树 *Salix matsudana* koidz.	柳树腐烂病	百菌清	Ⅲ
		腐必清	Ⅲ
		菌毒清	Ⅲ
	光肩星天牛 刺角天牛 杨柳光叶甲 杨雪毒蛾 古毒蛾 杨柳小卷蛾 黄刺蛾 黄缘绿刺蛾 柳蚜 柳窄吉丁	1.8%阿维菌素乳油	Ⅲ
		绿色威雷	Ⅲ
		灭幼脲*	Ⅲ
		辛硫磷	Ⅲ
		啶虫脒	Ⅲ
		斯氏线虫	Ⅳ
		Bt.	Ⅳ
		白僵菌*	Ⅳ
		绿僵菌*	
		甲基托布津	Ⅲ
苦楝 *Melia azedarach* Linn.	苦楝褐斑病 苦楝丛枝病	甲基托布津	Ⅲ
		百菌清	Ⅲ
		多氧霉素	Ⅳ
		四环素	Ⅳ
	片糠蚧 栎粉蠹 苦楝小卷蛾	1.8%阿维菌素乳油	Ⅲ
		苦楝油乳剂	Ⅲ
		绿色威雷	Ⅲ
		辛硫磷	Ⅲ

树种	病虫害种类	使用的农药种类	农药分级（WHO）
		甲基托布津	III
	槐树枝枯病	百菌清	III
	槐树白粉病	代森锰锌	III
		三唑酮	III
	锈色粒肩天牛	1.8%阿维菌素乳油	III
国槐 *Sophora japonica* L.	槐尺蠖	辛硫磷	III
	双棘长蠹	丙硫磷	III
	槐羽舟蛾	啶虫脒	III
	国槐潜叶蛾	斯氏线虫	IV
	短翅芫菁	Bt.	IV
		白僵菌	IV
		绿僵菌	IV
	核桃细菌性黑斑病	甲基托布津	III
	核桃枝枯病	代森锌	III
	核桃腐烂病	石硫合剂	III
	核桃炭疽病	波尔多液	III
		土霉素	IV
		腐必清	III
核桃 *Juglans regia* Linn.		菌毒清	III
		炭疽福美	III
		田安水剂	III
	核桃举肢蛾	丙硫磷	III
	云斑天牛	灭幼脲†	III
	草履蚧	绿色威雷	III
		杀灭菊酯	III
		白僵菌	IV
	板栗枝枯病	甲基托布津	III
	板栗腐烂病	百菌清	III
		腐必清	III
		843 康复剂	III
板栗 *Castanea mollissima* BL.		菌毒清	III
	栗瘿蜂	灭幼脲†	III
	栗大蚜	绿色威雷	III
	桃蛀野螟	敌百虫	III
	栗红蜘蛛	杀灭菊酯	III
	板栗兴透翅蛾	吡虫啉	III
杏 *Armeniaca vulgaris* Lam.	杏疔病	石硫合剂	III
	杏炭疽病	波尔多液	III
	杏褐腐病	炭疽福美	III
		田安水剂	III

树种	病虫害种类	使用的农药种类	农药分级（WHO）
杏 *Armeniaca vulgaris* Lam.	桃仁蜂	辛硫磷	Ⅲ
	梨小食心虫	杀灭菊酯	Ⅲ
	桃红颈天牛	马拉硫磷	Ⅲ
	桃粉大尾蚜	性引诱剂	Ⅳ
	朝鲜毛球蚧	昆虫病原线	Ⅳ
	杏虎象		Ⅲ
	桑白蚧		
银杏 *Ginkgo biloba* Linn.	银杏茎腐病	波尔多液	Ⅲ
	银杏苗木立枯病	甲基托布津	Ⅲ
	银杏叶枯病		
	小木蠹蛾	马拉硫磷	Ⅲ
	桑白盾蚧	灭幼脲†	Ⅲ
	大袋蛾	苦楝油乳剂	Ⅲ
	茶褐金龟子		
枣 *Ziziphus jujuba* Mill.	枣疯病	粉锈宁	Ⅲ
	枣锈病	石硫合剂	Ⅲ
		波尔多液	Ⅲ
		盐酸四环素	Ⅳ
		辛硫磷	Ⅲ
	桃小食心虫	灭幼脲†	Ⅲ
	食芽象甲	杀灭菊酯	Ⅲ
	龟甲蜡蚧	马拉硫磷	Ⅲ
	枣瘿蚊	青虫菌（苏云金杆菌）	Ⅳ
		三唑酮	
梨 *Pyrus bretschneider* Rehd.		甲基托布津	Ⅲ
	梨黑星病	退菌特	Ⅲ
	轮纹病	多菌灵	Ⅲ
	梨锈病	霉能灵	Ⅳ
	梨干腐病	多抗霉素†	Ⅲ
	梨褐斑病	速保利	Ⅲ
		石硫合剂	Ⅲ
	桃小食心虫	敌百虫	Ⅲ
	梨小食心虫	辛硫磷	Ⅲ
	茶翅蝽	吡虫啉	Ⅲ
	梨实蜂	杀灭菊酯	Ⅲ
	梨木虱	马拉硫磷	Ⅲ
	梨象甲	一遍净†	Ⅲ

树种	病虫害种类	使用的农药种类	农药分级（WHO）
柿树 *Diospyros kaki* Thunb.	木寮尺蠖	甲基托布津	III
	柿炭疽病	百菌清	III
	柿白粉病	代森锰锌	III
		1.8%阿维菌素乳油	III
	柿绒蚧	辛硫磷	III
	柿蒂虫	绿色威雷	III
	柿梢鹰夜蛾	啶虫脒	III
	舞毒蛾	斯氏线虫	IV
	桃红颈天牛	Bt.	IV
	无斑丽金龟	白僵菌†	IV
		绿僵菌†	IV
花椒 *Zanthoxylum bungeanum* Maxim.	流胶病	退菌特	III
		代森锌	III
	花椒锈病	粉锈宁	III
	花椒枯枝病	石硫合剂	III
		波尔多液	III
	蚜虫	吡虫啉	
君迁子 *Diospyros lotus* Linn.	木寮尺蠖	甲基托布津	III
	炭疽病	百菌清	III
	白粉病	代森锰锌	III
		1.8%阿维菌素乳油	III
	柿绒蚧	辛硫磷	III
	柿蒂虫	啶虫脒	III
	柿梢鹰夜蛾	斯氏线虫	IV
	舞毒蛾	Bt.	IV
	桃红颈天牛	白僵菌†	IV
	无斑丽金龟	绿僵菌†	IV
茶树 *Camellia sinensis* Linn.	茶炭疽病	多菌灵	III
	白星病	百菌清	III
	茶饼病	甲基托布津	III
		退菌特	III
		辛硫磷	III
		杀灭菊酯	III
	尺蛾	马拉硫磷	III
	茶毒蛾	灭幼脲†	III
		一遍净†	III
		抑太保†	IV

树种	病虫害种类	使用的农药种类	农药分级（WHO）
桃 *Amygdalus persica* L.	桃缩叶病 桃褐斑穿孔病 桃小食心虫 桃蛀螟 梨小食心虫 桃蚜 透翅蛾 桑白蚧	甲基托布津 退菌特 石硫合剂 波尔多液 马拉硫磷 灭扫利 白僵菌† Bt.	III III III III III III IV IV
石榴 *Punica granatum* Linn.	石榴干腐病 石榴褐斑病 桃蛀螟 桃小食心虫 龟甲蜡蚧 紫薇绒蚧	多菌灵 代森锰锌 代森锌 石硫合剂 多氧霉素† 马拉硫磷 吡虫啉 灭幼脲† 苦楝油乳剂	III III III III IV III III III III
酸枣 *Ziziphus jujuba var. spinosa*（Bunge）Hu ex H.F. Chow	酸枣疯病 棉尖象 酸枣隐头叶甲 酸枣虎天牛 枣镰翅小卷蛾 黄刺蛾 黄缘绿刺蛾 扁刺蛾	1.8%阿维菌素乳油 绿色威雷 灭幼脲† 辛硫磷 啶虫脒 敌百虫 Bt.† 白僵菌†	III III III III III III IV IV
木槿 *Hibiscus syriacus* Linn.	木槿白粉病 木槿炭疽病 人纹污灯蛾 棉铃突夜蛾 鼎点钻夜蛾 小造桥虫 瓜绢野螟 咖啡豹蠹蛾 棉蚜 中华糠蚧	甲基托布津 百菌清 1.8%阿维菌素乳油 辛硫磷 灭幼脲† 啶虫脒 敌百虫 Bt.†	III III III III III III III IV

树种	病虫害种类	使用的农药种类	农药分级（WHO）
柽柳 *Tamarix chinensis* Lour.	红柳条叶甲	1.8%阿维菌素乳油	III
	蚜虫	苦参绒	III
	斜带吉丁	辛硫磷	III
		吡虫啉	III
		啶虫脒	III
皂荚 *Gleditsia sinensis* Lam.	皂角幽木虱	1.8%阿维菌素乳油	III
	蚜虫	辛硫磷	III
	红蜘蛛	吡虫啉	III
白刺 *Nitraria tangutorum* *Bobr.*	苗立枯病	五氯硝基苯	III
		代森锌	III
		多菌灵	III
	灰斑古毒蛾	1.8%阿维菌素乳油	III
	潜叶蛾	辛硫磷	III
		啶虫脒	III
沙柳 *Salix cheilophila*	柳毒蛾	1.8%阿维菌素乳油	III
		灭幼脲†	III
		辛硫磷	III
杞柳 *Salix integra* Thunb.	东方金龟子	1.8%阿维菌素乳油	III
	苹毛金龟子	扑虱灵	III
		辛硫磷	III
		吡虫啉	III
紫穗槐 *Amorpha fruticosa* Linn.	叶斑病	甲基托布津	III
		百菌清	III
		多氧霉素†	IV
	紫穗槐豆象	1.8%阿维菌素乳油	III
	黑瘤胸叶甲	灭幼脲†	III
	中华豆芫菁	辛硫磷	III
	平肩棘缘蝽	啶虫脒	III
	华北大黑鳃金龟	敌百虫	III
	咖啡豹蠹蛾	Bt.†	IV
	波翅青尺蛾		
沙枣 *Elaeagnus angustifolia* Linn.	土栖吉丁	1.8%阿维菌素乳油	III
	沙枣尺蠖	辛硫磷	III
	杨十斑吉丁	苦楝油乳剂	III
	八字百眉天蛾	啶虫脒	III
	黄褐天幕毛虫	敌百虫	III
	蚧壳虫	Bt.†	IV
	红蜘蛛	白僵菌†	IV
		绿僵菌†	IV

树种	病虫害种类	使用的农药种类	农药分级（WHO）
黄荆 *Vitex negundo* Linn.	重突天牛	1.8%阿维菌素乳油	III
	黄带蓝天牛	辛硫磷	III
	黄荆眼天牛	绿色威雷	III
	瘤胸材小蠹	啶虫脒	III
	短翅大粒象	吡虫啉	III
	绿金叶甲	白僵菌⇧	IV
	棉蚜	绿僵菌⇧	IV
郁李 *Cerasus japonica* （Thunb.）Lois	蚜虫	1.8%阿维菌素乳油	III
	红蜘蛛	啶虫脒	III
		苦楝油乳剂	III
胡枝子 *Lespedeza bicolor* Turcz.	桑褐刺蛾 短胸长足象 黑胸隐头叶甲 斑肩负泥虫 小皱蝽 吹绵蚧	1.8%阿维菌素乳油 辛硫磷 敌百虫	III III III
连翘 *Forsythia suspensa* （Thunb.）Vahl.	矢尖盾蚧	1.8%阿维菌素乳油	III
		苦楝油乳剂	III
		灭幼脲⇧	III
扁担木 *Grewia biloba* G.Don	蚜虫	1.8%阿维菌素乳油	III
	红蜘蛛	啶虫脒	III
		螨死净	III
		茴蒿素⇧	III
		苦楝油乳剂	III
金银花 *Lonicera japonica* Thunb.	金银花白粉病	甲基托布津	III
		三唑酮	III
	咖啡虎脊天牛	1.8%阿维菌素乳油	III
	金银花尺蛾	绿色威雷	III
		灭幼脲⇧	III
		辛硫磷	III

注：①带“⇧”者为生物农药；②如果发生表中所列范围以外的病虫害，或选用表中农药不能有效防治时，还可以增加使用表以外的农药种类，且所使用农药必须符合和遵照中国的政策法规和世界银行的要求。

9.6　监测评估方案

一、概述

（一）监测与评估计划的目的和意义

世界银行贷款“山东生态造林项目”（以下简称 SEAP）是在山东生态脆弱的退化山地和沿海盐碱地营造人工防护林，突出森林生态效益，兼顾社会效益和经济效益，以提供社会公共产品为目的的社会公益活动的营造林项目。因此，为了对项目涉及的因素和产生的效果（包括生态效果、环境效果、社会效果、技术效果、经济效果等）与影响（环境影响和社会影响）进行全面的分析评估，保证项目建设质量和进度，确保项目预期目标顺利实现，并尽可能避免或减少项目的技术、生态、环境、经济和社会的风险，特制定本项目的监测和评估方案。

（二）监测与评估计划的目标

监测与评估计划将达到以下目标：

（1）评估监测记录的数值和数据，判断采取的安全保障措施是否能充分起作用（包括实施期阶段、建设期阶段和运营期阶段），如果没有，指出必要的改进或补充措施，确保项目对自然资源的可持续利用和社会公平。

（2）建立一套监测与评估项目产出和社会经济影响的系统，为动态、实时、远程控制项目提供量化标准，为项目管理层和决策者对项目的控制、调整、管理、决策提供充分而有效的信息。对项目监测中发现的实施“瓶颈”，要及时采取措施，使其尽快消除。

（三）参照或编制依据

（1）以往的经验。

自 1990 年以来，山东省已成功地实施了世界银行贷款“国家造林项目”“森林资源发展和保护项目”以及“林业持续发展项目”。3 个项目都制定了《监测与评估方案》，积累了丰富的监测与评估经验，培训了一批专家，为山东生态造林项目建设奠定了基础。

（2）主要文件。

在编制该项目监测与评估方案时，主要依据包括《世界银行贷款“山东生态造林项目”可行性研究报告》《世界银行贷款“山东生态造林项目”环境影响评价报告》《世界银行贷款“山东生态造林项目”环境保护规程》《世界银行贷款“山东生态造林项目”人工防护林病虫害防治管理计划》《世界银行贷款“山东生态造林项目”社会影响评估报告》《世界银行贷款“山东生态造林项目”投资实效性分析》等。

二、项目监测

监测的主要内容包括项目发展目标、防护林年度进展和造林质量、技术服务和项目管理、财务管理和资金运转、生态环境影响和社会经济影响，其中的重点是对生态环境影响的监测，包括生物多样性、土壤理化性状和盐分、退化山地水源涵养与土壤侵蚀、滨海盐碱地防护林防风效果和森林病虫害的监测。

（一）项目发展目标监测

（1）测定内容。

主要是生态造林模型的开发应用和示范，项目区生态林面积和林木覆被率的提高。

（2）监测指标。

树种多样性、森林覆被率、生态林面积、造林模型应用示范情况等（附表1）。

（3）监测方法。

以小班为单位，由县项目办组织人员进行数据采集。然后乡、县、市逐级进行汇总，最后由市项目办报省项目办，其中，造林实体负责自查，县项目办进行核查，市项目办组织复查，省项目办进行抽查。设项目区和对照（非项目区）。

（4）监测频率。

在项目实施期的第1年（2010年）、第3年（2012年）、第6年（2015年），分前、中、后三个时间段，每2～3年收集1次。

第1年：建立项目发展目标监测进度计划，建立项目发展目标监测数据库，完成第1年基准数据监测，掌握项目区基准数据；

第3年：进行项目中期数据监测和数据库更新，完成中期监测报告，根据监测报告对监测计划进行必要的修改或补充；

第6年：进行项目结束期数据监测和数据库更新，完成结束期项目发展目标监测报告。

（5）监测执行者。

山东省林业科学研究院，山东农业大学，省项目办、市项目办、县项目办。

（6）监测活动产出。

前期、中期、后期3期项目发展目标监测报告，项目发展目标监测数据库。

（二）防护林营建年度进展和造林质量监测

（1）监测内容。

包括各项目单位的年度造林计划和实际完成面积，造林质量，如苗木规格和质量、栽植、幼林抚育管护、森林防火、幼林生长等。

（2）监测指标。

①造林面积：退化山地和滨海盐碱地，其中，滨海盐碱地沿沟渠路防护林用长度表示；

②造林质量：主要包括造林面积核实率（造林核实面积/计划面积）、造林穴合格率、

Ⅰ级苗使用率、造林成活率、保存率；

③幼林生长达标率、幼林抚育和看护；

④森林火灾发生面积和频率（附表 2）。

（3）监测方法。

自项目执行期开始，于每年 3 月底和 9 月底以小班为单位监测收集数据 2 次，直至项目结束。监测的数据可以县级全面检查验收、市级抽查和提款报账表中获得。省项目办每年组织人员对各市项目实施情况进行抽查或全查，以便验证各市上报数据的可靠性。其中：

①合格造林面积：以县级项目承担单位为单元，于造林后 3～6 年分林种开展全面调查或抽样调查，凡符合《世界银行贷款“山东生态造林项目”检查验收办法》（以下简称《项目检查验收办法》）即计为保存面积。《项目检查验收办法》的具体要求为凡造林面积连续成片在 0.067 hm^2 以上的，可按片林统计；乔木林带和灌木林带两行以上（包括两行）、林带宽度在 4 m（灌木 3 m）以上，连续面积在 0.067 hm^2 以上，且灌木林成活率在 85%以上（含 85%）的，可按面积统计。累加所有保存面积，与项目工程造林面积的比值即为保存率。

②造林成活率：指造林后（一个生长季节）成活株数（以栽植穴或播种穴为单位，每穴成活 1 株即计为成活）与造林规划设计密度的比例。通过野外踏查，按照造林模型选择有代表性的地段，设置面积为 20 m×30 m（水平折实面积，每个标准地不少于 50 株）固定标准地，每个类型调查 2～3 块标准地。对于防护林带来说，可采用机械抽样方法抽取 3 个标准行（每个标准行不少于 50 株）。实际调查标准地（行）内的成活效果（完全成活计为 1，树干死亡基部萌发计为 0.5），计算成活株数占造林株数（穴）的百分比。各成活率的计算方法如下：

平均成活率（%）=∑（小班面积×小班成活率）/∑小班面积

小班成活率（%）=∑样地（行）成活率/样地块数

样地（行）成活率（%）=样地（行）成活株（穴）数/样地（行）栽植总株（穴）数×100%

③幼林生长：通过野外踏查，按照造林模型选择有代表性的地段，划分周围边界，设置面积为 20 m×30 m（水平折实面积，每个标准地不少于 50 株）的固定标准地，每个模型调查 2～3 块标准地。对标准地所有树木进行编号，实际测定树高、地径或胸径、冠幅（东西×南北），根据林冠实际面积计算郁闭度。

（4）监测频率。

项目建设期每年 2 次（3 月底和 9 月底）。

第 1～2 年：制订并实施工程进度监测计划，建立工程进度监测数据库，现场检查验收施工进度，进行实际工程进度数据的加工处理和对比分析，提交年度工程施工进度报告；

第 3 年：年度现场检查和验收工程进度，工程进度数据库更新，提交年度工程进度报告，召开项目实施中期工程进度交流讨论会；

第 4～5 年：年度现场检查和验收工程进度，提交年度工程进度报告，工程进度数据库更新；

第 6 年：终期现场检查和验收工程进度，提交年度工程进度报告，工程进度数据库更新，提交项目工程进度监测终结报告，召开项目工程进度交流讨论会。

（5）监测执行者。

省项目办会同项目市以及各县级项目单位，根据《项目检查验收办法》和《造林技术规程》等进行到现场验收、现场核查，形成年度进度报告，并建立工程进度管理模块，定期召开现场会议等。

（6）监测活动产出。

工程进度数据库建立和更新、工程年度进度验收报告、工程进度终结报告。

（三）技术服务和项目管理监测

（1）监测内容。

监测项目内容中技术服务和项目管理的内容主要包括苗圃升级情况，国际国内考察、培训、技术咨询，物资采购管理等。

（2）监测指标。

①升级苗圃的数量、面积及种苗供应能力，苗圃中培育的乡土树种的数量，苗圃管理人员、技术人员数量和技术水平的提高；

②培训人次主要包括出国培训、出国考察、省级培训、市级培训、县乡培训；

③咨询人次主要包括国际咨询、国内咨询；

④物资采购种类和数量（附表 3）。

（3）监测方法。

根据各项计划内容，自项目执行期开始每年底收集 1 次，直至项目结束。监测的数据可从县级全面检查验收、市级抽查和提款报账表中获得。省项目办每年组织人员对各市项目实施情况进行抽查或全查。

（4）监测频率。

项目实施期每年 2 次，分别于 3 月底和 9 月底进行。

（5）监测执行者。

省项目办、市项目办、县项目办。

（6）监测活动产出。

技术支持和项目管理计划调整，技术支持和项目管理年度计划执行报告。

（四）财务管理和资金运转监测

（1）监测内容。

①对各项目单位的资金管理情况、投资到位情况、资金使用情况等进行监测；

②对项目执行期的劳动力、生产资料、产品价格进行监测；

③对项目需要采购的物资设备进行监测。

（2）监测指标。

①世界银行贷款投资额、到位率、周转时间；

②省、市、县、造林单位配套资金投资额和资金到位率（实际/计划）；

③物资采购资金额（附表 4）。

（3）监测方法。

各项目单位办公室在省项目办的协调和指导下，根据《项目财务管理办法》和《物资采购管理办法》，检查财务报表、财务制度规范、年度财务审计报告，并建立财务管理模块。

（4）监测频率。

项目建设期每年 1 次，共 6 次。

第 1～2 年：制定项目财务管理制度，建立项目财务监测模块，中期和年终检查财务报表、财务制度检查、物资采购及其管理，提交年度财务审计，财务管理模块数据库更新；

第 3 年：中期和年终检查财务报表、财务制度检查、物资采购及其管理，提交年度财务审计，财务管理模块数据库更新，召开项目实施中期管理交流会；

第 4～5 年：中期和年终检查财务报表、财务制度检查、物资采购及其管理，提交年度财务审计，财务管理模块数据库更新；

第 6 年：中期和年终检查财务报表、财务制度检查、物资采购及其管理，提交年度财务审计，财务管理模块数据库更新，提交项目财务监测终结报告，召开项目管理交流会。

（5）监测执行者。

省项目办、市项目办、县项目办共同执行。

（6）监测活动产出。

财务管理模块，年度数据更新（数据库），年度财务审计报告。

（五）生态环境影响监测

（1）监测内容。

本项目通过在生态脆弱区营建生态林改善当地的生态条件，其主要产出是环境效益，因此，生态环境影响监测是本项目监测评估的重要内容。项目建设期的一些活动，如林地清理、整地、挖穴、栽植、浇水等，以及营林期间的一些活动，如幼林松土、除草、防治病虫害、防火、间伐等，可能对环境产生一定的影响。监测内容主要包括生物多样性，土壤理化性质［物理结构、养分、水分、盐分（盐碱地）］，退化山地水源涵养、土壤侵蚀，滨海盐碱地防风固沙效果，各造林模型的病虫害种类、危害程度和特点，以及农药的使用情况等。

（2）监测方法。

选择有代表性的新泰市、乳山市、莒县、蒙阴县、沾化县、河口区作为生态环境影响监测区，每个造林模型选择 3 个监测点，每个监测点重复 3 次，设 1 个对照，分别取样进行测定分析。这些地点要进行标记并且固定，每次监测时都要在同一地点进行。

（六）生物多样性调查

（1）监测指标。

乔木树种种类、数量、郁闭度、分布和生长；灌木树种种类、数量、盖度、分布和生长；草本植物种类、数量、盖度、分布和生长；枯枝落叶盖度和裸露地面比率（附表 5）。

（2）监测方法。

通过选择踏查有代表性的地段，每个造林模型至少设置 3 个面积为 10 m×10 m 的固定样方，同时在非项目区类似林分（同一树种、密度和林龄）设置对照，调查乔木树种的种类、数量和生长情况，计算乔木树种的多样性。将固定样方等分为 5 m×5 m 的 4 个小样方，调查每个小样方内的灌木种类、数量和生长情况，计算灌木树种的多样性。固定样方内选择有代表性的地段，设置至少 3 个面积为 1 m×1 m 的小样方，调查其中的草本植物种类、数量和生长情况，计算草本植物的生物多样性。枯枝落叶盖度和裸露地面比率可以随机调查，即在林内随机选取 100 m 距离，每隔 1 m 计量是否有枯枝落叶，有枯枝落叶的点数即为枯枝落叶盖度。裸露地面比率也采用同样的方法。

（3）监测频率。

项目建设期的第 1 年、第 3 年、第 6 年，每年分别进行 1 次，监测时长为 9 天。

（4）监测执行者。

山东省林业科学研究院、山东农业大学、县项目办、造林实体。

（5）监测活动产出。

前期、中期、后期生态环境影响监测报告。

（七）土壤物理结构、土壤养分、水分、全盐（只针对盐碱地）监测

（1）监测指标。

土壤容重、总孔隙度、毛管孔隙度、非毛管孔隙度、毛管最大持水量、土壤饱和含水量、土壤有机物、全氮、全磷、全钾、速效氮、速效磷、速效钾、pH 和全盐（附表 6）。

（2）监测方法。

采用固定标准样地调查与分析方法，取土壤样方进行定点观测和测定分析，做好数据收集，建立土壤物理结构、土壤肥力、水分、盐分监测数据库和土壤监测模块；在有代表性的地段分造林模型选择有代表性的固定标准地 0.1 hm^2，在标准地内埋设专用管子，用 TDR 土壤时域反射仪测定土壤水分。在标准地内挖去土壤剖面，用分层取样测定土壤，用环刀法测定土壤孔隙度，用火焰分光光度法测定土壤矿质营养，用定氮仪法测定土壤含氮量，用丘林法测定有机质含量，用电导法测定含盐量，用土壤筛分析土壤粒径组成。

（3）监测频率。

项目建设期的第 1 年、第 3 年、第 6 年，每年进行 1 次，每次监测时长为 6 d。

第 1 年：制订项目理化性状和土壤肥力监测计划，在不同造林模型中选择固定标准样地，取土样进行土壤物理性状、肥力测定，建立土壤物理性状、肥力和盐分监测模块及数据库，提交年度土壤物理性状、肥力和盐分监测报告；

第 3 年：在不同造林模型中选择固定标准样地，取土样进行土壤物理性状、肥力和盐分测定，提交年度土壤物理性状、肥力和盐分监测报告，数据库更新，召开项目实施中期土壤物理性状、肥力和盐分影响分析交流和讨论会；

第 6 年：在不同造林模型中选择固定标准样地，取土样进行土壤物理性状、肥力和盐分测定，提交年度土壤物理性状、肥力、盐分监测报告和土壤物理性状、肥力、盐分监测终结报告，数据库更新，召开项目实施终期土壤物理性状、肥力和盐分影响分析交流和讨论会。

（4）监测执行者。

山东农业大学、山东省林业科学研究院、县林业局项目办。

（5）监测活动产出。

建立和更新土壤物理性状、肥力和盐分数据库，提交前期、中期、后期土壤肥力和盐分监测报告。

（八）退化山地水源涵养和土壤侵蚀强度监测

（1）监测指标。

降水量，单位降水量土壤侵蚀量和单位降水量地表径流量（附表 7）。

（2）监测方法。

降水量数据来自省/县气象站或者自计雨量计测量。水源涵养和土壤侵蚀强度采用固定样地调查与分析方法，选择有代表性的地段，每个造林模型至少建立 3 个标地，其中，水源涵养标地面积为 20 m×20 m，调查树木生长情况，在标地内取面积为 0.5 m×0.5 m 的样方，以相同或近似立地条件的未造林地为对照；在土壤侵蚀标地面积为 10 m×20 m 的固定径流小区，调查树木生长情况，在径流小区周边开挖 100 cm 的深沟，埋设高强度铝塑板，对接部位用黏胶和铆钉固定，下部出水口建立沉沙池和蓄水池，雨季降雨过程中测定记录降雨进程中的地表径流过程及沉沙过程。在标准地内放置 3～5 个自计雨量桶或集水槽，降雨过程中测定林内降雨（穿透雨、林冠雨）。以相同或近似立地条件的未造林地为对照（设置同样的径流小区），观测和对比林地对水源涵养及土壤侵蚀的效益。

（3）监测频率。

项目建设期的第 1 年、第 3 年、第 6 年，每年进行 1 次，每次在降雨后进行，每次监测时长为 5 d。

第 1 年：制订项目水源涵养和土壤侵蚀监测计划，在不同造林模型中选择固定标准样地进行水源涵养和土壤侵蚀测定，建立水源涵养和土壤侵蚀数据库，提交年度水源涵养和土壤侵蚀监测报告；

第 3 年：继续进行水源涵养和土壤侵蚀测定，水源涵养和土壤侵蚀模块数据库更新，提交年度水源涵养和土壤侵蚀监测报告，召开项目实施中期水源涵养和土壤侵蚀影响的交流和讨论会；

第 6 年：继续进行水源涵养和土壤侵蚀测定，水源涵养和土壤侵蚀模块数据库更新，提交年度水源涵养和土壤侵蚀监测报告，召开项目实施后期水源涵养和土壤侵蚀影响分析交流和讨论总结会。

（4）监测执行者。

山东农业大学、山东省林业科学研究院、县项目办、造林实体。

（5）监测活动产出。

建立和更新水源涵养和土壤侵蚀数据库，提交前期、中期、后期水源涵养和土壤侵蚀监测报告。

（九）滨海盐碱地防护林防风效果监测

（1）监测指标。

风速、风向、空气湿度、林分密度、冠幅、林分生长（附表 8）。

（2）监测方法。

在滨海盐碱地 5 种造林模型中各选择 1 处有代表性的地段，每种模型重复 3 次，分别在林内、距离林分、林带边缘树高 5 倍、10 倍和 15 倍区域、空旷地（对照）6 个地点，于夏季和冬季林木落叶后，利用小型气象测定站分别测定 1 次，同时测量记录造林模型树种、密度、林分结构、林龄、生长量、郁闭度或冠幅等。

（3）监测频率。

项目建设期的第 1 年、第 3 年、第 6 年，每年进行 2 次，每次在夏季和冬季林木落叶后进行。

第 1 年：制订防风固沙监测计划，在不同造林模型中选取固定标地进行防风固沙效果测定，建立防风固沙监测数据库，完成前期防风固沙效果监测报告；

第 3 年：在不同造林模型中选取固定标地进行防风固沙效果测定，更新防风固沙监测数据库，完成中期防风固沙效果监测报告，召开中期防风固沙效果讨论会；

第 6 年：在不同造林模型中选取固定标地进行防风固沙效果测定，更新防风固沙效果数据库，完成后期防风固沙效果监测报告。

（4）监测执行者。

山东省林业科学研究院、山东农业大学、县项目办。

（5）监测产出。

防风固沙效果数据库建立更新，前期、中期、后期防风固沙效果监测报告。

（十）森林病虫害监测

（1）监测指标。

虫害种类、虫株率、病害种类、感病指数、农药种类、使用数量（附表9）。

（2）监测方法。

采用抽样调查和固定标准样地的定点观测的调查与分析方法，每个造林模型分别选择标准地各0.1 hm^2作为固定样地，详见附件2。

①病害的调查：杨树溃疡病、毛白杨锈病、核桃黑斑病、核桃炭疽病、栗干枯病、杏疔病、枣疯病、枣锈病、梨黑星病、梨锈病、梨轮纹病、桃腐烂病、桃缩叶病、石榴干腐病，根据病害的发生规律，一年调查2～3次，分别于每年发病高峰期和9月下旬进行，计算感病指数。

②食叶害虫的调查：应调查的害虫种类有美国白蛾、松毛虫、松干蚧、侧柏毒蛾、小皱蝽、杨扇舟蛾、杨尺蛾、杨小舟蛾、木橑尺蠖、枣尺蠖、枣黏虫、梨星毛虫、桃天蛾、石榴巾夜蛾、舟形毛虫、天幕毛虫等。目标害虫在当地每世代幼虫的发生盛期进行。

③蛀干害虫的调查：光肩星天牛、双条衫天牛、桑粒肩天牛、木蠹蛾、云斑白条天牛、白杨透翅蛾。根据目标害虫幼虫期在当地取食盛期进行。

④发生面积统计：将每次不同种病虫调查获得的资料，依据危害程度分级，Ⅰ～Ⅱ级为轻，Ⅲ级为中，Ⅳ～Ⅴ级为重，分出轻、中、重，再分别统计本地的各病虫害发生面积，将每种病虫调查结果汇总。

（3）监测频率。

项目建设期每年进行1次，每次监测时长为6～9 d，其中，项目建设期的第1年、第3年、第6年形成森林病虫害监测报告。

第1年：制订病虫害监测计划，在不同造林模型中选取固定标地进行病虫害监测，建立病虫害监测数据库，完成前期病虫害监测报告，病虫害监测报告编写提纲见附件3；

第3年：继续进行不同造林模型病虫害监测，更新病虫害监测数据库，完成中期病虫害监测报告，召开中期病虫害监测讨论会；

第6年：继续进行不同造林模型病虫害监测，更新病虫害监测数据库，完成后期病虫害监测报告，召开病虫害监测总结讨论会。

（4）监测执行者。

山东省林业科学研究院、省森防站、县林业局共同进行。

（5）监测产出。

森林病虫害监测数据库建立更新，前期、中期、后期森林病虫害监测报告。

（十一）社会经济影响监测

（1）监测内容。

造林项目对社区、社会经济的影响。

（2）监测指标。

创造就业机会、参与项目单位数量、参与农户数量、农户对项目满意度、人均收入等（附表10）。

（3）监测方法。

采用上门定点访问与问卷调查的形式，项目单位、项目县及省项目办分级进行数据统计，形成监测报告。

（4）监测频率。

项目建设期第1年、第3年、第6年进行调查统计分析，具体时间在每年的最后一个季度（10—12月）进行。

第1年：制订项目社会经济影响监测计划，通过问卷调查或上门访问的形式统计项目参与单位和人员（包括农户）的数量，监测他们的经济收入与生活水平情况，建立社会经济发展影响监测数据库和监测模块，提交项目前期社会经济发展影响监测报告；

第3年：统计项目参与单位和人员（包括农户）的数量，监测他们的经济收入与生活水平情况，更新社会经济发展影响监测数据库和监测模块，提交中期社会经济发展影响监测评估报告，召开项目实施中期社会经济影响分析交流和讨论会；

第6年：统计项目参与单位和人员（包括农户）的数量，监测他们的经济收入与生活水平情况，终期社会经济发展影响模块数据库更新，提交终期社会经济发展影响监测评估报告，召开项目终期社会经济影响分析交流与讨论总结会。

（5）监测执行者。

省项目办、中国农业大学、市县项目办、造林实体。

（6）监测活动产出。

问卷和访谈调查统计，建立或更新数据库，前期、中期、后期社会经济影响分析报告。

三、项目评估

主要对项目、生态环境和社会经济效果进行评估。

（一）项目生态环境影响评估

（1）植物多样性的影响评价：项目实施后，对项目区植被种类分布和丰度的变化及其影响进行评估。

（2）水源涵养和土壤侵蚀影响评估：水源涵养主要评估与地下水有关的内容，项目实施后，包括对地下水储量、地下水径流量、径流溶解物中化学组成、地下水位变化情况及其影响进行评估；土壤侵蚀主要对水土侵蚀类型、面积及分布和侵蚀模数等的变化情况及其影响进行评估。

（3）土壤肥力、水分和含盐量影响评估：项目实施后，对土壤 pH、大量元素、微量元素、水分、盐分的变化监测及其影响进行评估。

（4）森林病虫害发生和预防影响评估：项目实施后，对森林病虫害种类、发生频率、危害面积和危害程度、发生发展规律的影响进行评估。

（二）项目社会经济效果评估

主要是评估生态造林项目实施后，对项目区社会经济（项目区居民就业、收入、生活水平和生活质量等）产生的影响以及效果，并对其进行客观评价。主要包括以下方面：

（1）对所在地区居民的就业情况、经济收入、生活水平和生活质量变化情况进行监测并监测其产生的影响和效果，对其进行客观评价；

（2）对所在地区地方财政收入的变化情况监测，并监测其产生的影响和效果，对其进行客观评价；

（3）对所在地区居民（主要是农户）和乡镇干部的综合文化素质，尤其是林业和生态环境知识的变化情况进行监测，并监测其产生的影响和效果，对其进行客观评价。

四、项目监测与评估的技术方法和联系报告制度

（一）专家论证

组织专家到现场进行调研和考察，检查各项监测内容和指标的监测方法是否科学规范，以了解项目监测技术问题，并提供监测建议，进行指导培训。

（二）建立各级监测台站

为了各子项目监测工作的顺利进行，尤其是野外监测工作，必须建立各级监测台站，以实时收集和反馈监测数据。

（三）监测数据收集与监测数据库的建立

各级项目办应该指定专人负责监测工作的进行，同时确定专人保管或兼管监测数据库的建立和更新，对资料进行登记造册、归档分类和预处理，规范化监测数据。对监测资料建立借阅制度，人员变动应办理交接手续。做到资料完整、分类准确、更新及时、查找方便。

（四）建立监测报告制度

各级监测部门每次监测任务完成后，应于每年 6 月 20 日前和 12 月 20 日前向省项目办提交监测数据和监测报告，省项目办负责分析处理数据，形成项目监测报告，并存入信息数据库中，各专业专家论证组，进行监测结果评价。定期向世界银行和各级有关行政管理部门提交项目监测评价报告，并及时向基层监测单位和项目实施单位反馈信

息、提出建议。各级项目办在遇到突发情况（如重大疫情、火灾）时，要及时上报上一级项目办。

五、项目监测与评估的组织管理

（一）省级

在省项目办建立项目监测支持组，由项目办成员和林业机构专家构成，负责监测计划的制订、监测体系建立、监测任务总体安排、监测技术规程的落实，并向世行定期汇报监测报告。专业监测工作委托专业科研单位完成，科研单位成立专家论证组，对监测内容进行指导、培训和评估。

（二）市/县级

在每个市级项目办/县级项目办建立监测支持组，由项目办和相关部门技术人员组成，职责如下：

（1）在省级监测支持组的指导下编写县级项目监测计划，在县级和市级监测支持组的指导下组织实施监测计划；

（2）在县级和省级监测支持组的指导下，组织林场和乡镇技术人员进行项目监测培训，组织实施监测计划；

（3）负责监测数据的定期收集、处理，定期完成监测进展工作报告并上报省项目监测技术办公室。

六、项目监测人员培训和技术交流

（一）培训方式

（1）理论学习；

（2）技术培训；

（3）内外部学术和技术交流；

（4）出国考察和培训。

（二）培训计划

参见《培训计划》。

七、项目监测与评估的经费预算（略）

附录 1：附表 1～附表 10

附录 2：病虫害（表 2-1～表 2-7）监测数据的采集

附录 3：病虫害监测报告编写提纲

附录1 各项监测内容指标表（附表1～附表10）

附表1 项目发展目标监测评估指标表

________市（县、区）

内容	项目区（项目县）			非项目区（类似地区）		
	基准数据（2010年年底）	中期数据（2012年年底）	项目结束（2015年年底）	基准数据（2010年年底）	中期数据（2012年年底）	项目结束（2015年年底）
1. 森林覆被率/%						
2. 混交林面积/hm^2						
2.1 退化山地						
模型1面积						
模型2面积						
模型3面积						
模型4面积						
模型5面积						
模型6面积						
模型7面积						
模型8面积						
2.2 滨海盐碱地						
模型1面积						
模型2面积						
模型3面积						
模型4面积						
模型5面积						

附表2 生态林营建监测指标表

________市（县、区）

内容	2010年		2011年		2012年		2013年		2014年		2015年	
	计划	实际	计划	实际	计划	实际	计划	实际	计划	实际	计划	实际
1. 造林面积/hm^2												
1.1 退化山地/hm^2												
青石山/hm^2												
砂石山/hm^2												
1.2 滨海盐碱地/hm^2												
盐分含量小于2‰												
盐分含量2‰～3‰												
盐分含量大于3‰												

内容	2010年		2011年		2012年		2013年		2014年		2015年	
	计划	实际	计划	实际	计划	实际	计划	实际	计划	实际	计划	实际
2. 造林质量												
2.1 造林穴合格率（按设计的标准施工）/%												
2.2 Ⅰ级苗使用率/%												
2.3 成活率/%												
2.4 幼林生长												
生态林高生长量/m												
经济林产量/（kg/hm^2）												
2.5 保存率/%												
3. 森林火灾发生频率												

附表3 项目技术支持和项目管理监测指标表

__________市（县、区）

内容	2010年		2011年		2012年		2013年		2014年		2015年	
	计划	实际	计划	实际	计划	实际	计划	实际	计划	实际	计划	实际
1. 苗圃升级												
1.1 苗圃数量/个												
1.2 苗圃面积/hm^2												
1.3 种苗供应能力/株												
裸根苗/株												
容器苗/株												
1.4 苗圃中培育的乡土树种种类												
2. 培训和咨询/人次												
2.1 出国培训												
2.2 出国考察												
2.3 省级培训												
2.4 市级培训												
2.5 县乡培训												
2.6 国际咨询												
2.7 国内咨询												
3. 设备采购												
3.1 汽车												
3.2 办公设备												
3.3 其他												

附表 4 财务管理和资金运转监测指标表

________________市（县、区）

内 容	2010 年		2011 年		2012 年		2013 年		2014 年		2015 年	
	计划	实际	计划	实际	计划	实际	计划	实际	计划	实际	计划	实际
1. 世行贷款												
1.1 投资额/美元												
1.2 到位率/%												
1.3 周转时间/d												
2. 配套资金												
2.1 省级投资额/美元												
省级资金到位率（实际/计划）/%												
2.2 市级投资额/美元												
市级资金到位率（实际/计划）/%												
2.3 县级投资额/美元												
县级资金到位率（实际/计划）/%												
2.4 造林单位投资额/美元												
造林单位资金到位率（实际/计划）/%												
3. 物资采购												
数额/美元												

附表 5 生物多样性监测指标表

________________市（县、区）

内容	项目区（项目县）			非项目区（类似地区）		
	基准数据（2010年年底）	中期数据（2012年年底）	项目结束数据（2015年年底）	基准数据（2010年年底）	中期数据（2012年年底）	项目结束数据（2015年年底）
1. 乔木树种多样性						
1.1 乔木树种种类						
1.2 乔木树种数量						
1.3 乔木树种生长						
1.4 乔木郁闭度/%						
2. 灌木树种多样性						
2.1 灌木树种种类						
2.2 灌木树种数量						
2.3 灌木树种生长						
2.4 灌木盖度/%						
3. 草本植物多样性						
3.1 草本植物种类						
3.2 草本植物数量						
3.3 草本盖度/%						
4. 植物总盖度/%						
5. 枯枝落叶盖度/%						
6. 裸露地面比率/%						

附表 6　土壤物理结构、养分、水分和全盐监测指标表

________________市（县、区）

内容	项目区（项目县）			非项目区（类似地区）		
	基准数据（2010 年年底）	中期数据（2012 年年底）	项目结束数据（2015 年年底）	基准数据（2010 年年底）	中期数据（2012 年年底）	项目结束数据（2015 年年底）
1. 土壤容重/（g/cm^3）						
2. 总孔隙度/%						
3. 毛管孔隙度/%						
4. 非毛管孔隙度/%						
5. 毛管最大持水量						
6. 土壤饱和含水量/%						
7. 土壤有机质/%						
8. 全氮/%						
9. 全磷/%						
10. 全钾/%						
11. 速效氮/%						
12. 速效磷/%						
13. 速效钾/%						
14. pH						
15. 全盐含量/%						

附表 7　退化山地水源涵养和土壤侵蚀强度监测指标表

________________市（县、区）

内容	项目区（项目县）			非项目区（类似地区）		
	基准数据（2010 年年底）	中期数据（2012 年年底）	项目结束数据（2015 年年底）	基准数据（2010 年年底）	中期数据（2012 年年底）	项目结束数据（2015 年年底）
1. 降水量/mm						
2. 单位降水量土壤侵蚀量/[t/（hm^2·mm）]						
3. 单位降水量地表径流量/[t/（hm^2·m）]						

附表 8　滨海盐碱地防护林防风效果监测指标表

________________市（县、区）

内容		基准数据（2010 年年底）	中期数据（2012 年年底）	项目结束数据（2015 年年底）
1. 平均树高/m				
2. 平均胸径/cm				
3. 平均冠幅/m				
4. 林分密度/（株/hm^2）				
5. 空气湿度/%				
6. 风向				
7. 风速/(m/s)	林内			
	5 倍树高处			
	10 倍树高处			
	15 倍树高处			
	空旷地			

附表 9　森林病虫害监测指标表

________市（县、区）

2010 年	2011 年	2012 年	2013 年	2014 年	2015 年

附表 10　社会经济影响监测指标表

________市（县、区）

内　　容	基准数据（2010 年年底）	中期数据（2012 年年底）	结束数据（2015 年年底）
1. 参与单位数量			
2. 参与农户数量/户			
3. 创造就业机会/（d·人）			
4. 农户对项目满意度/%			
5. 人均收入/元			

附录2　病虫害监测数据的采集

1　标准地和标准木的选择

标准地的设置应能代表所调查林地的基本情况，平原每 300～500 亩设一长条状标准地，横穿林地（林缘、林中都要有），选择标准木 20 株左右，机械抽样调查；山区 300 亩左右设一标准地，五点取样，每点选设标准木 3～5 株。

2　主要病虫害的调查和观察方法

2.1　主要病虫害的调查

2.1.1　应调查的病虫害种类

杨树溃疡病、毛白杨锈病、泡桐丛枝病、刺槐溃疡病、核桃黑斑病、核桃炭疽病、栗白粉病、栗干枯病、杏疔病、枣疯病、枣锈病、梨黑星病、梨锈病、梨轮纹病、桃腐烂病、桃缩叶病、石榴干腐病、苹果腐烂病、苹果轮纹病。

2.1.2　调查内容和方法

2.1.2.1　调查次数及时间

根据病虫害的发生规律，一年调查 2～3 次，分别于每年发病高峰期和 9 月下旬进行。

2.1.2.2　调查方法

在有代表性的标准地内选择 20 株标准树，按照表 2-1 的要求调查有关因子，记载发病等级。

2.1.3　资料汇总

将所调查的原始数据使用公式：

$$\frac{\sum(\text{病级株数}\times\text{代表值})}{\text{株数总和}\times\text{发病最重一级代表值}}\times 100\%$$

计算出感病指数，根据感病株数计算病株率，将有关数据汇总填入表 2-2。

2.2　主要食叶害虫的调查

2.2.1　应调查的害虫种类

美国白蛾、松毛虫、松干蚧、侧柏毒蛾、小皱蝽、杨扇舟蛾、杨尺蛾、杨小舟蛾、大袋蛾、无忧花茸毒蛾、木橑尺蠖、枣尺蠖、枣黏虫、梨星毛虫、梨象甲、桃天蛾、石榴巾夜蛾、舟形毛虫、天幕毛虫、苹果枯叶蛾。

2.2.2　危害等级的制定

Ⅰ级：叶片损失率为 0%～10%；Ⅱ级：叶片损失率为 11%～30%；Ⅲ级：叶片损失率为 31%～60%；Ⅳ级：叶损失率为 61%～80%；Ⅴ级：叶片损失率大于 81%。

2.2.3　调查时间

因虫种而异，于目标害虫在当地每世代幼虫的发生盛期进行。

2.2.4　调查方案

在每块标准地内，随机抽取 20 株标准树，按不同方位选取 3～4 个代表性的标准枝，每标准枝抽取 20 枚叶片，结果计入表 2-3。

2.2.5　资料汇总

根据调查的数据，按表 2-4 要求汇总填写。

2.3　主要蛀干害虫的调查

2.3.1　应调查的害虫种类

光肩星天牛、双条衫天牛、桑粒肩天牛、木蠹蛾、云斑白条天牛、桃红颈天牛、白杨透翅蛾。

2.3.2　危害等级的制定

Ⅰ级：主干受害率为 0；Ⅱ级：主干受害率小于 0.5%；Ⅲ级：主干受害率为 0.6%～1.5%；Ⅳ级：主干受害率为 1.6%～5%；Ⅴ级：主干受害率大于 6%。

2.3.3　调查时间

根据目标害虫幼虫期在当地取食盛期进行。

2.3.4　调查方法

在每块标准地内随机抽取 20 株标准树，全株调查目标害虫蛀入孔数，有新鲜粪便（木屑）排出者，记为 1 头幼虫，结果计入表 2-5。

2.3.5　资料汇总

根据调查数据按表 2-6 要求汇总填写。

3　发生面积统计

将每次不同种病虫调查获得的资料，依据危害程度分级按Ⅰ～Ⅱ级为轻，Ⅲ级为中，Ⅳ～Ⅴ级为重，分出轻、中、重，再分别统计本地的各病虫发生面积，将每种病虫调查结果汇总于表 2-7 中。

表 2-1 ____________病发病情况统计表

县______乡（林场）____林地号：____样地面积：____代表面积：____树龄：____
胸径：______郁闭度：_____　　调查人：_____调查日期：____________

树号	被害等级					备注
	Ⅰ	Ⅱ	Ⅲ	Ⅳ	Ⅴ	
1						
2						
3						
4						
5						

树号	被害等级					备注
	Ⅰ	Ⅱ	Ⅲ	Ⅳ	Ⅴ	
6						
7						
8						
9						
10						
11						
12						
13						
14						
15						
16						
17						
18						
19						
20						
病株率：			感病指数：			

表 2-2 ＿＿＿＿＿病发病情况汇总表

时间	地点	代表面积	郁闭度	年龄	胸径	株数	各级发病率					感病指数	病株率
							Ⅰ	Ⅱ	Ⅲ	Ⅳ	Ⅴ		
合计													
平均													

表 2-3　食叶害虫虫口密度调查表

调查虫种：　　寄主：　　发生世代：　　____县____乡____林地号
调查面积：　　代表面积：　　调查日期：　　调查人：

株号	调查叶数	幼虫头数	虫口密度/（头/百叶）
1			
2			
3			
4			
5			
6			
7			
8			
9			
10			
11			
12			
13			
14			
15			
16			
17			
18			
19			
20			
合计			

表 2-4　食叶害虫发生危害情况调查汇总表

日期	调查地点	样地面积	调查株数/叶片数	发生世代	幼虫（卵）总数	虫口密度/（头/百叶）	虫株率/%	代表面积
合计								
平均								

表 2-5　蛀干害虫虫口密度调查表

调查虫种：　　寄主：　　________县_____乡_____林地号

调查面积：　　代表面积：　　调查人：　　调查日期：

株号		幼虫数	株号		幼虫数
1			11		
2			12		
3			13		
4			14		
5			15		
6			16		
7			17		
8			18		
9			19		
10			20		
合计			合计		
平均			平均		

表 2-6　蛀干害虫危害情况调查汇总表

日期	调查地点	调查面积	株数	活虫数量	虫口密度/（头/株）	代表面积

表 2-7　_______病（虫）发生面积调查统计表　　面积：hm^2

调查地点	调查面积				代表面积				寄主总面积
	无发生	轻	中	重	合计	轻	中	重	

附录3　病虫害监测报告编写提纲

1. 监测点基本情况

包括监测点位置（坐标：纬度、经度）、名称、植被、主要树种、混交方式及比例、地形、地貌、年均降水量、极端温度、年均温度等。

2. 调查与监测方法

包括标准地的设置、踏查路线、不同病虫害的调查时间、不同虫态或不同发病时期的调查时间等数据的收集方法。

3. 病虫害发生及防治情况

（1）病虫害发生：分别汇总各个监测点主要病害、主要食叶害虫、主要蛀干害虫的实际发生情况，填写相关表格，同时还要记述偶发病虫害的发生危害情况。

（2）防治情况：针对灾情，采取了哪些防治措施。要分别详述化学防治的面积、农药的品种、数量，人工防治的具体方法和面积，生物防治的具体方法和面积。

4. 调查结果分析

包括病虫害发生的原因，特别是成灾的原因。同时还要说明造成偶发性害虫大发生的直接或间接原因。通过调查和观测对病虫害的发生成因有什么启发。

5. 建议

包括对调查和观测方法、防治措施的改进意见。

附录4 山东生态造林项目造林检查验收办法

第一章 总 则

第一条 “山东生态造林项目”(以下简称 SEAP) 发展目标旨在环境脆弱地区示范有效的造林模型，支持山东省的生态造林项目。具体目标为在退化山地植被恢复区通过营造生态防护林，减少中部山区和丘陵区的退化土地的水土流失，提高林地蓄水保土能力，改善区域生态环境；在滨海盐碱地改良区通过营造生态防护林，减轻风灾风害及盐碱危害，改善鲁北黄河冲积地区滨海盐碱地的生态脆弱现状；加强对参与项目农户和社区的技术支持及对林业资源管理能力建设，提高了公众及政府相关部门保护生态公益林的意识和管理能力。

第二条 为了执行 SEAP 的各项造林技术规程与规定（造林模型、混交方式、混交比例等），以及国家、地方的有关营、造林技术标准，确保项目造林能按照项目“施工设计”进行，达到预定的数量和质量标准，实现项目可行性研究中确定的生态效益、社会效益和经济效益目标，特制定“山东生态造林项目”造林检查验收办法。

第三条 本办法适用于省级、市级、县级对各类造林实体的项目造林进行抽样（或者全面）检查验收。

第二章 检查验收的内容

第四条 内容包括施工设计文件、造林模型和面积、整理方式及规格、种源和苗木质量、栽植质量、混交方式及比例、造林成活率（或保存率）、生长量（含树高、胸径或地径和冠幅）、环境保护措施、抚育质量及档案资料。

第三章 检查验收的标准和方法

第五条 造林技术模型的标准。造林技术模型是在总结国内外先进造林技术的基础上，借鉴以往的科研经验和实际造林的经验，经过多方论证建立的。每个造林模型具有良好的保土、蓄水、防风、保护农田等效果。其中，退化山地造林技术模型为 8 个，滨海盐碱地造林技术模型为 5 个，共 13 个。

第六条 样方的设置和样方数量的确定。各项被检内容（“施工设计”文件、“造林面积”以及“混交方式与比例”除外）的检查验收，均采用在抽取小班内设置样方和抽取样本的方法进行。

样方面积和样本的确定。每一个样方按 0.01 hm^2 面积随机设置。方法为检查人员手持一根长 5.65 m 的绳，在小班内随机投掷，以绳的一端为圆心，以绳长为半径画圆（圆的面积为 0.01 hm^2），该圆即为样方，圆内的林木即可作为样本。

样方数量的确定，根据小班的大小确定样方的个数。具体按照表 1 样方设置和数量标准进行。

表 1　样方设置标准和数量

小班面积/hm^2	初植密度/（株/hm^2）	样方数量/个
小班面积≤2	任何初植密度	2
2＜小班面积≤5	初植密度≤1 200	4
	初植密度＞1 200	3
5＜小班面积≤10	初植密度≤1 200	5
	初植密度＞1 200	4
小班面积＞10	任何初植密度	6

第七条　施工设计文件的检查。按照县级项目“造林总体设计”和“施工设计工作方法”，检查“施工设计”文件是否符合质量要求，并在现场重点核对立地指数的确定、树种选择及造林类型（造林技术模型）的应用、环保措施的设计正确与否三个因子，在此基础上，评出“施工设计”文件合格与不合格两个档次。

第八条　小班面积的检查。

（1）面积核实。根据“施工设计”图（或施工竣工图）在现场对照检查，在核对小班边界的基础上，重新计算面积。按照下列情况确定小班面积：①–5%≤误差率≤5%，则以上报面积（或竣工面积）为准；②误差率＞5%或误差率＜–5%，则以实测面积为准。

（2）造林技术模型的运用。在小班面积核查的同时，还要依据项目建立的各种造林技术模型，结合当地的立地类型和区位条件，逐小班进行核查。符合退化山地或盐碱地造林技术模型规定要求的造林面积为合格面积，否则为不合格面积。

$$\text{误差率（\%）}=\frac{\text{上报面积（或竣工面积）}-\text{核对面积}}{\text{上报面积（或竣工面积）}}\times 100\%$$

第九条　混交方式及比例。按照造林技术模型规定的混交方式和混交比例造林，增加多种混交方式和造林树种，保证项目造林为多类型、多树种、多方式的混交林，提高保土、蓄水、防风能力。

退化山地植被恢复区：每个造林小班面积不大于 20 hm^2；单一树种的造林面积，除模型 1、模型 5 外，其他所有（6 个）造林模型中，单一树种的造林面积要小于 2 hm^2；用来划分单一树种的隔离带至少要有 3 行或 10 m 宽。混交模型中优势树种数量不能超过总株数的 70%。

滨海盐碱地改良区：每个造林小班面积不大于 35 hm^2；模型 1～模型 3 带状混交比例不小于 75%；林带宽度小于 70 m，林带混交树种至少有 3 个（模型 4 除外）。

达到或符合上述规定要求的为合格，否则为不合格。

第十条　整地方式及规格的检查。

（1）整地方式。穴状、鱼鳞坑及带状整地。一般在造林前一个季节，雨季前或秋冬季。但在易造成水土流失地段，应随整地随造林。

（2）整地规格。整地措施本着既要为幼林创造良好的小环境，又要减少破土面的原则进行。主要依据造林地地形、地势、植被、土壤、造林树种等情况确定整地规格。详见表 2。

滨海盐碱改良区：采用穴状整地，规格为宽径为 0.5～0.6 m，深为 0.5 m 左右。重盐碱地带，采取提前修筑植树高台，经过 1～2 个雨季淋盐，沉实后再造林的整地措施。轻中度盐碱地采取穴底铺设隔盐层、栽后树穴上口覆膜覆草等措施减轻盐碱危害。

退化山地植被恢复区：在山地陡坡及山顶土壤比较瘠薄的地片，采用小穴状整地，规格为宽径为 0.3 m，深为 0.3 m，为防止水土流失，可随整地随造林。

在比较平缓的山坡或坡度为 15°以下的区域，中厚层土山坡、沟底及平缓的山顶，可采用穴状整地，规格为宽径为 0.5 m，深为 0.3～0.5 m。

山区穴状整地要沿山坡等高线成行，上下呈“品”字形排列，无论采取何种整地方式都要以尽量缩小破土面，减少水土流失为宜。要注意捡净石块、树根等杂物，垒实外堰，穴面要达到外高里低，以保持水土。同时还要因地形、地势及造林密度等，灵活掌握其整地方式、方法及规格。

表 2　主要树种整地规格

治理模型		主栽树种	整地方式	规格/m
滨海盐碱地	1	刺槐、黑杨类、柳树、臭椿、白蜡、榆树	穴（带）状	穴径 0.6　深 0.5
	2	黑杨类、桃、杏、梨、枣、香椿	穴（带）状	穴径 0.6　深 0.5
	3	榆树、臭椿、白蜡、苦楝、柳树	穴（带）状	穴径 0.6　深 0.5
	4	白蜡、柽柳	穴（带）状	穴径 0.6　深 0.5
	5	刺槐、黑杨类、柳树、榆树、臭椿、白蜡、苦楝、国槐	穴（带）状	穴径 0.5　深 0.5
退化山地	1	侧柏	穴状、鱼鳞坑	穴径 0.3　深 0.3
	2	侧柏	穴状、鱼鳞坑	穴径 0.5　深 0.3
	3	侧柏、刺槐、黄栌	穴状、鱼鳞坑	穴径 0.5　深 0.4
	4	黑杨类、核桃、柿树、桃、梨、杏、枣、石榴	穴状	防护树种：穴径 0.5　深 0.4 经济树种：穴径 0.6　深 0.5
	5	黑松	穴状、鱼鳞坑	穴径 0.5　深 0.3
	6	黑松、刺槐、栎类	穴状、鱼鳞坑	径 0.5　深 0.3
	7	黑杨类、板栗、核桃、柿树、桃、梨、杏、枣、石榴	穴状	防护树种：穴径 0.5　深 0.5 经济树种：穴径 0.5　深 0.5
	8	茶树、黑松、银杏	穴（带）状、鱼鳞坑	茶宽 0.8　深 0.5，其他穴径 0.5　深 0.5

达到或符合上述整地方式和规格要求的为合格，否则为不合格。

第十一条　种苗质量的检查。依据项目颁发的“主要树种种源区”“主要造林树种Ⅰ级苗木标准”进行检查。

种源。采用询问和验看“优良种子（穗条）调拨单”，检查育苗用种是否符合“主要树种种源区”的规定（未包括的树种，按国家或地方标准评定），符合规定的为合格，否则为不合格。

Ⅰ级苗使用率。采取在样方中抽取样本，掘苗检查苗高、地径两项指标，上述两项指标均达到标准的为合格，反之为不合格。抽样的具体方法为以在样方中心的上下、左右随机抽取占样方总株数的 40%以上的幼树作为样本。以小班为单位，计算Ⅰ级苗使用率，公式为：

$$\text{Ⅰ级苗使用率（\%）}=\frac{\text{所有样方中达到Ⅰ级苗标准的样本之和}}{\text{相应的样本总个数}}\times 100$$

Ⅰ级苗使用率大于 95%的为达标小班，介于 90%～95%的为合格小班，小于 90%的为不合格小班。

第十二条　栽植质量的检查。检查内容主要包括三个方面：一是栽植的松紧度；二是苗木栽植深度情况；三是幼树是否与地面垂直。检查的方法为：①栽植的松紧度。以样方中所有幼树为样本，逐株用手适力提拉，提不出为合格。一般情况下，以提拉靠近顶芽的 2～3 片叶，提断叶片而幼树不出土者为栽植合格。②栽植的深度情况。在检查栽植深度时，主要是看栽植深度是否符合作业设计的要求，并看是否影响苗木的生长，如果栽植过深且影响幼林生长为不合格，特别要注意的是，生态经济林如果将嫁接口埋于地下则为不合格。③幼树是否与地面垂直。如果垂直为合格，如果不垂直则为不合格。以小班为单位计算栽植合格率，公式为

$$\begin{aligned}\text{栽植合格率}=&\frac{\text{所有样方中栽植松紧合格的样本之和}}{\text{相应的样本总数}}\times 30\%+\\&\frac{\text{所有样方中栽植深度符合要求样本之和}}{\text{相应的样本总数}}\times 30\%+\\&\frac{\text{所有样方中幼树与地面垂直的株数}}{\text{相应的样本总数}}\times 40\%\end{aligned}$$

栽植质量合格率大于等于 95%的为达标小班，介于 90%～95%的为合格小班，小于 90%的为不合格小班。

第十三条　造林成活率（保存率）的检查。以样方内所有幼树为样本，逐株检查（完全成活计为 1、树干死亡基部萌发计为 0.5），记录成活株数。以小班为单位，计算成活率，公式为

$$\text{造林成活率（保存率\%）}=\frac{\text{所有样方中成活（保存）的样本之和}}{\text{相应的样本总数}}\times 100\%$$

造林成活率（保存率）大于等于 85%的为达标小班；介于 60%～84%的为合格小班，但必须进行补植，使其达到 85%以上；小于 60%的为不合格小班。

第十四条　树木生长量的检查。依据本“细则”林木生长量达标标准（表 3～表 5），以样方中所有幼树为样本，逐株测量树高、胸径（地径）及冠幅。以小班为单位，计算生长量，公式为

$$\text{平均高生长量（径、冠幅）与标准之比率（\%）} = \frac{\text{样本高生长量（径、冠幅）总和 / 样本总个数}}{\text{当年（径、冠幅）标准生长量}} \times 100\%$$

平均高（径、冠幅）生长量与标准之比大于等于 90%的为达标小班，介于 80%～90%的为合格小班，小于 80%的为不合格小班。

表 3　各造林模型针、阔树种各年龄阶段树高标准年生长量　　单位：cm

模型	树种类型	幼树年龄						
		1 年龄	2 年龄	3 年龄	4 年龄	5 年龄	6 年龄	备注
S-1、S-5、Y-4	针叶树种	0～5	5～10	10～20	10～20	10～20	10～20	干旱年份取中下限，正常年份取中上限
	阔叶树种	0～10	10～20	20～40	20～40	20～40	20～40	
S-2、S-3、S-6、Y-3	针叶树种	0～10	10～15	15～30	15～30	15～30	15～30	
	阔叶树种	0～15	10～30	20～40	20～40	20～40	20～40	
S-4、S-7、Y-1、Y-2、Y-5	阔叶树种	0～20	10～30	20～50	20～50	20～50	20～50	
S-8	茶树（播）	5～10	10～20	10～20	10～30	10～30	10～30	不采摘
	茶树（栽）	0～10	10～20	10～30	10～30	10～30	10～30	

注：S-1 表示退化山地模型 1，S-2～S-8 依次类推；Y-1 表示滨海盐碱地模型 1，Y-2～Y-5 依次类推（下同）。

表 4　各造林模型针、阔树种各年龄阶段胸径（地径）标准年生长量　　单位：mm

模型	树种类型	幼树年龄						
		1 年龄	2 年龄	3 年龄	4 年龄	5 年龄	6 年龄	备注
S-1、S-5、Y-4	针叶树种	0～0.1	0.1～0.5	0.1～0.5	0.1～1.0	0.1～1.0	0.1～1.0	干旱年份取中下限，正常年份取中上限
	阔叶树种	0～0.5	0.2～1.0	0.2～2.0	2.0～5.0	2.0～5.0	2.0～5.0	
S-2、S-3、S-6、Y-3	针叶树种	0～1.0	0.2～2.0	0.5～4.0	1.0～4.0	1.0～4.0	1.0～4.0	
	阔叶树种	0～2.0	1.0～5.0	1.0～5.0	2.0～5.0	2.0～5.0	2.0～5.0	
S-4、S-7、Y-1、Y-2、Y-5	阔叶树种	1.0～10.0	2.0～10.0	2.0～20.0	2.0～20.0	2.0～20.0	2.0～20.0	
S-8	茶树（播）	1.0～5.0	1.0～5.0	1.0～5.0	1.0～5.0	1.0～5.0	1.0～5.0	不采摘、当年新梢
	茶树（栽）	1.0～5.0	1.0～5.0	1.0～5.0	1.0～5.0	1.0～5.0	1.0～5.0	

表 5 各造林模型针、阔树种各年龄阶段冠幅标准年生长量 单位：cm

模型	树种类型	幼树年龄						
		1 年龄	2 年龄	3 年龄	4 年龄	5 年龄	6 年龄	备注
S-1、S-5、Y-4	针叶树种	0～10	0～20	0～20	0～20	0～20	0～20	干旱年份取中下限，正常年份取中上限
	阔叶树种	0～10	5～20	5～30	5～50	5～50	5～50	
S-2、S-3、S-6、Y-3	针叶树种	0～10	5～20	5～20	10～40	10～40	10～40	
	阔叶树种	0～20	20～50	20～50	20～50	20～50	20～50	
S-4、S-7、Y-1、Y-2、Y-5	阔叶树种	10～50	20～100	20～100	20～100	20～100	20～100	
S-8	茶树（播）	0～5	10～20	10～20	10～20	10～20	10～20	不采摘、当年新梢
	茶树（栽）	0～5	10～20	10～20	10～20	10～20	10～20	

第十五条 幼树病虫害发生情况检查。以样方中所有幼树为样本，逐株检查病虫发生株数，并以小班为单位计算病虫害发生率，公式为

$$\text{幼树感病指数}=\frac{\sum(\text{病级株数}\times\text{代表值})}{\text{株数总和}\times\text{发病最重一级代表值}}\times 100\%$$

$$\text{幼树虫害受害率（\%）}=\frac{\text{所有样方中的病虫株数之和}}{\text{相应的样本总数}}\times 100\%$$

幼树感病指数小于等于 5%的为达标小班，介于 5%～10%的为合格小班，大于等于 10%的为不合格小班；食叶害虫发生率小于等于 5%的为达标小班，介于 5%～10%的为合格小班，大于等于 10%的为不合格小班；蛀干害虫发生率等于 0 的为达标小班，介于 0～0.5%的为合格小班，大于 0.5%的为不合格小班。

第十六条 环境保护措施的检查（仅适于坡度≥5°的造林地）。按照“施工设计”（或项目环境保护规程）的规定，以小班为单位，对照检查原生植被保留情况、沿等高线整地情况、病虫害发生情况；以样方为单位，对照检查栽植穴“品”字形布置情况。

$$\text{环保措施合格率（\%）}=\frac{\text{所有样方中实有“品”字形之和}}{\text{所有样方中应有的“品”字形总数}}\times 60+X$$

（注：$0\leqslant X\leqslant 40$，具体值以检查人员根据原生植被保留情况和沿等高线整地准确度而定。）

环保措施合格率大于等于 95%的为达标小班，介于 85%～95%的为合格小班，小于 85%的为不合格小班。

第十七条 幼林抚育检查。根据“施工设计”的要求，以样方内所有幼树为样本，重点对松土深度、除萌情况、除杂草、追肥和幼树伤损情况等进行检查，随检查随记录。

以小班为单位，对抚育质量作出评价，只有对“施工设计”文件中规定的所有抚育

内容进行了施工，并达到了质量要求的，才能评定为合格，否则为不合格。

第十八条　档案资料检查。造林单位及县级项目主管部门要妥善保存每年造营林情况档案资料，省、市级项目主管部门将不定期抽查资源档案建设情况。

第四章　检查验收的步骤及其成果

第十九条　项目造林检查验收按层次分为三级：

——由造林实体（包括国有林场、村集体场和个体农户）以小班为单位，按照“施工设计”和施工的各种工序进行自检，将结果上报县级项目管理机构。

——县级项目管理机构在造林实体自检的基础上，按照本办法对小班进行检查，并填写检查验收单，以县为单位将检查验收结果上报省、市级项目管理机构。

——省、市级项目管理机构在县级检查验收的基础上，按照本办法联合进行抽查或全查，抽查的数量不得少于县级上报面积的 10%（或者小班数的 10%）。

第二十条　项目造林检查验收按造林时段，以新造林为例分为四次：

第一次为栽植后的检查验收，内容包括施工设计文件、种源和苗木质量、适宜的造林模型、造林面积、造林密度、混交方式、混交比例、整地质量、环境保护措施实施情况、栽植质量、造林成活率。

第二次为造林当年的年终检查验收，内容包括第一年抚育质量、保存率、生长量（含树高）。同时列入省年度造林实绩核查的重要内容。

第三次为造林后各年（不含造林当年的抚育）报账的幼林抚育检查验收，内容包括松土深度、除萌情况、除杂情况、施肥情况、修枝情况和幼树伤损情况。

第四次为项目造林全部结束后，对所有造林（施工）成效的总体摸底调查，内容包括保存率、生长量（含树高、胸径或地径、冠幅）。

第二十一条　县级项目管理机构在每一次报账前，都必须对报账所涉及的工程内容进行检查验收，并按照本办法第五章所列的“检查验收报告提纲”要求，写出检查验收报告，上报市级项目办；市级汇总上报省级项目办，作为报账的一个重要材料。

第二十二条　各级项目单位都应根据每次检查验收的成果，建立本级的项目资源档案，作为信息系统的数据来源。

第五章　检查验收报告提纲

第二十三条　县级造林检查验收报告提纲。

1．检查验收工作概况

1.1　检查验收范围。主要概述检查验收的内容和被检对象（包括乡镇名和造林实体数量），以及检查验收的组织形式和人员组成情况。

1.2　检查情况。主要分造林技术模型（模型 1～模型 13）概述检查面积、小班和造林实体，并将有关检查的情况填入表 6 和表 7。

表 6　分乡镇（国营场圃）检查情况汇总表

	面积	检查	情况	小班	检查	情况
乡镇（场圃）名	上报面积/hm^2	核查面积/hm^2	核实比/%	上报数量/个	核查数量/个	核实比/%
……						
合计						

表 7　分模型检查情况汇总表

	面积	检查	情况	小班	检查	情况
模型	上报面积/hm^2	核查面积/hm^2	核实比/%	上报数量/个	核查数量/个	核实比/%
模型 1						
……						
合计						

1.3　检查验收依据和方法。

1.4　检查验收工作质量。

重点评价外业、内业的工作质量。

2．检查验收结果

2.1　“施工设计”文件及与之有关的档案材料。

简述“施工设计”文件的质量及有关小班档案材料检查情况。

2.2　造林面积。

简要描述分造林技术模型新造林面积的核实情况，主要列出两个数据：以小班为单位，误差率≤5%或误差率≥–5%的面积；误差率＞5%或误差率＜–5%的面积。核查的面积及核实率。

2.3　良种（优良穗条）使用情况。

良种（优良穗条）合格总的描述，其中列出哪些树种、哪些乡镇（场圃）不合格。

2.4　Ⅰ级苗使用情况。

2.5　栽植质量情况。

2.6　造林成活率。

2.7　生长量情况。

2.8　幼树病虫害受害情况。

2.9　环保措施合格情况。

2.10 幼林抚育情况、较全面的文字描述。

3．问题及建议

包括项目实施和管理中存在的各种问题和造林单位的情况反映，以及对这些问题和反映拟采取的解决办法。

四、附表的填写

表 8 是以乡镇（或国营场圃）为单位的造林模型检查验收结果汇总表；表 9 是以县为单位的模型造林情况信息统计表；表 10 是项目县级造林检查验收结果汇总表。3 个表格中的数据将反映项目的造林成果。因此，各项目检查验收单位，必须在检查的基础上认真如实填写。

表 8 ××县新造林分乡镇（国营场圃）分模型检查验收结果汇总表

乡镇（场圃）名	模型	面积核实率	*良种使用情况	Ⅰ级苗使用率	栽植合格率	环保措施合格率	造林成活率	平均高生长量与标准之比率	平均径生长量与标准之比率	幼树病虫害受害率	混交方式及比例
	合计										
	模型 1										
	模型 2										
	模型 3										
	……										
……	……										

注：*填写“合格”或“不合格”。

表 9 ××县分模型造林情况信息统计表

模型	计划面积	报账面积	完成面积	面积核实率	造林成活率	环保合格率	幼树病虫害受害率	平均高生长量与标准之比率	平均径生长量与标准之比率	栽植合格率	平均Ⅰ级苗使用率	混交方式及比例
1												
2												
3												
4												
……												

表 10　××县检查验收结果汇总表

模型	面积核实率	*良种使用情况	Ⅰ级苗使用率	栽植合格率	环保措施合格率	造林成活率	平均高生长量与标准之比率	平均径生长量与标准之比率	幼树病虫害受害率	混交方式及比例
合计										
模型 1										
模型 2										
模型 3										
……										

注：*填写“合格”或“不合格”。

第六章　附 则

第二十四条　市、县级项目办要加强对检查验收工作的领导，做好检查验收人员的思想教育工作和技术培训工作。检查验收人员要对工作认真负责，实事求是，严格按照本办法和有关规定执行。

第二十五条　检查验收结果是各级项目单位进行报账和评定项目实施先进单位、奖惩技术人员的重要依据。经山东省世界银行贷款项目联合办公室研究决定，凡经过检查验收后，证明在项目实施中取得了显著成绩的单位和个人，每年都给予表彰奖励；对违反技术规定、不按批准的设计文件施工或施工设计不合格，造成损失的，不能予以报账，并要追究相关人员的责任。

第二十六条　本办法自印发之日起执行，其解释权为省林业引用外资项目办公室。

参考文献

[1] 国家林业局. 第八次全国森林资源清查结果[J]. 林业资源管理，2014（1）：1-2.

[2] 世界银行，《世界银行项目：Shandong Ecological Afforestation - P112759》，https：//projects.shihang.org/zh/projects-operations/project-detail/P112759. 2020 年 12 月 31 日.

[3] 张国庆，杨吉华，于连家，等. 石灰岩山地不同整地组合对侧柏林蓄水保土功能的影响[J]. 水土保持学报，2013，27（1）：209-214.

[4] 张如明，李亦然，李泽东，等. 山东省石灰岩山地不同混交林改良土壤及减蚀效益评价[J]. 水土保持通报，2019，39（1）：220-225，232.

[5] 王丽琴，李红丽，董智，等. 黄河三角洲盐碱地造林对土壤水分特性的影响[J]. 中国水土保持科学，2014，12（1）：38-45.

[6] 李星辰，杨吉华，胡建朋，等. 石灰岩瘠薄山地不同密度侧柏林保土效益[J]. 水土保持学报，2012，26（1）：53-57.

[7] 沈运扩，董智，王丽琴，等. 滨海盐碱地白蜡人工林的小气候效应[J]. 中国水土保持科学，2014，12（3）：71-77.

[8] 赵坤. 山东世行项目 30 年造林 20 万公顷[N]. 中国绿色时报，2020-12-31（1）.

[9] 慕宗昭. 林业工程项目环境保护管理实务[M]. 北京：中国环境出版集团，2018.

[10] 林政，吴保国. 我国林业工程项目管理研究[J]. 北京林业大学学报（社会科学版），2003（3）：18-23.

[11] 董晖. 中国林业生态工程项目管理模式研究[D]. 北京：北京林业大学，2005.

[12] 田亚玲. 充分发挥林业科技推广在重点林业建设工程中的科技支撑作用[J]. 林业科技管理，2000（2）：43-44，16.

[13] 沈国舫，吴斌，张守攻，等. 新时期国家生态保护和建设研究（卷六），中国生态文明建设重大战略研究丛书[M]. 北京：科学出版社，2017.

[14] 董晖，兰再平，孙尚伟. 我国林业世行贷款项目科技支撑体系与运行机制研究[J]. 林业经济，2013（3）：101-103.

[15] 陈家建. 项目制与基层政府动员——对社会管理项目化运作的社会学考察[J]. 中国社会科学，2013（2）：64-79，205.

[16] 周生贤. 大力推进科技进步和创新　为实现林业跨越式发展提供强大支撑——在全国林业科学

技术大会上的讲话[J]. 林业科技管理，2001（2）：4-13.
[17] 杨吉华，张永涛，张光灿，等. 干旱瘠薄山区绿化技术的研究[J]. 水土保持学报，2001（4）：10-12，24.
[18] 王月海. 山东干旱瘠薄山地造林新技术试验[J]. 中国水土保持科学，2007（2）：60-64，80.
[19] 郗金标，焦明，王开芳. 黄河三角洲盐渍土资源及林业开发利用对策[J]. 山东林业科技，1997（S1）：105-107.
[20] 焦元波，田夏一，胡宝清.黄河三角洲盐碱地信息遥感提取及动态变化分析——以山东垦利县为例[J].大众科技，2016，18（12）：31-34.
[21] 张建锋，邢尚军，郗金标，等. 黄河三角洲可持续发展面临的环境问题与林业对策[J]. 东北林业大学学报，2002（6）：115-119.
[22] 刘会超，孙振元，彭镇华. 盐碱土绿化植物的应用与评价[J]. 中南林学院学报，2003（5）：30-33.
[23] 周政贤，杨世逸. 试论我国立地分类理论基础[J]. 林业科学，1987（1）：61-67.
[24] 肖春莲，等. 立地分类与评价研究现状[J]. 四川林业科技，2019，40（1）：92-97.
[25] 滕维超，万文生，王凌晖. 森林立地分类与质量评价研究进展[J]. 广西农业科学，2009，40（8）：1110-1114.
[26] 刘俊昌，姜恩来，李红勋，等. 现代林业生态工程管理模式研究[M]. 北京：中国林业出版社，2008.
[27] 慕宗昭，杨吉华，房用，等. 世界银行贷款山东生态造林项目竣工报告与案例分析[M]. 北京：中国环境出版集团，2018.
[28] 王玉玲，解孝满，韩彪，等. 林木种质资源设施保护中的问题与思考[J]. 山东林业科技，2013，43（3）：107-109.
[29] 李文清，谢孝满. 山东林木种质资源调查与应用研究[D]. 济南：山东省林木种质资源中心，2017.
[30] 刘勇. 中国林业生态工程后评价理论与应用研究[D]. 北京：北京林业大学，2006.
[31] 米锋，李吉跃，杨家伟. 森林生态效益评价的研究进展[J]. 北京林业大学学报，2003（6）：77-83.
[32] 郎奎建，李长胜，殷有，等. 林业生态工程 10 种森林生态效益计量理论和方法[J]. 东北林业大学学报，2000（1）：1-7.
[33] 朱绍文，张立，孙春林. 八达岭林场森林资源价值评估及生态效益经济补偿的初步探讨[J]. 北京林业大学学报，2003（S1）：71-74.
[34] 张三焕，朱哲，李京花. 长白山森林生态效益资产评估研究——以汪清林区为例[J]. 资源科学，2002（6）：74-79.
[35] 高人，周广柱. 辽宁省东部山区 5 种森林植被类型水文生态效益综合评判[J]. 中国生态农业学报，2003（2）：128-131.
[36] 曹吉鑫，田赟，王小平，等. 森林碳汇的估算方法及其发展趋势[J]. 生态环境学报，2009，18（5）：2001-2005.

[37] 何英. 森林固碳估算方法综述[J]. 世界林业研究，2005（1）：22-27.
[38] 靳芳，鲁绍伟，余新晓，等. 中国森林生态系统服务功能及其价值评价[J]. 应用生态学报，2005（8）：1531-1536.
[39] 余新晓，鲁绍伟，靳芳，等. 中国森林生态系统服务功能价值评估[J]. 生态学报，2005（8）：2096-2102.
[40] 慕宗昭. 世界银行贷款山东生态造林项目竣工报告与案例分析[M]. 北京：中国环境出版集团，2018.
[41] 江泽慧. 中国现代林业（第二版）[M]. 北京：中国林业出版社，2008.
[42] 张金良，马沛云，张德静. 山东森林立地分类系统初探[J]. 华东森林经理，1992（3）：33-34，45.
[43] Thomas Saaty. Decision making with the Analytic Hierarchy Process[J]. Int. J. Services Sciences，2008：83-98.
[44] 郭金玉，张忠彬，孙庆云. 层次分析法的研究与应用[J]. 中国安全科学学报，2008（5）：148-153.
[45] 申志东. 运用层次分析法构建国有企业绩效评价体系[J]. 审计研究，2013（2）：106-12.
[46] 李崧，邱微，赵庆良，等. 层次分析法应用于黑龙江省生态环境质量评价研究[J]. 环境科学，2006（5）：1031-1034.
[47] 宋雪. 黄河三角洲盐碱地混交林对土壤的改良[D]. 泰安：山东农业大学，2012.
[48] 宋静茹，杨江，王艳明，等. 黄河三角洲盐碱地形成的原因及改良措施探讨[J]. 安徽农业科学，2017，45（27）：95-97.